AF537749

EUL
VERLAG

Reihe: Quantitative Ökonomie · Band 180

Herausgegeben von Prof. Dr. Eckart Bomsdorf, Köln, Prof. Dr. Wim Kösters, Bochum, Prof. Dr. Mark Trede, Münster, Prof. Dr. Ansgar Belke, Essen, und PD Dr. Markus Pütz, Wuppertal

Dr. Jan Speckenbach

Prognose sporadischer Nachfragen

Ein Verfahrensvergleich

Bibliografische Information der Deutschen Nationalbibliothek

Die Deutsche Nationalbibliothek verzeichnet diese Publikation in der Deutschen Nationalbibliografie; detaillierte bibliografische Daten sind im Internet über <http://dnb.d-nb.de> abrufbar.

Dissertation, Katholische Universität Eichstätt-Ingolstadt, 2016

ISBN 978-3-8441-0496-7
1. Auflage Februar 2017

JOSEF EUL VERLAG GmbH
Brandsberg 6
53797 Lohmar
Tel.: 0 22 05 / 90 10 6-80
Fax: 0 22 05 / 90 10 6-88
E-Mail: info@eul-verlag.de
https://www.eul-verlag.de

Bei der Herstellung unserer Bücher möchten wir die Umwelt schonen. Dieses Buch ist daher auf säurefreiem, 100% chlorfrei gebleichtem, alterungsbeständigem Papier nach DIN 6738 gedruckt.

Vorwort

Bei der vorliegenden Arbeit handelt es sich um die geringfügig korrigierte Version meiner Dissertationsschrift, die ich zum Erlangen des akademischen Grades eines Doktors der Wirtschafts- und Sozialwissenschaften an der Wirtschaftswissenschaftlichen Fakultät der Katholischen Universität Eichstätt-Ingolstadt angefertigt habe. Die Arbeit wurde am 9. November 2016 angenommen.

Ganz besonders herzlich bedanken möchte ich mich bei meinem Erstgutachter Herrn Prof. Dr. Ulrich Küsters, Inhaber des Lehrstuhls für Statistik und Quantitative Methoden an der Wirtschaftswissenschaftlichen Fakultät der Katholischen Universität Eichstätt-Ingolstadt: Zum einen für die Unterstützung bei der Erstellung meiner Dissertation, zum anderen für die Förderung während meiner Zeit als wissenschaftlicher Mitarbeiter. Die zahlreichen Gespräche, Erläuterungen und Diskussionen haben sehr zu meiner fachlichen Entwicklung beigetragen.

Für die Übernahme des Zweitgutachtens und die vielen hilfreichen Anmerkungen bedanke ich mich herzlich bei Prof. Dr. Heinrich Kuhn. Ein besonderer Dank gilt meinen ehemaligen Kollegen Ekaterina Nieberle, Holger Kömm, Janko Thyson sowie Andrea Bartl. Der rege Gedankenaustausch und die gute Zusammenarbeit haben dazu geführt, dass mir die Arbeit am Lehrstuhl zu jeder Zeit große Freude bereitet hat.

Zusätzlich möchte ich mich bei meiner Frau Julia bedanken, die mir stets den Rücken gestärkt hat und immer für mich da war. Abschließend möchte ich mich bei meinen Eltern bedanken, die mich während meines gesamten akademischen Werdegangs unterstützt haben.

München, Januar 2017 Jan Speckenbach

Inhaltsverzeichnis

Der Anhang steht für eine verbesserte Darstellung unter folgendem Link als .pdf-Datei zum Abruf bereit:
https://www.eul-verlag.de/pdf-wz/9783844104967-Anhang.pdf

Abbildungsverzeichnis

Tabellenverzeichnis

Abkürzungsverzeichnis

APE	Absolute prozentuale Abweichung
APEs	Symmetrische absolute prozentuale Abweichung
ARIMA	*Autoregressive Integrated Moving Average*
`AT1`	Realer Datensatz Autoteile 1 mit 2387 Zeitreihen mit jeweils 51 Beobachtungen
`AT2`	Realer Datensatz Autoteile 2 mit 3000 Zeitreihen mit jeweils 24 Beobachtungen
AVAR	*Adaptive-Variance-Version*
BS	Boylan-Syntetos-Verfahren
BSMA	Boylan-Syntetos-Moving-Average-Verfahren
Crost	Croston-Verfahren
d.PS.	Dynamische Prognosesimulation
DGP	Datengenerierungsprozess
3Crost	Schultz-Verfahren
`FT`	Realer Datensatz Flugzeugteile mit 753 Zeitreihen mit jeweils 24 Beobachtungen
`hup110`	Hurdle-Poisson-verteilter Datensatz mit 800 Zeitreihen mit jeweils 110 Beobachtungen
`hup150`	Hurdle-Poisson-verteilter Datensatz mit 800 Zeitreihen mit jeweils 150 Beobachtungen
HURDLEP	Verteilungsschätzung auf Basis der Hurdle-Poisson-Verteilung
INT	Interpoliertes Quantil
LogSpace	Bootstrap-LSA Ansatz
LOW	Abgerundetes Quantil
LSA	*Log-Space-Adaption*

LS	Levén-Sergerstedt-Verfahren
MAD	*Mean Absolute Deviation*
MAE	*Mean Absolute Error*
MAPE	*Mean Absolut Percentage Error*
MAPEm	Modifizierter *Mean Absolute Percentage Error*
MAPEs	Symmetrischer *Mean Absolute Percentage Error*
MAQE	*Mean Absolute Quantile Error*
MASE	*Mean Absolute Scaled Error*
MCROST	Modifiziertes Croston-Verfahren
Mcrost	Bootstrap-MCROST Ansatz
ME	Mittelwert
Mean	Mittelwert
ML	*Maximum-Likelihood*
MPE	*Mean Percentage Error*
MPEm	Modifizierter *Mean Percentage Error*
MSE	*Mean Squared Error*
`negbin110`	Negativ binomialverteilter Datensatz mit 800 Zeitreihen mit jeweils 110 Beobachtungen
`negbin150`	Negativ binomialverteilter Datensatz mit 800 Zeitreihen mit jeweils 150 Beobachtungen
NEGBIN	Verteilungsschätzung auf Basis der negativen Binomialverteilung
`pois110`	Poisson-verteilter Datensatz mit 200 Zeitreihen mit jeweils 110 Beobachtungen
`pois150`	Poisson-verteilter Datensatz mit 200 Zeitreihen mit jeweils 150 Beobachtungen
POIS	Verteilungsschätzung auf Basis der Poisson-Verteilung
RAND	Randomisiertes Quantil
RGRSME	*Relative Geometric Root Mean Square Error*
RMSE	*Root Mean Squared Error*

RW	*Random-Walk*
s.PS.	Statische Prognosesimulation
SBA	Syntetos-Boylan-Approximation
SBJMA	Shale-Boylan-Johnston-Moving-Average-Verfahren
SBJ	Shale-Boylan-Johnston-Verfahren
SB	Einfacher Bootstrap
sDist	Verteilungsauswahl auf Basis des χ^2-Anpassungstests
SesBoot	Bootstrap-Ses Ansatz
Ses	Einfache exponentielle Glättung
SSOE	*Single-Source-of-Error*
TSB	Teunter-Syntetos-Babai-Verfahren
UP	Aufgerundetes Quantil
Willemain	Willemain-Verfahren
`zip110`	Nullinflationiert Poisson-verteilter Datensatz mit 800 Zeitreihen mit jeweils 110 Beobachtungen
`zip150`	Nullinflationiert Poisson-verteilter Datensatz mit 800 Zeitreihen mit jeweils 150 Beobachtungen
ZIP	Verteilungsschätzung auf Basis der nullinflationierten Poisson-Verteilung

1. Einleitung

1.1. Problemstellung und Zielsetzung

In der betriebswirtschaftlichen Prognostik wird oftmals zwischen Schnelldrehern und Langsamdrehern unterschieden. Im Rahmen der Lagerhaltung stellen dabei Schnelldreher Güter dar, welche sich durch eine hohe Umschlaggeschwindigkeit auszeichnen. Es handelt sich um Produkte, die regelmäßig und in großen Stückzahlen nachgefragt werden. Bei diesen Gütern ist nicht davon auszugehen, dass die entsprechenden Nachfragezeitreihen (zahlreiche) Zeitpunkte mit Nullbeobachtungen beinhalten. Sollen schnelldrehende Güter prognostiziert werden, so kann der Anwender auf ein großes Portfolio an Methoden zur Prognose zukünftiger Nachfragen zurückgreifen (vgl. beispielsweise Makridakis et al. (1998), Abraham und Ledolter (2005), Montgomery et al. (2008), Hyndman et al. (2008), Box et al. (2008), Ord und Fildes (2013)).

Neben den unterschiedlichen Alternativen der Prognoseberechnung für schnelldrehende Zeitreihen finden sich in der Literatur des Weiteren eine Vielzahl von Verfahren und Ansätzen zur Prognoseevaluation und Verfahrensselektion (vgl. beispielsweise Tashman (2000), Armstrong (2001a), Armstrong (2001b), Fildes und Allen (2011), Küsters (2012), Küsters et al. (2015)).

Im Rahmen von Lagerhaltungssystemen wird häufig die Annahme getroffen, dass die Nachfrage der Normalverteilung oder einer anderen stetigen Verteilung folgt. Diese oftmals vertretbare Annahme verringert die Komplexität der Prognoseerstellung und die Kombination von Prognoseergebnissen und Lagerhaltungspolitiken (Vereecke und Verstraeten (1994)).

Grundsätzlich kann jedoch nicht davon ausgegangen werden, dass jedes zu prognostizierende Produkt in jeder Branche eine hohe Umschlaggeschwindigkeit aufweist. Es gibt eine Vielzahl von Produkten, die eine geringe Warenrotation aufweisen. Diese Produkte werden typischerweise als Langsamdreher bezeichnet. Nachfragezeitreihen von langsamdrehenden Produkten weisen in der Regel eine nicht zu vernachlässigende Anzahl an Nullbeobachtungen auf. Diese führt dazu, dass der Anwender nicht mehr auf das etablierte Standardinstrumentarium zur Prognose, Evaluation und Selektion gängiger Prognoseverfahren zurückgreifen kann bzw. sollte.

Beispiele für Produkte, welche als Langsamdreher eingestuft werden können, sind auf der einen Seite Produkte, die nach der gängigen ABC-Analyse die sogenannten C-Teile darstellen. Es handelt sich also hierbei oft um Produkte mit einer geringen Kapitalbindung (vgl. Günther und Tempelmeier (2012), S. 186 ff.). Auf der anderen Seite können auch spezialisierte High-Tech-Produkte geringe Absatzzahlen aufweisen und somit als Langsamdreher klassifiziert werden (vgl. Küsters und Speckenbach (2012)). Auch im Bereich der Ersatzteilbevorratung wird der Anwender zum größten Teil mit Langsamdrehern konfrontiert (vgl. Eaves und Kingsman (2004)).

Neben bestimmten Produkten bzw. Produktgruppen existieren auch Branchen, bei denen nahezu das gesamte Geschäftsvolumen als langsamdrehend klassifiziert werden kann. Zu diesen Branchen gehören beispielsweise Apotheken und Drogerien (Küsters und Speckenbach (2012)).

Der Übergang von Langsamdrehern zu Schnelldrehern ist oft fließend und abhängig von der jeweiligen Betrachtungsebene. Häufig lässt sich beobachten, dass mit zunehmendem zeitlichen, sachlichen und regionalen Differenzierungsgrad auch die Anzahl der Nullbeobachtungen wächst (Küsters und Speckenbach (2012)).

Ein solcher Übergang kann durch das nachfolgende Beispiel veranschaulicht werden: Betrachtet wird die Nachfrage auf Tagesbasis einer bestimmten Zeitschrift an einem Kiosk. An diesem Kiosk gibt es Tage, an denen keine Zeitschrift verkauft wird. Aufgrund der geringen Warenrotation handelt es sich um einen Langsamdreher, dementsprechend liegen (mehrere) Beobachtungszeitpunkte mit Nullbesetzungen vor. Wird die Betrachtungsebene geändert und die Nachfrage nach der Zeitschrift innerhalb einer Stadt mit mehreren Kiosken untersucht, dann kann festgestellt werden, dass sich die Anzahl der Nullbeobachtungen innerhalb des Aggregats reduziert.

Allgemein ist davon auszugehen, dass sich die Anzahl an Beobachtungszeitpunkten mit Nullbesetzungen mit abnehmendem zeitlichen, sachlichen und regionalen Differenzierungsgrad kontinuierlich verringert. So wird aus einem langsamdrehenden Gut ein Schnelldreher (Küsters und Speckenbach (2012)).

In der Literatur wurden mehrere Ansätze zur Prognose von sporadischen oder langsamdrehenden Zeitreihen publiziert. Grundsätzlich hat der Anwender für die Prognoseerstellung die Möglichkeit der Aggregatsbildung. Beispielsweise schlägt Armstrong (2001c) vor, dass jede Zeitreihe mit sporadischen Mustern solange aggregiert werden sollte, bis sie als schnelldrehend eingestuft werden kann.

Lassen die prognostischen Rahmenbedingungen eine Prognose auf einer höheren Aggregatsebene sinnvoll erscheinen, kann auf die eingangs erwähnten etablierten Verfahren zur Prognose von Schnelldrehern zurückgegriffen werden. Gleiches gilt für die Möglichkeiten und Ansätze der Prognoseevaluation, Verfahrensauswahl und Kombination von Prognoseergebnissen mit Lagerhaltungspolitiken.

Besteht allerdings nicht die Möglichkeit, eine Prognose basierend auf einer höheren Aggregatsebene durchzuführen, oder soll die Prognose explizit für eine sporadische Nachfragezeitreihe durchgeführt werden, so muss der Anwender auf spezielle, im weiteren Verlauf der Arbeit vorgestellte Verfahren zur Prognose von sporadischen Zeitreihen zurückgreifen. Hierdurch verringert sich das Portfolio an zur Verfügung stehenden Prognoseverfahren.

Auch die Verfahrensevaluation und -selektion muss in diesem Fall an die Eigenschaften sporadischer Zeitreihen angepasst werden. Hierzu wurden unterschiedliche Ansätze publiziert. Die Verfahrensevaluation und -selektion kann dabei entweder auf Basis (angepasster) statistischer Evaluationsmaße oder basierend auf einer betriebwirtschaftlichen Evaluation und Selektion unter Verwendung von Lagerhaltungssystemen erfolgen (vgl. Küsters und Speckenbach (2012)).

In dieser Arbeit werden sowohl die Möglichkeiten der Verfahrensauswahl auf Basis von statistischen Evaluationsmaßen als auch auf Basis betriebswirtschaftlicher Evaluationsmaße genauer untersucht. Zudem wird ein neuer Ansatz zur Prognoseevaluation vorgestellt. Für die im Rahmen dieser Arbeit durchgeführten Vergleiche wurde ein auf Regressionsschätzungen basierendes Vorgehen entwickelt. Das entwickelte Vorgehen ermöglicht dem Anwender eine schnelle und übersichtliche Verfahrensauswahl. Anders als bei den bisher publizierten Verfahrensvergleichen kann hierbei eine Vielzahl an Verfahren aus den unterschiedlichsten Modellklassen übersichtlich miteinander verglichen werden (siehe exemplarisch Syntetos und Boylan (2001), Snyder (2002), Eaves und Kingsman (2004)).

1.2. Inhaltsübersicht

In zahlreichen Monographien und Sammelwerken wird der Prognoseprozess im Rahmen der betriebswirtschaftlichen Prognostik dargestellt (siehe beispielsweise Montgomery et al. (1990) S. 1 ff., Makridakis et al. (1998) S. 20 ff., Armstrong (2001d), Küsters et al. (2015)).

Auch das dieser Arbeit zugrunde liegende Vorgehen zur Prognoseerstellung, -evaluation und Verfahrensselektion orientiert sich an dem in der Literatur etablierten Vorgehen. Die Arbeit ist wie folgt aufgeteilt:

Kapitel 2 beschreibt das betriebswirtschaftliche Umfeld, mit welchem sich der Anwender vor der eigentlichen Prognoseerstellung auseinandersetzen muss. Zu Beginn einer jeden Prognose muss überprüft werden, welche Daten in welcher Form vorliegen. Ausgehend von dieser Prüfung kann anschließend das Prognoseziel definiert werden. An dieser Stelle muss geklärt werden, welchen Zweck die zu erstellenden Prognosen erfüllen sollen. In einem weiteren Schritt erfolgt dann die Datenvorverarbeitung. Hierzu zählt beispielsweise die Identifikation von charakteristischen Eigenschaften der Zeitreihe als auch die Identifikation und gegebenenfalls die Elimination von unplausiblen Werten. Zusätzlich ist hier eine speziell für sporadische Zeitreihen entwickelte Zeitreihenklassifikation denkbar (siehe beispielsweise Syntetos et al. (2005)).

Kapitel 3 beschreibt die im Rahmen dieser Arbeit verwendeten Prognosemodelle und -verfahren. Neben bekannten und etablierten Prognoseverfahren für Schnelldreher werden hauptsächlich speziell für den Kontext von sporadischen Nachfrageprognosen entwickelte Prognoseverfahren und -modelle beschrieben. Hierbei werden spezielle Anpassungen und Erweiterungen vorgenommen, die den späteren Verfahrensvergleich ermöglichen.

Kapitel 4 beschreibt unterschiedliche Alternativen, mit denen Prognosen evaluiert werden können. Es werden die klassischen Ansätze zur statistischen Evaluation beschrieben. Hierbei werden die entsprechenden Evaluationsmaße in der Regel auf Basis von Punktprognosen berechnet. Zusätzlich wird die Vorgehensweise einer betriebswirtschaftlichen Evaluation beschrieben. Für diese Art der Evaluation werden die Prognoseergebnisse mit einer einfachen Lagerhaltungspolitik kombiniert. Diese Kombination ermöglicht eine Bewertung der Prognosegüte auf Basis der resultierenden Lagerhaltungskosten. Abschließend wird ein neues Evaluationsmaß definiert, welches die statistische und die betriebswirtschaftliche Evaluation vereint.

Kapitel 5 beschreibt den Aufbau der in dieser Arbeit durchgeführten Simulationsstudie für einen Verfahrensvergleich von speziellen für sporadische Nachfragezeitreihen entwickelten Prognoseverfahren und -methoden. Hierbei wird zuerst auf die etablierten Möglichkeiten eines auf Prognosewettbewerben basierenden Verfahrensvergleichs eingegangen. Danach wird die verwendete Datenbasis beschrieben, die sich sowohl aus simulierten als auch empirischen Datensätzen zusammensetzt. Abschließend wird das zugrunde liegende Simulationsdesign dargestellt.

Kapitel 6 beschreibt die Ergebnisse der Simulationsstudie. Ausgehend von den Schätz- und Evaluationsergebnissen werden die verwendeten Verfahren miteinander verglichen. Zusätzlich werden unterschiedliche Strategien der Verfahrensauswahl einander gegenübergestellt.

Kapitel 7 fasst abschließend die im Rahmen dieser Arbeit gewonnenen Erkenntnisse zusammen und skizziert den weiteren Forschungsbedarf.

2. Prognosen im betriebswirtschaftlichen Umfeld

2.1. Grundlagen

Die Anwendbarkeit eines Prognoseverfahrens ist von mehreren Faktoren abhängig. Diese lassen sich in zwei Gruppen zusammenfassen. Einerseits ist die Anwendbarkeit oder auch die Auswahl eines Prognoseverfahrens abhängig von der zur Verfügung stehenden Datenbasis. Andererseits wirkt sich das betriebswirtschaftliche Umfeld auf die Anwendbarkeit aus. Tabelle 2.1 listet in Anlehnung an Küsters und Bell (2001) und Küsters et al. (2015) für jede der zwei Gruppen mögliche determinierende Faktoren auf.

Tabelle 2.1 bezieht sich nicht speziell auf den Kontext von sporadischen Nachfragezeitreihen. Manche der in der ersten Spalte von Tabelle 2.1 genannten Punkte sind für die Prognose von sporadischen Nachfragen zwar relevant, können jedoch auf Basis einzelner Zeitreihen nicht oder nur unzureichend beobachtet werden. Beispielsweise ist es auf Basis einzelner sporadischer Zeitreihen kaum möglich, Strukturbrüche zu erkennen. Sieht man von extremen Ausreißern ab, so ist eine Ausreißerdiagnostik beim Auftreten von vielen Nullbeobachtungen nur bedingt bis gar nicht durchführbar (Küsters und Speckenbach (2012), Küsters et al. (2012b)). Gleiches gilt für die Identifikation von Instationaritäten wie beispielsweise Trend- und Saisonstrukturen (Armstrong (2001c)).

Aus der ersten Spalte von Tabelle 2.1 wird des Weiteren ersichtlich, dass die Anzahl der vorliegenden Daten einen Einfluss auf die Methodik hat. Werden neben den einzelnen Zeitreihendaten noch weitere entscheidungsrelevante Informationen von einem Unternehmen gesammelt, so können diese beispielsweise mithilfe von Regressionsmodellen bei der Prognoseerstellung mitberücksichtigt werden (Kedem und Fokianos (2002)). Eine ausreichende Anzahl von zur Verfügung stehenden Zeitreihen ermöglicht es dem Anwender unter Umständen, die bereits erwähnten Trend- und Saisonstrukturen nicht auf Basis einer einzelnen Zeitreihe, sondern auf Basis eines Aggregats einer umfangreichen Teilmenge des Datensatzes zu identifizieren (Nieberle (2016)). Generell sollten für die Prognose so viele Beobachtungen wie möglich berücksichtigt werden, da so ihre Qualität steigt (Allen und Fildes (2001)). Die hier aufgezeigten Probleme werden in Abschnitt 2.3 genauer beschrieben.

Die in der zweiten Spalte von Tabelle 2.1 angegebenen determinierenden Faktoren beziehen sich direkt auf das betriebswirtschaftliche Umfeld, in dem Prognosen erstellt werden sollen. So kann der minimale bzw. maximale Prognosehorizont in einem Unternehmen in der Regel nicht frei gewählt werden. Dieser ist vielmehr von der Lieferanten-

Tabelle 2.1.: Determinanten möglicher Prognoseverfahren

Datenbasis	betriebswirtschaftliches Umfeld
Strukturbrüche	Prognosehorizont
Ausreißer	Prognosegüte
Instationaritäten	EDV-Ausstattung
Periodizität	Komplexität der Verfahren
Datenumfang	Robustheit der Methoden
Zeitreihenlänge	Kosten-Nutzen-Relationen

bzw. Kundenstruktur eines Unternehmens abhängig (Muckstadt und Sapra (2010), S. 6 ff.). Aus unternehmerischer Sicht muss die Verwendung von Prognosen einen Mehrwert schaffen. Dies ist nur dann möglich, wenn die Prognosen unter Berücksichtigung der betrieblichen Rahmenbedingungen eine hinreichend hohe Prognosegüte erzielen (Makridakis et al. (1998), S. 551).

Neben der für die Erstellung von Prognosen zur Verfügung stehenden EDV-Ausstattung sollten die zur Verfügung stehenden Verfahren in erster Linie robust und dabei nicht zu komplex für den Anwender sein. Ein Verfahren, welches nur für eine Teilmenge der zu prognostizierenden Zeitreihen problemlos angewendet werden kann, wird keine Akzeptanz in einem Unternehmen erlangen. Gleiches gilt für die Komplexität der Verfahren. Zusätzlich sollte berücksichtigt werden, dass ein Prognoseverfahren nur dann sinnvoll in die Wertschöpfungskette eines Unternehmens integriert werden kann, wenn die Kosten den Nutzen nicht überschreiten (Küsters et al. (2015)).

2.2. Prognoseaufgabe

Typischerweise stellt sich dem Anwender die Frage, für welchen Zweck Prognosen benötigt werden. Im Rahmen der betriebswirtschaftlichen Prognostik sind eine Vielzahl von unterschiedlichen Prognosearten bzw. -situationen denkbar. Neben den Punkt- und Intervallprognosen sind gerade für die Steuerung von Lagerhaltungspolitiken Verteilungsprognosen über die kumulierte Nachfrage innerhalb der Wiederbeschaffungszeit von zentraler Bedeutung (Küsters et al. (2015)). Über entsprechende theoretische oder empirische Quantile kann beispielsweise der α-Servicegrad zur Steuerung der Lagerhaltungspolitik ermittelt werden (Tempelmeier (2012), S. 19 f.). Aufgrund der charakteristischen Eigenschaften von sporadischen Nachfragezeitreihen ist die Erstellung von einzelnen Punktprognosen allein häufig nicht sinnvoll (Küsters und Speckenbach (2012)).

Ausgangspunkt einer jeden Prognose ist die in Abbildung 2.1 dargestellte und wegen der Konstanz sehr einfache Punktprognose. Abbildung 2.1 stellt exemplarisch eine über $h = 1,\ldots,H$ Prognosehorizonte laufende Prognose auf der Grundlage der Zeitreihe $\{y_1,\ldots,y_T\}$ zum Prognoseursprung T für die Daten $\{y_{T+1},\ldots,y_{T+H}\}$ dar. Zur Erstellung der Prognosefunktion werden dabei alle bis zum Zeitpunkt T zur Verfügung

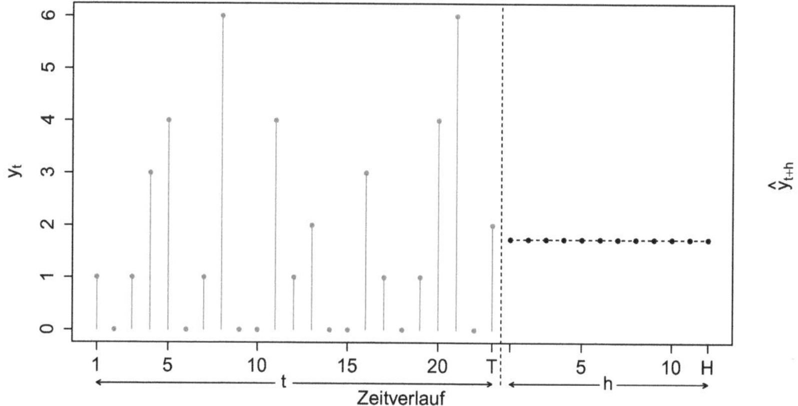

Abbildung 2.1.: Exemplarische Darstellung von Punktprognosen (in Anlehnung an Küsters und Speckenbach (2011))

stehenden Beobachtungen der Zeitreihe y_t verwendet, um die $h = 1, \ldots, H$-stufigen Prognosen $\{\hat{y}_{T+1}, \ldots, \hat{y}_{T+H}\}$ zu generieren. Es wird also versucht, vergangene Beobachtungen durch Modelle bzw. Verfahren auf die Zukunft zu übertragen (Ord und Fildes (2013), S. 61 f.). Hierbei wird die konditionale Wahrscheinlichkeitsfunktion

$$p\left(y_{T+h}, \ldots, , y_{T+H} \mid y_1, \ldots, y_T\right)$$

der in der Zukunft liegenden insgesamt H Nachfragen $\{y_{T+h}, \ldots y_{T+H}\}$ modelliert (Küsters und Speckenbach (2012)).

Der Übergang von den vorliegenden zu den prognostizierten Beobachtungen wird durch die gestrichelte vertikale Linie verdeutlicht. Das hier exemplarisch verwendete Prognoseverfahren liefert eine konstante Prognosefunktion $f_T(h)$. Das heißt, dass für alle Prognosehorizonte, ausgehend vom gleichen Prognoseursprung T, der gleiche Wert prognostiziert wird. Berücksichtigt das zugrunde liegende Prognoseverfahren ausschließlich die bis zum Zeitpunkt T vorliegenden Beobachtungen, so handelt es sich um ein autoprojektives Verfahren (Küsters und Bell (2001)). Bei allen in dieser Arbeit verwendeten Methoden und Verfahren handelt es sich genau um diese Art von Verfahren.

Oft ist für den Anwender die reine Punktprognose nicht von zentraler Bedeutung. Vielmehr besteht bei dem Anwender der Wunsch, die einfache Punktprognose zusätzlich mit einem Risikomaß zu bewerten (Küsters et al. (2015)). Grundsätzlich muss dem Anwender bewusst sein, dass die Prognose von den bereits aus der Vergangenheit bekannten Strukturen der Zeitreihe abhängt. Eine strukturelle Veränderung der Zeitreihe führt dazu, dass sich die Prognosegüte in der Regel verringert (vgl. hierzu Makridakis et al. (1998), S. 550 f.). Grundsätzlich ist davon auszugehen, dass eine geringere

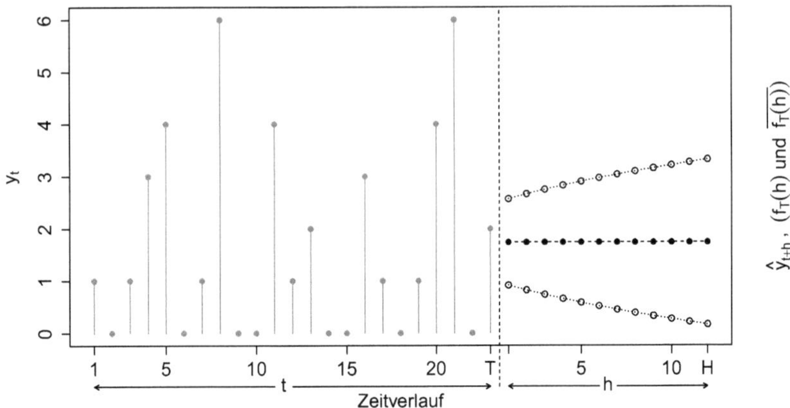

Abbildung 2.2.: Exemplarische Darstellung von Intervallprognosen (in Anlehnung an Küsters und Speckenbach (2011))

Prognosegüte mit höheren Kosten (aufgrund von Fehl- oder Überschussmengen) einhergeht. Für eine Risikobewertung von einzelnen Punktprognosen eignet sich die in Abbildung 2.2 dargestellte Intervallprognose.

Abbildung 2.2 verdeutlicht, dass für den Anwender bei Intervallprognosen nicht die Punktprognose von entscheidender Bedeutung ist, sondern das um die Punktprognose konstruierte Intervall. Im Rahmen der Intervallprognose wird unter Zuhilfenahme einer Verteilungsannahme entweder ein einseitiges oberes Konfidenzintervall mit Untergrenze $\underline{f_T(h)}$, ein einseitiges unteres Konfidenzintervall mit Obergrenze $\overline{f_T(h)}$ oder, wie in Abbildung 2.2 dargestellt, ein zweiseitiges Konfidenzintervall mit Ober- und Untergrenze geschätzt. Die Wahrscheinlichkeit, dass der wahre und unbekannte Wert in einem wie in Abbildung 2.2 dargestellten zweiseitigen Intervall liegt, wird allgemein durch

$$P\left(y_{T+h} \in \left(\underline{f_T(h)}; \overline{f_T(h)}\right)\right) = 1-\alpha \tag{2.1}$$

beschrieben (Montgomery et al. (2008), S. 96 f.). Hierbei bezeichnet $1-\alpha$ das entsprechende Konfidenzniveau. Ist $\alpha = 5\%$, so kann davon ausgegangen werden, dass die zukünftige Nachfrage mit einer Wahrscheinlichkeit von 95% durch das Intervall $\left(\underline{f_T(h)}; \overline{f_T(h)}\right)$ überdeckt wird. Um eine entsprechende Intervallprognose berechnen zu können, werden neben den aus der Punktprognose resultierenden konditionalen Erwartungswerten $\hat{y}_{T+h} = f_T(h) = E(y_{T+h} \mid y_1, \ldots, y_T)$ in der Regel zusätzlich auch die konditionalen Varianzprognosen $V(y_{T+h} \mid y_1, \ldots y_T)$ benötigt.

Mithilfe der konditionalen Erwartungswertprognosen und einer Verteilungsannahme sowie gegebenenfalls – in Abhängigkeit von der getroffenen Verteilungsannahme – einer konditionalen Varianzprognose können zusätzlich Verteilungsprognosen erstellt

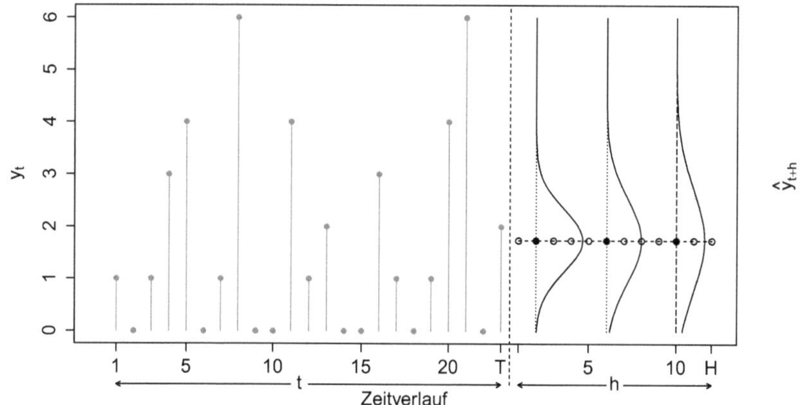

Abbildung 2.3.: Exemplarische Darstellung von stetigen Verteilungsprognosen (in Anlehnung an Küsters und Speckenbach (2011))

werden (Manitz (2015)). Alternativ kann auch eine empirische Verteilungsschätzung oder eine Verteilungssimulation erfolgen (vgl. hierzu Abschnitt 3.3.3). Die Grundidee der Verteilungsprognosen ist exemplarisch in Abbildung 2.3 dargestellt.

In Abbildung 2.3 wird die Idee der Verteilungsprognose anhand von drei hervorgehobenen Prognosehorizonten $\{h = 2, 6, 10\}$ erläutert. Unter Berücksichtigung aller Beobachtungen der Zeitreihe y_t bis zum Zeitpunkt T werden die entsprechenden konditionalen Erwartungswerte und Varianzen geschätzt. Mithilfe einer Verteilungsannahme wird dann jede einzelne Punktprognose mit einer entsprechenden Verteilung kombiniert (Küsters et al. (2015)). In Abbildung 2.3 wird für die Verteilungsprognose die Normalverteilung, also eine stetige symmetrische Verteilung, unterstellt. Abbildung 2.4 zeigt exemplarisch die aus der Annahme einer Poisson-Verteilung resultierende Verteilungsprognose.

Allgemein stellt sich die Frage, ob beim Vorliegen von sporadischen Nachfragen die Konstruktion einer Verteilungsprognose mithilfe einer stetigen Verteilung erfolgen sollte. Auf den ersten Blick scheint die in Abbildung 2.4 konstruierte Verteilungsprognose, bei der eine diskrete Verteilung angenommen wird, angebrachter (Küsters und Speckenbach (2012)). Beispielsweise wird jedoch bei dem in Abschnitt 3.2.2 vorgestellten Verfahren von Croston (1972) die Normalverteilung angenommen. Alternative diskrete Verteilungen zur Modellierung von sporadischen Zeitreihen werden in Abschnitt 3.3.1 erläutert.

Betrachtet man Abbildung 2.3, so kann festgestellt werden, dass mit zunehmendem Prognosehorizont h die exemplarisch über die einzelnen Punktprognosen gelegten Verteilungen einen flacheren Verlauf aufweisen. Dieser flachere Verlauf spiegelt die mit zunehmendem Prognosehorizont erhöhte Unsicherheit der Prognose wider (Ord

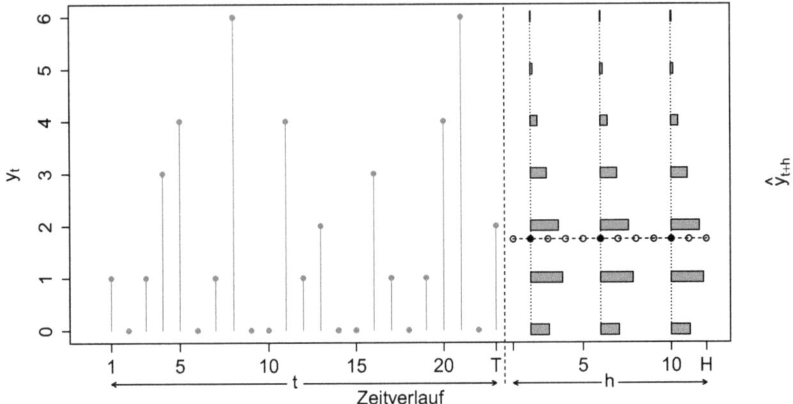

Abbildung 2.4.: Exemplarische Darstellung von diskreten Verteilungsprognosen

und Fildes (2013), S. 61). Gleiches lässt sich auch in Abbildung 2.2 beobachten. Hier wird das Intervall, in dem die Punktprognose liegt, mit zunehmendem Prognosehorizont größer.

In Abbildung 2.4 ändert sich der Verlauf der Verteilungen hingegen nicht. Die Ursache für den über alle Prognosehorizonte konstanten Verteilungsverlauf liegt in der getroffenen Annahme, dass der Datengenerierungsprozess (DGP) unabhängig und identisch Poisson-verteilt und damit stationär ist. Der gleiche Verteilungsverlauf resultiert auch aus dem in Abbildung 2.3 skizzierten Beispiel, wenn unabhängig von der Verteilung eine über alle Prognosehorizonte konstante Varianz unterstellt wird, das heißt, wenn von einem stationären sowie unabhängigen und identisch verteilten DGP ausgegangen wird (Küsters und Speckenbach (2012)).

Im Rahmen der Lagerhaltung benötigt der Anwender die konditionalen Wahrscheinlichkeits- bzw. Dichtefunktionen $p\left(s_{T+L|T} \mid y_1, \ldots, y_T\right)$ der über die Wiederbeschaffungszeit L kumulierten Nachfrage $s_{T+L|T}$. Hierfür werden die einzelnen Punktprognosen über die Wiederbeschaffungszeit durch

$$s_{T+L|T} = \sum_{l=1}^{L} \hat{y}_{T+l} \tag{2.2}$$

aufaddiert.

Die über die Wiederbeschaffungszeit kumulierten Prognosen $\hat{s}_{T+L|T}$ werden mit entsprechenden Varianzprognosen der über die Wiederbeschaffungszeit kumulierten Prognosefehler und einer Verteilungsannahme kombiniert. Auch in diesem Fall werden dementsprechend Verteilungsprognosen geschätzt (Küsters und Speckenbach (2012)). Abbildung 2.5 stellt exemplarisch eine Verteilungsprognose der über die Wiederbeschaffungszeit kumulierten Nachfrage dar.

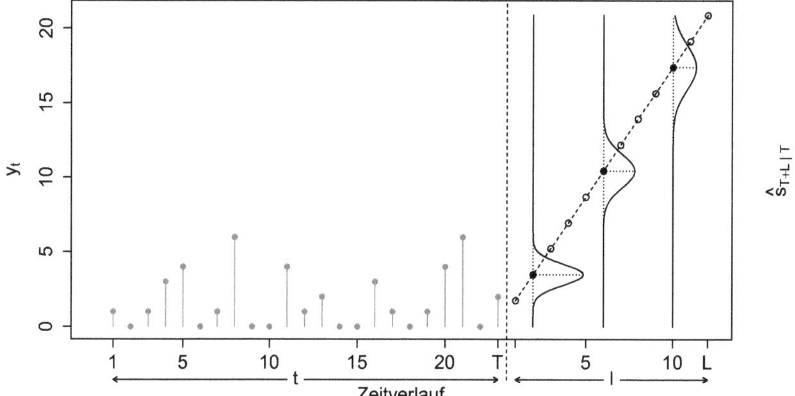

Abbildung 2.5.: Exemplarische Darstellung von über die Wiederbeschaffungszeit kumulierten stetigen Verteilungsprognosen (in Anlehnung an Küsters und Speckenbach (2011))

Analog zu Abbildung 2.3 beruht auch die in Abbildung 2.5 dargestellte Verteilungsprognose auf der Annahme einer stetigen Verteilung der Nachfrage. Abbildung 2.6 stellt die Verteilungsprognose für die Annahme einer diskreten Verteilung der ganzzahligen Nachfrage dar.

Ausgehend von dieser Verteilungsprognose kann das für die Steuerung der Lagerhaltung entscheidende, zum Servicegrad $(1-\alpha)$ korrespondierende Quantil $q_T(L,\alpha)$ berechnet werden. Dieses Quantil entspricht dem α-Servicegrad (Tempelmeier (2012), S. 19). Das genaue Vorgehen wird in Kapitel 4.3 erklärt.

Tabelle 2.2 fasst die in diesem Abschnitt eingeführte und im weiteren Verlauf der Arbeit verwendete Notation nochmals zusammen.

2.3. Datenvorverarbeitung

Generell werden im Rahmen der Datenvorverarbeitung Eigenschaften einer zu prognostizierenden Zeitreihe, wie Trend- und Saisonstruktur, Zusammenhangsstruktur, Ausreißer, Strukturbrüche und Kalendereffekte untersucht (Küsters und Bell (2001)). Typische Instrumente dieser explorativen Datenanalyse sind einfache Plots, Box-Plots sowie empirische Autokorrelations- und partielle Autokorrelationsfunktionen (Küsters et al. (2015)). Wie in Abschnitt 2.1 bereits kurz erwähnt, besteht die Problematik bei Zeitreihen mit sporadischen Nachfragemustern darin, dass typische Zeitreihenmuster wie Trends oder Saisonalitäten auf der Ebene einzelner Zeitreihen schwer bis gar nicht

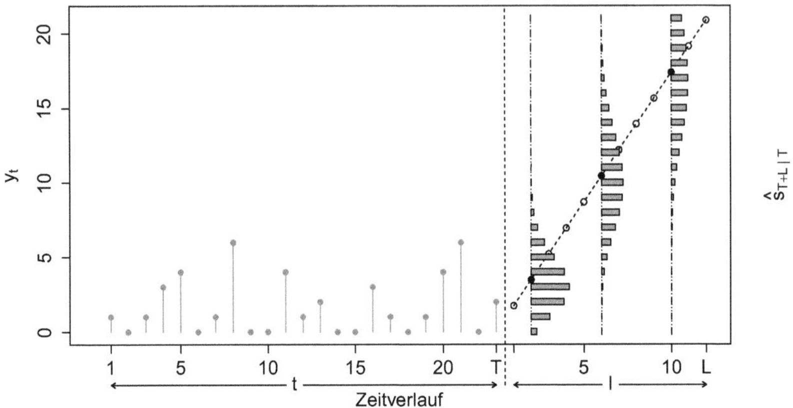

Abbildung 2.6.: Exemplarische Darstellung von über die Wiederbeschaffungszeit kumulierten diskreten Verteilungsprognosen

zu erkennen sind (Nieberle (2016)). Diese Problematik wird durch Abbildung 2.7 illustriert.

Die beiden in Abbildung 2.7 dargestellten Zeitreihen sind simuliert. Der DGP der ersten dargestellten Zeitreihe folgt einer Poisson-Verteilung mit Intensitätsparameter λ und ist damit stationär. Der DGP der zweiten Zeitreihe ist instationär, da der Intensitätsparameter der hier unterstellten Poisson-verteilten Zufallsvariablen mit zunehmendem Zeithorizont t steigt und somit der DGP von λ_t abhängig ist. Nach genauer Kenntnis des DGP kann eine Instationarität bei der zweiten Zeitreihe vermutet werden. Der DGP ist allerdings in der Praxis nicht bekannt. Daher ist es auch nicht möglich, Aussagen über Stationaritätseigenschaften bei einzelnen sporadischen Nachfragezeitreihen zu treffen (Nikolopoulos et al. (2011)).

Sollen mögliche Instationaritäten identifiziert werden, hat der Anwender in der Regel nur die Möglichkeit, auf aggregierte Zeitreihen zurückzugreifen, um gegebenenfalls Trend- oder Saisonstrukturen in den entsprechenden Aggregaten zu identifizieren (Armstrong (2001c)). Dies setzt allerdings voraus, dass eine hinreichend hohe Anzahl von ähnlichen Zeitreihen mit gemeinsamen Trend- und Saisonstrukturen für eine sinnvolle Aggregatsbildung vorhanden ist (Vogt (2006)).

Ein weiterer wichtiger Punkt im Rahmen der Datenaufbereitung ist das Ausreißermonitoring. Die Vernachlässigung von Ausreißern in Zeitreihen kann dazu führen, dass die Prognosegüte bei Berücksichtigung von selbigen reduziert wird (Chen und Liu (1993)). Zum Monitoring von Ausreißern für nicht sporadische Zeitreihen findet man in der Literatur eine Vielzahl von Ansätzen (siehe beispielsweise Fox (1972), Chen und Liu (1993), Wei (2006), Küsters et al. (2012b), Montgomery (2013)). Eine Möglichkeit zum Monitoring bei sporadischen Zeitreihen wurde von Croston (1972) vorgestellt. Da die-

Tabelle 2.2.: Verwendete Notation

$y_1,\ldots,y_T$	Zeitreihe mit $1,\ldots,T$ Beobachtungen
$t = 1,\ldots,T$	Zeitindex
y_t	Beobachtung der Zeitreihe y zum Zeitpunkt t
H	Maximaler Prognosehorizont
$h = 1,\ldots,H$	Prognosehorizont
$f_t(h) = \hat{y}_{t+h}$	Punktprognose zum Zeitpunkt $t+h$ vom Ursprung t mit Horizont h
$\overline{f_t(h)}$	Obere Intervallgrenze bei der Intervallschätzung
$\underline{f_t(h)}$	Untere Intervallgrenze bei der Intervallschätzung
α	α-Servicegrad
L	Wiederbeschaffungszeit
$s_{t+L\|t}$	Über die Wiederbeschaffungszeit kumulierte Nachfrage $(\sum_{l=1}^{L} y_{t+l})$
$\hat{s}_{t+L\|t}$	Punktprognose der über die Wiederbeschaffungszeit L kumulierten Zeitreihe $Y_{t+H\|t}$
$q_t(L,\alpha)$	Quantilsprognose der über die Wiederbeschaffungszeit kumulierten Nachfrage zum Servicegrad α

ser Ansatz nicht weiterentwickelt wurde, müssen Ausreißer durch in der Regel heuristische Kriterien eliminiert bzw. modifiziert werden (Küsters und Speckenbach (2012)).

2.4. Klassifikation von Zeitreihen

Im Rahmen der Prognose von sporadischen Zeitreihen wird häufig versucht, die vorliegenden Zeitreihen zu klassifizieren (Küsters und Speckenbach (2012)). Begründet wird dies mit der Tatsache, dass es beim Vorliegen von sporadischen Nachfragezeitreihen generell nicht sinnvoll ist, auf die klassischen Prognoseverfahren für Schnelldreher zurückzugreifen.

Um herauszufinden, ab welchem Zeitpunkt welche Verfahren zur Prognose von sporadischen Nachfragezeitreihen verwendet werden sollten, bietet sich dementsprechend eine Klassifikation an (Eaves und Kingsman (2004)). Zusätzlich dazu kann eine Klassifikation gerade im Rahmen einer automatisierten Prognoseerstellung in Unternehmen den Prognoseprozess vereinfachen. Ausgehend von den unterschiedlichen Eigenschaften einer Zeitreihe, wie beispielsweise die Anzahl der Nullbeobachtungen oder die Höhe des (quadrierten) Variationskoeffizienten, können nach der Klassifikation automatisierte Verfahren zur Prognose ausgewählt werden (Syntetos et al. (2005)).

Nachfolgend werden zwei Möglichkeiten zur Klassifikation von sporadischen Nachfragezeitreihen vorgestellt.

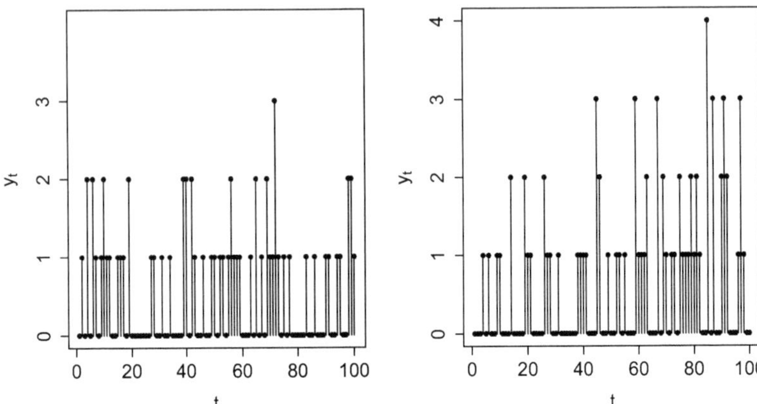

Abbildung 2.7.: Darstellung einer stationären (linke Seite) und einer instationären (rechte Seite) sporadischen Zeitreihe

2.4.1. Klassifikation nach Williams

Der erste Aufsatz, der die Klassifikation von Zeitreihen mit einer erheblichen Anzahl von Nullbeobachtungen thematisiert, stammt von Williams (1984). Die Klassifikation der Nachfragezeitreihe erfolgt bei diesem Ansatz auf Grundlage einer Varianzzerlegung und unterstellt Stationarität. Hierbei wird die Varianz der über die Wiederbeschaffungszeit L kumulierten Nachfrage $s_{t+L|t}$ in drei Komponenten wie folgt aufgeteilt:

$$Var\left(s_{t+L|t}\right) = \bar{x}^2 \cdot \bar{L} \cdot Var(n) + \bar{n} \cdot \bar{L} \cdot Var(x) + \bar{n}^2 \cdot \bar{x}^2 \cdot Var(L) \quad (2.3)$$

Dabei stellt $\bar{x}$ die durchschnittliche Bestellmenge x pro Periode, $\bar{L}$ die durchschnittliche Wiederbeschaffungszeit L in Perioden und $\bar{n}$ die durchschnittliche Anzahl an Bestellungen n pro Periode dar (Williams (1984)). Um ausgehend von der Gleichung 2.3 die für die Klassifikation benötigten kritischen Schranken zu erhalten, wird von Williams (1984) in einem ersten Schritt die Gleichung 2.3 durch $\bar{x}^2 \cdot \bar{n}^2 \cdot \bar{L}^2$ dividiert. Diese Division ermöglicht eine dimensionslose Darstellung der Gleichung 2.3 in der folgenden Form:

$$\begin{aligned} \frac{Var\left(s_{t+L|t}\right)}{\bar{x}^2 \cdot \bar{n}^2 \cdot \bar{L}^2} &= \frac{\bar{x}^2 \cdot \bar{L} \cdot Var(n)}{\bar{x}^2 \cdot \bar{n}^2 \cdot \bar{L}^2} + \frac{\bar{n} \cdot \bar{L} \cdot Var(x)}{\bar{x}^2 \cdot \bar{n}^2 \cdot \bar{L}^2} + \frac{\bar{n}^2 \cdot \bar{x}^2 \cdot Var(L)}{\bar{x}^2 \cdot \bar{n}^2 \cdot \bar{L}^2} \\ &= \frac{Var(n)}{\bar{n}^2 \cdot \bar{L}} + \frac{Var(x)}{\bar{x}^2 \cdot \bar{n} \cdot \bar{L}} + \frac{Var(L)}{\bar{L}^2} \\ Cv\left(s_{t+L|t}\right)^2 &= \frac{CV(n)^2}{\bar{L}} + \frac{Cv(x)^2}{\bar{n} \cdot \bar{L}} + Cv(L)^2 \end{aligned} \quad (2.4)$$

Hierbei steht Cv jeweils für den der Zufallsvariablen entsprechenden Variationskoeffizienten. Des Weiteren wird angenommen, dass λ den Intensitätsparameter der Poisson-

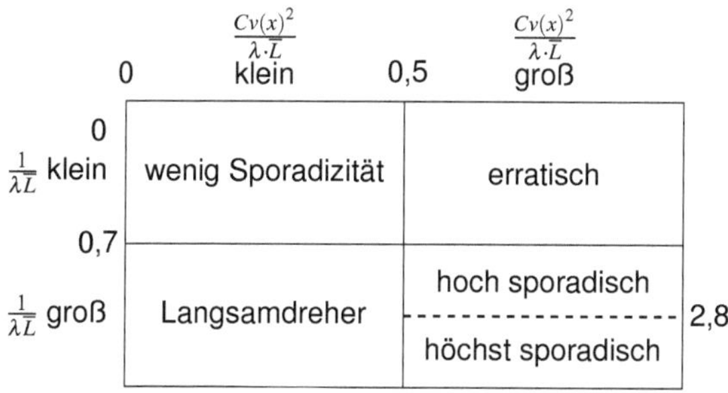

Abbildung 2.8.: Zeitreihenklassifikation nach Williams (1984)

verteilten Bestellmenge x darstellt. Durch diese Annahme kann Gleichung 2.4 durch

$$\begin{aligned} Cv\left(s_{t+L|t}\right)^2 &= \frac{\frac{\lambda}{\lambda^2}}{\overline{L}} + \frac{Cv(x)^2}{\lambda \cdot \overline{L}} + Cv(L)^2 \\ &= \frac{1}{\lambda \cdot \overline{L}} + \frac{Cv(x)^2}{\overline{n} \cdot \overline{L}} + Cv(L)^2 \end{aligned} \tag{2.5}$$

vereinfacht dargestellt werden. Williams (1984) geht zusätzlich von einer konstanten Wiederbeschaffungszeit L aus. Diese Annahme hat zur Folge, dass die Varianz der Wiederbeschaffungszeit $Var(L) = 0$ beträgt. Dadurch kann Gleichung 2.5 in folgender Form dargestellt werden:

$$Cv\left(s_{t+L|t}\right)^2 = \frac{1}{\lambda \cdot \overline{L}} + \frac{Cv(x)^2}{\overline{n} \cdot \overline{L}} \tag{2.6}$$

Gleichung 2.6 dient bei Williams (1984) als Grundlage für die Klassifikation von Nachfragezeitreihen. Zur Klassifikation werden die beiden Summanden einzeln betrachtet und in Relation gesetzt. Bezüglich der Eigenschaften von Produkten wurde festgestellt, dass:

1. bei nicht sporadischen Produkten der Summand $\frac{1}{\lambda \overline{L}}$ tendenziell klein ist,
2. bei geringfügig sporadischen Produkten der Summand $\frac{1}{\lambda \overline{L}}$ größer und der zweite Summand $\frac{Cv(x)^2}{\overline{n} \cdot \overline{L}}$ verhältnismäßig klein ist und
3. bei stark sporadischen Produkten sowohl der Summand $\frac{1}{\lambda \overline{L}}$ als auch der Summand $\frac{Cv(x)^2}{\overline{n} \cdot \overline{L}}$ tendenziell große Werte annehmen.

Zusätzlich kann es unter Umständen sinnvoll sein, die Klasse der stark sporadischen Produkte erneut zu unterteilen. Daraus ergibt sich das in Abbildung 2.8 dargestellte Schema zur Klassifikation von Zeitreihen.

Bei den in Abbildung 2.8 dargestellten Schwellenwerten, die für die Einteilung in unterschiedliche Klassen verantwortlich sind, handelt es sich nicht um feste Werte, die für jeden beliebigen Datensatz gelten. Vielmehr handelt es sich um variable Werte, die in

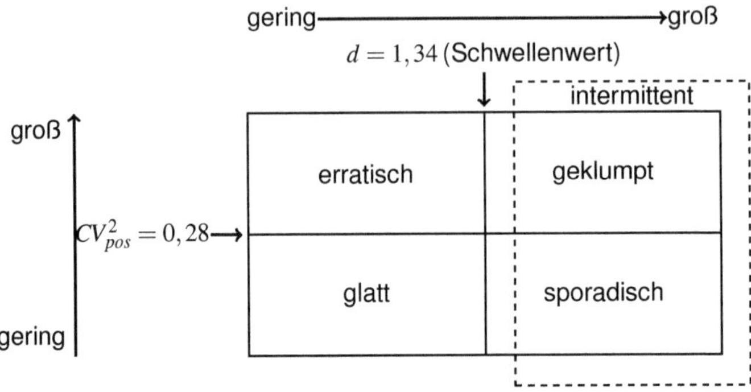

Abbildung 2.9.: Zeitreihenklassifikation nach Boylan et al. (2008)

Abhängigkeit des vorliegenden Datensatzes spezifisch kalibriert werden müssen. Für die spezifische Kalibration werden von Williams (1984) keine Hinweise publiziert. Aus diesem Grund stammen die hier als Basis für die Klassifikation verwendeten Werte aus der von Williams (1984) durchgeführten Studie.

2.4.2. Klassifikation nach Boylan und Syntetos

Eine weitere Möglichkeit zur Klassifikation von sporadischen Nachfragezeitreihen schlagen Syntetos et al. (2005) vor. Bei der später erneut von Boylan et al. (2008) hinsichtlich der Schwellenwerte angepassten Klassifikationsmethode handelt es sich um eine gängige und etablierte Methode zur Klassifikation von Zeitreihen (Küsters und Speckenbach (2012)). Die Klassifikation beruht auf zwei Kennzahlen; es wird wie folgt vorgegangen:

1. Berechnung des durchschnittlichen Abstands d zwischen den positiven Nachfragen.

2. Berechnung des quadrierten Variationskoeffizienten CV^2_{pos} der positiven Beobachtungen.

Basierend auf Erfahrungen von Boylan et al. (2008) werden im ersten Schritt Schwellenwerte definiert, um dann Zeitreihen entsprechend ihrer charakteristischen Eigenschaften in vier Gruppen aufzuteilen. Ursprünglich wählten Syntetos et al. (2005) $d = 1,32$ und $CV^2_{pos} = 0.49$ als Schwellenwerte zur Klassifikation. Boylan et al. (2008) wählten die Werte $d = 1,34$ und $CV^2_{pos} = 0,28$ als Schwellenwerte ohne Begründung. Abbildung 2.9 skizziert das Klassifikationsschema von Boylan et al. (2008).

Aus Abbildung 2.9 wird ersichtlich, dass die englische Bezeichnung *intermittent demand* nicht einfach nur sporadische Nachfragen beinhaltet, sondern zusätzlich auch geklumpte Nachfragen. In der deutschsprachigen Literatur bezieht sich die Definition von sporadischen Nachfragemustern nur auf die Häufigkeit von Nullbeobachtungen und wird zumeist nicht weiter unterteilt (Küsters und Speckenbach (2012)).

3. Prognosemodelle und Prognoseverfahren

3.1. Grundkonzepte

Für eine übersichtlichere Darstellung werden die im Rahmen dieser Arbeit verwendeten Prognosemodelle und -verfahren in drei Gruppen eingeteilt:

1. *Glättungsverfahren*: Ausgehend von dem auf der einfachen exponentiellen Glättung (Brown (1959)) beruhenden Verfahren von Croston (1972) sind eine Vielzahl von Varianten und Erweiterungen entwickelt worden. Hierbei werden auf Basis entsprechender Glättungsgleichungen Schätzer für die benötigten Punkt- und Varianzprognosen berechnet. Mithilfe einer zusätzlichen Verteilungsannahme können im nächsten Schritt die für die Lagerhaltungspolitik benötigten Quantilsprognosen der über die Wiederbeschaffungszeit kumulierten Nachfrage ermittelt werden.

2. *DGP-Modellierung*: Oftmals können die DGPs von sporadischen Nachfragezeitreihen mithilfe geeigneter theoretischer Verteilungen direkt modelliert werden (Küsters und Speckenbach (2012)). Aus dieser Möglichkeit resultiert eine direkte Schätzung der Punkt- und Varianzschätzer. In Abhängigkeit der gewählten Verteilung können des Weiteren die für die Lagerhaltungspolitik benötigten Quantilsprognosen entweder direkt analytisch oder indirekt mithilfe von Simulationsverfahren ermittelt werden.

3. *Resampling-Verfahren*: Mithilfe von parametrischen oder auch nichtparametrischen Simulationsalgorithmen ist es möglich, die benötigten Punkt-, Varianz- und Quantilsprognosen empirisch herzuleiten. Basierend auf der Grundidee des von Efron (1979) entwickelten Bootstrap-Algorithmus werden ein allgemeines und zwei speziell auf den Kontext von sporadischen Zeitreihen angepasste Verfahren vorgestellt.

Bei der hier durchgeführten Einteilung muss ebenfalls berücksichtigt werden, dass es zu Überlappungen zwischen einzelnen Verfahrensgruppen kommt. So entwickelte beispielsweise Snyder (2002) drei Bootstrap-Verfahren, die auf entsprechend angepassten Adaptionen des Verfahrens von Croston (1972) beruhen. Einerseits handelt es sich somit um Glättungsverfahren. Andererseits werden jedoch die für die Lagerhaltungspolitik benötigten Quantilsprognosen mithilfe eines nichtparametrischen Bootstraps, also einem Resampling-Verfahren, ermittelt. Die in dieser Arbeit verwendeten Verfahren werden im Folgenden vorgestellt.

3.2. Glättungsverfahren

3.2.1. Exponentielle Glättung

Im Rahmen der Güter- und Absatzwirtschaft handelt es sich bei der exponentiellen Glättung um ein vielfach genutztes Verfahren zur Erstellung von Prognosen. Die entsprechenden exponentiellen Glättungsmodelle basieren auf der grundlegenden Überlegung, dass der Einfluss weiter in der Vergangenheit liegender Beobachtungen exponentiell abnimmt und dementsprechend geglättet wird (Schuhr (2012)). Von der einfachen exponentiellen Glättung (Brown (1959)) über Varianten, die eine Trendkomponente (Holt (2004)) bzw. eine gedämpfte Trendkomponente (Gardner und McKenzie (1989)) beinhalten, bis hin zu Varianten mit zusätzlichen Saisonkomponenten (Winters (1960)), gibt es eine Vielzahl von möglichen exponentiellen Glättungsmodellen, die im Rahmen der betriebswirtschaftlichen Prognostik Verwendung finden (Küsters et al. (2015)).

Ord et al. (1997) haben eine modelltheoretische Grundlage durch die Entwicklung von zustandsraumbasierten *Single-Source-of-Error*-Modellen (SSOE-Modelle) für die exponentiellen Glättungsmodelle geschaffen. Durch die modelltheoretische Formulierung ergibt sich der Vorteil, dass das gesamte Instrumentarium der statistischen Modelltheorie, wie beispielsweise die *Maximum-Likelihood*-Schätzung (ML-Schätzung) oder auch die Möglichkeiten der statistischen Modellselektion (siehe beispielsweise Akaike (1974)), im Rahmen dieser SSOE-Methologie verwendet werden können (Küsters et al. (2015)).

Aufgrund der im vorherigen Kapitel beschriebenen Charakteristik von sporadischen Nachfragezeitreihen ist es nahezu unmöglich, Trend- und Saisonkomponenten auf der Grundlage einer einzelnen Zeitreihe zu identifizieren. Aus diesem Grund reduziert sich die Anzahl der klassischen exponentiellen Glättungsmodelle von 30 theoretisch möglichen Modellen (Hyndman et al. (2008), S. 21 f.) faktisch auf die einfache exponentielle Glättung. Ausgangspunkt der einfachen exponentiellen Glättung von Brown (1959) ist die nachfolgend dargestellte Approximationsgleichung des DGPs der Zeitreihe y_t durch das lokale Niveau L_t:

$$y_t \approx L_t + \varepsilon_t \tag{3.1}$$

Die jeweiligen Niveaukomponenten L_t für alle $t = 1, \ldots, T$ ergeben sich durch eine exponentiell gewichtete Linearkombination aller bisherigen Beobachtungen bis zum entsprechenden Zeitpunkt t:

$$L_t = \alpha y_t + \alpha(1-\alpha) y_{t-1} + \alpha(1-\alpha)^2 y_{t-2} + \ldots \tag{3.2}$$

Durch Umformung der dargestellten Linearkombination ergibt sich die rekursive Aktualisierungsgleichung:

$$L_t = \alpha y_t + (1-\alpha) L_{t-1} \tag{3.3}$$

Durch eine andere mögliche Umformung ergibt sich das Fehlerkorrekturmodell:

$$L_t = L_{t-1} + \alpha \hat{e}_t \tag{3.4}$$

Hierbei stellt $\hat{e}_t$ den einstufigen Prognosefehler der Form

$$\hat{e}_t = y_t - L_{t-1} \qquad (3.5)$$

dar (Hyndman et al. (2008), S. 21). Die Prognosefunktion der einfachen exponentiellen Glättung hat folgende Gestalt:

$$f_T(h) = L_T \qquad (3.6)$$

Aus Gleichung (3.6) wird ersichtlich, dass es sich bei der Prognosefunktion der einfachen exponentiellen Glättung um eine Konstante handelt (Montgomery et al. (2008), S. 194).

Das einfache exponentielle Glättungsmodell hängt von dem Parameter α und zusätzlich – wegen der rekursiven Form des Modells – von L_0, also einem Startwert, ab. Zur Ermittlung dieser Parameter hat der Anwender grundsätzlich zwei Möglichkeiten: Einerseits können die Parameter durch betriebswirtschaftliche Plausibilitätsüberlegungen gesetzt werden. Auf der anderen Seite ist auch eine Schätzung der Parameter mithilfe von Optimierungsverfahren (Gardner (1985)) möglich. Eine Kombination aus der Schätzung des einen Parameters und der Setzung des anderen Parameters ist ebenfalls denkbar (Gardner (1985)).

Wird der Parameter α gesetzt, so ist zu beachten, dass der Zulässigkeitsbereich des Parameters α zwischen 0 und 2 liegt. Typischerweise erfolgt jedoch eine Beschränkung auf das Intervall $(0,1]$(vgl. beispielsweise Newbold und Bos (1994), S. 186, Hyndman et al. (2008), S.24). Häufig liegt der in der Praxis verwendete Wertebereich von α im Intervall $(0,1;0,3)$ (Gardner (1985), Gardner (2006)).

Bei der Initialisierung des Startwertes L_0 sollte berücksichtigt werden, dass mit zunehmender Länge der zu prognostizierenden Zeitreihe und zunehmender Glättungskonstante die Qualität der Initialisierung an Bedeutung verliert (Makridakis und Hibon (1991)). So besteht beispielsweise bei einer langen Zeitreihe die Möglichkeit, den Startwert des Modells durch $L_0 = 0$ oder $L_0 = y_1$ bzw. $L_0 = \overline{y}$ zu initialisieren. Auf eine datengetriebene Schätzung der Parameter wird in Abschnitt 3.2.12 eingegangen.

Für die in dieser Arbeit durchgeführten Quantilsprognosen der über die Wiederbeschaffungszeit kumulierten Nachfragen wird zusätzlich eine Varianzprognose benötigt, sofern nicht von Poisson-verteilten Nachfragen ausgegangen wird. Diese kann approximativ berechnet werden. Hierfür wird die Glättungsgleichung 3.3 um die nachfolgend dargestellte Gleichung ergänzt:

$$\hat{m}_t = (1-\alpha)\, m_{t-1} + \alpha \left| y_t - \hat{L}_{t-1} \right|. \qquad (3.7)$$

Hierbei handelt es sich bei $\hat{m}_t$ um einen geglätteten Schätzer der absoluten Abweichungen zwischen y_t und $\hat{L}_{t-1}$. Bei der einfachen exponentiellen Glättung handelt es sich bei dem in Gleichung 3.7 dargestellten Ausdruck um einem approximativen Schätzer für die *Mean Absolute Deviation (MAD).*

Montgomery et al. (1990) haben gezeigt, dass unter der Annahme normalverteilter Prognosefehler e_t mit Erwartungswert $E(e_t) = \mu_e$ und Varianz $V(e_t) = \sigma_e^2$ zwischen dem

MAD und der Varianz der Standardnormalverteilung folgende Beziehung hergeleitet werden kann:

$$
\begin{aligned}
MAD &= E\left(|e-E(e)|\right) \\
&= 2\int_{\mu_e}^{\infty}(e-\mu_e)\frac{1}{\sqrt{2\pi\sigma_e^2}}exp\left\{-\frac{1}{2\sigma_e^2}(e-\mu_e)^2\right\} \\
&= \sqrt{\frac{2}{\pi}}\sigma_e \\
&\approx 0,8\sigma_e.
\end{aligned} \tag{3.8}
$$

Unter Berücksichtigung des in Gleichung 3.8 dargestellten Zusammenhangs kann die Standardabweichung des Punktschätzers der einfachen exponentiellen Glättung typischerweise durch

$$\hat{\sigma}_t \approx 1,25\cdot\hat{m}_t. \tag{3.9}$$

approximiert werden (Montgomery et al. (1990), S. 208 f.).

Die für die Lagerhaltung benötigten Prognosen der über die Wiederbeschaffungszeit L kumulierten Nachfragen $s_{T+L|T}$ werden durch

$$\hat{s}_{T+L|T} = L\cdot(L_t) \tag{3.10}$$

geschätzt. Analog wird die Standardabweichung der entsprechenden Nachfrageprognosen $\hat{s}_{T+L|T}$ unter der Annahme der Stationarität durch

$$sd\left(\hat{s}_{T+L|T}\right) \approx \sqrt{L}\cdot 1,25\cdot\hat{m}_t \tag{3.11}$$

approximiert (Küsters und Speckenbach (2012)).

Nachdem mithilfe der Gleichung 3.10 und 3.11 die Punktprognose und die konstante Varianz bzw. Standardabweichung der über die Wiederbeschaffungszeit kumulierten Nachfrage berechnet wurde, können die zum α-Servicegrad korrespondierenden Quantile $q_T(\alpha)$ unter Zuhilfenahme einer Verteilungsannahme berechnet werden. In der im weiteren Verlauf durchgeführten Simulationsstudie werden die Quantile der über die Wiederbeschaffungszeit kumulierten Nachfragen einmal auf Basis der Normalverteilungsannahme und einmal auf Basis der Poisson-Verteilungsannahme berechnet. Hierbei werden die Varianzprognosen lediglich bei Verwendung der Normalverteilungsannahme benötigt, da bei der Poisson-Verteilung der Erwartungswert gleich der Varianz ist (vgl. Abschnitt auf Seite 38).

Die im weiteren Verlauf vorgestellten Glättungsverfahren zur Prognose von sporadischen Nachfrageprognosen beruhen zum größten Teil auf der Grundidee der hier dargestellten exponentiellen Glättung erster Ordnung. Allerdings werden bestimmte Modifikationen der Verfahren vorgenommen, um die Prognose den charakteristischen Eigenschaften einer sporadischen Nachfragezeitreihe anzupassen.

3.2.2. Croston-Verfahren

Croston (1972) hat gezeigt, dass die Anwendung von exponentiellen Glättungsverfahren auf sporadische Nachfragezeitreihen zu Verzerrungen der Schätzergebnisse führt. Aus diesem Grund entwickelte Croston (1972) ein Modell, bei dem der unterstellte DGP durch die Kombination von zwei Zufallsvariablen modelliert wird. Es wird unterstellt, dass die positiven Beobachtungen z_t der zugrunde liegenden Zeitreihe normalverteilt mit Erwartungswert μ und Varianz σ^2 sind. Eine Bernoulli-verteilte Zufallsvariable x_t modelliert das Auftreten der positiven Beobachtungen z_t. Liegt eine positive Beobachtung zum Zeitpunkt t vor, so ist $x_t = 1$. Bei Vorliegen einer Nullbeobachtung ist $x_t = 0$. Die Dichtefunktion von x_t wird durch

$$x_t = \begin{cases} 1, & \text{mit einer Wahrscheinlichkeit von } \frac{1}{d} \\ 0, & \text{mit einer Wahrscheinlichkeit von } \left(1 - \frac{1}{d}\right) \end{cases} \tag{3.12}$$

beschrieben. Hierbei handelt es sich bei d um die durchschnittliche Lauflänge, also um den Abstand zwischen zwei positiven Nachfragen. Der kleinste Wert, den die durchschnittliche Lauflänge d annehmen kann, ist Eins. Dies ist genau dann der Fall, wenn die Zeitreihe y_t nur aus positiven Beobachtungen besteht.Unter Berücksichtigung der Zufallsvariablen x_t und z_t setzt sich der als stationär unterstellte Nachfrageprozess wie folgt zusammen:

$$y_t = \begin{cases} z_t, & \text{mit einer Wahrscheinlichkeit von } \frac{1}{d} \\ 0, & \text{mit einer Wahrscheinlichkeit von } \left(1 - \frac{1}{d}\right) \end{cases} \tag{3.13}$$

Der Erwartungswert von y_t ergibt sich somit als

$$\begin{aligned} E(y_t) &= 0\left(1 - \frac{1}{d}\right) + E(z_t)\frac{1}{d} \\ &= \frac{E(z_t)}{d} \\ &= \frac{\mu}{d} \end{aligned} \tag{3.14}$$

Die entsprechende Varianz unter der Annahme der Stationarität ist

$$V(y_t) = \frac{\alpha}{2-\alpha}\left(\frac{d-1}{d^2}\mu^2 + \frac{\sigma^2}{d}\right) \tag{3.15}$$

Hierbei stellt α den Glättungsparameter des von Croston (1972) verwendeten und im weiteren Verlauf dargestellten Verfahrens dar. Für den Fall, dass $d = 1$ ist, entspricht der in Gleichung 3.14 dargestellte Erwartungswert des Croston-Modells dem der einfachen exponentiellen Glättung. Bei Vorliegen von sporadischen Nachfragen gilt hinsichtlich der durchschnittlichen Lauflänge die Bedingung $d > 1$. Hieraus wird ersichtlich, dass der Erwartungswert des Croston-Modells in diesem Fall kleiner ist als der Erwartungswert der exponentiellen Glättung erster Ordnung. Aus diesem Grund argumentiert Croston (1972), dass eine Prognose mithilfe der einfachen exponentiellen Glättung bei Vorliegen von sporadischen Zeitreihen die Nachfrage überschätzt und dementsprechend verzerrt ist.

Ausgangspunkt der Schätzung ist die Annahme, dass die Nachfrage zum Zeitpunkt t approximativ durch den nachfolgend dargestellten DGP beschrieben werden kann:

$$y_t \approx x_t (z_t + e_t) \tag{3.16}$$

Aus Gleichung 3.16 wird ersichtlich, dass y_t für den Fall $x_t = 0$ ebenfalls Null ist. Ist $x_t = 1$, dann setzt sich y_t aus der positiven Beobachtung z_t und dem Fehler e_t zusammen. In diesem Fall entspricht der DGP dem der einfachen exponentiellen Glättung (vgl. Gleichung 3.1).

Wie auch bei der exponentiellen Glättung, erfolgt ausgehend von Gleichung 3.16 eine Komponentenaktualisierung. Dabei wird zuerst überprüft, ob zum Zeitpunkt t eine positive Nachfrage vorliegt. Liegt zum Zeitpunkt t eine positive Nachfrage vor, werden $\hat{z}_t$ und $\hat{d}_t$ durch

$$\hat{z}_t = \hat{z}_{t-1} + \alpha (y_t - \hat{z}_{t-1}) \tag{3.17}$$
$$\hat{d}_t = \hat{d}_{t-1} + \alpha (q_t - \hat{d}_{t-1}) \tag{3.18}$$

aktualisiert.

Hierbei stellt α den Glättungsparameter dar. Bei q_t handelt es sich um eine Zählvariable, die sich bei jeder Periode mit einer Nullnachfrage um Eins erhöht. Liegt eine positive Nachfrage vor, wird q_t nach der Aktualisierung gleich Eins gesetzt. Es gilt dementsprechend:

$$q_t = \begin{cases} q_{t-1} + 1 & \text{wenn } y_t = 0 \\ 1 & \text{sonst} \end{cases} \tag{3.19}$$

Die Glättungsgleichungen 3.17 und 3.18 werden im Rahmen des Croston-Verfahrens äquivalent zu Gleichung 3.7 bei der einfachen exponentiellen Glättung um einen approximativen geglätteten MAD-Schätzer ergänzt. Dieser hat die folgende Gestalt:

$$\hat{m}_t = (1 - \alpha) m_{t-1} + \alpha |y_t - \hat{z}_{t-1}|. \tag{3.20}$$

Auch hier wird der MAD-Schätzer benötigt, um die im weiteren Verlauf dargestellte Varianz bzw. Standardabweichung des Punktschätzers approximieren zu können. Die drei unterschiedlichen Glättungsgleichungen im Croston-Modell werden durch den identischen Parameter α geglättet. Dieser wird typischerweise heuristisch gesetzt. Jedoch ist auch eine im weiteren Verlauf erläuterte Schätzung des Glättungsparameters mithilfe der Gleichungen 3.17, 3.18, 3.21 und 3.22 möglich (siehe hierzu Abschnitt 3.2.12). Bei der Setzung von α liegt der typische Wertebereich wie auch bei der in Abschnitt 3.2.1 dargestellten exponentiellen Glättung im Intervall zwischen $0,1$ und $0,3$ (Küsters und Speckenbach (2012)).

Zusätzlich zur Bestimmung des Glättungsparameters α muss eine Komponenteninitialisierung erfolgen. Croston (1972) macht keine Angaben zur Komponenteninitialisierung. Eine praktikable Möglichkeit ist die heuristische Setzung durch $m_0 = 0$, $d_0 = 0$, $z_0 = y_1$ und $q_0 = 1$. Alternativ können die benötigten Startwerte m_0, d_0 und z_0 durch eine datengetriebene Schätzung bestimmt werden (Küsters und Speckenbach (2012)). Möglichkeiten einer datengetriebenen Schätzung des Parameters α und der Startwerte z_0, d_0 und m_0 werden in Abschnitt 3.2.12 erläutert.

In den Perioden, in denen keine Nullnachfrage vorliegt, werden die folgenden Rechenoperationen durchgeführt:

$$\hat{z}_t = \hat{z}_{t-1} \tag{3.21}$$
$$\hat{d}_t = \hat{d}_{t-1} \tag{3.22}$$
$$\hat{m}_t = \hat{m}_{t-1}. \tag{3.23}$$
$$q_t = q_{t-1}+1 \tag{3.24}$$

Der aus dem Croston-Verfahren resultierende Punktschätzer für zukünftige Nachfragen wird durch

$$\hat{y}_t = \frac{\hat{z}_t}{\hat{d}_t} \tag{3.25}$$

berechnet. Die aus dem Verfahren von Croston resultierende $h-$stufige Prognosefunktion zum Prognoseursprung T wird durch

$$f_T(h) = \frac{\hat{z}_T}{\hat{d}_T} \tag{3.26}$$

beschrieben. Aus den Glättungsgleichungen 3.17 - 3.20 in Kombination mit den Gleichungen 3.21 - 3.23 wird ersichtlich, dass eine Aktualisierung der Schätzer $\hat{z}_t$, $\hat{d}_t$ und $\hat{m}_t$ nur in Perioden mit einer positiven Nachfrage erfolgt. Die von Croston (1972) hergeleitete und von Rao (1973) korrigierte Varianz der positiven Nachfragen unter der Annahme, dass die positiven Nachfragen stationär, unabhängig und identisch verteilt sind, ist durch

$$V(z) = \alpha^2\sigma^2 + \frac{\alpha(1-\alpha)^2}{2-\alpha}\left(\frac{d-1}{d^2}\mu^2 + \frac{\sigma^2}{d}\right) \tag{3.27}$$

gegeben. Diese für die Berechnung der Quantilsprognosen entscheidende Varianz wird im Rahmen des Croston-Verfahrens nicht direkt geschätzt, sondern auch hier mithilfe von $\hat{m}_t$ die Standardabweichung $\hat{\sigma}$ des Punktschätzers approximiert.

Unter Berücksichtigung des in Gleichung 3.8 dargestellten Zusammenhangs wird die Standardabweichung des Punktschätzers im Croston-Modell wie bei der exponentiellen Glättung durch

$$\hat{\sigma}_t \approx 1,25\cdot\hat{m}_t \tag{3.28}$$

approximiert (Croston (1972)).

Die für die Lagerhaltung benötigten Prognosen der über die Wiederbeschaffungszeit kumulierten und als unabhängig und identisch verteilt angesehenen Nachfragen $s_{T+L|T}$ werden durch

$$\hat{s}_{T+L|T} = L\cdot\left(\frac{\hat{z}_t}{\hat{d}_t}\right) \tag{3.29}$$

geschätzt. Analog kann die Standardabweichung der entsprechenden Nachfrageprognosen $\hat{s}_{T+L|T}$ durch

$$sd\left(\hat{s}_{T+L|T}\right) \approx \sqrt{L}\cdot 1,25\cdot\hat{m}_t \tag{3.30}$$

unter der Annahme der Stationarität approximativ werden (Küsters und Speckenbach (2012)).

Für die Quantilsberechnung der über die Wiederbeschaffungszeit kumulierten Nachfrage geht Croston (1972) davon aus, dass diese der Normalverteilung folgt. Da sich grundsätzlich die Frage stellt, ob die Normalverteilungsannahme im Kontext von sporadischen Nachfragen sinnvoll ist, können die Quantile unter Zuhilfenahme von typischen diskreten Verteilungen wie beispielsweise der Poisson-Verteilung berechnet werden.

Wird die Poisson-Verteilung zur Berechnung der Quantile verwendet, hat dies den Vorteil, dass keine Varianzprognosen ermittelt werden müssen. Da die Poisson-Verteilung nur von dem Intensitätsparameter λ abhängt (vgl. Abschnitt 3.3.1.1), kann im Rahmen der Croston-Schätzung auf die Varianzschätzung bzw. -approximation verzichtet werden (Shale et al. (2006)).

Die ermittelten Quantile werden dann, wie in Abschnitt 4.3 beschrieben, mit einer Lagerhaltungspolitik kombiniert und zur betriebswirtschaftlichen Kostenevaluation verwendet. Im Rahmen der in dieser Arbeit durchgeführten Simulationsstudie werden die benötigten Quantile unter der ursprünglich von Croston (1972) vorgeschlagenen Normalverteilungsannahme und zusätzlich unter Annahme der Poisson-Verteilung berechnet.

3.2.3. Schultz-Verfahren

Die Tatsache, dass bei dem in Abschnitt 3.2.2 vorgestellten Verfahren von Croston (1972) für die drei Aktualisierungsgleichungen 3.17 - 3.20 derselbe Glättungsparameter α verwendet wird, unterstellt, dass sich strukturelle Änderungen im DGP gleichmäßig auf Niveau, Lauflängen- und Varianzschätzung auswirken. An dieser Stelle ist es fraglich, ob diese Annahme die Realität widerspiegelt (Küsters und Speckenbach (2012)).

Schultz (1987) kritisiert genau diesen Punkt und stellt unter der Annahme der Stationarität ein Prognoseverfahren vor, bei dem die Gleichungen 3.17 bis 3.20 durch drei unterschiedliche Parameter geglättet werden. Die Gleichungen haben die folgende Gestalt:

$$\begin{aligned} \hat{z}_t &= \hat{z}_{t-1} + \alpha\,(y_t - \hat{z}_{t-1}) && (3.31)\\ \hat{d}_t &= \hat{d}_{t-1} + \nabla\,(q_t - \hat{d}_{t-1}) && (3.32)\\ \hat{m}_t &= (1-\kappa)\,m_{t-1} + \kappa\,|y_t - \hat{z}_{t-1}|\,. && (3.33) \end{aligned}$$

Hierbei ist α der Glättungsparameter für die geschätzten positiven Nachfragen $\hat{z}_t$. Der Glättungsparameter ∇ glättet die durchschnittlich geschätzte Lauflänge $\hat{d}_t$, und κ ist der Glättungsparameter für den approximativen MAD-Schätzer $\hat{m}_t$ (Schultz (1987)). Die Glättungsparameter α, ∇ und κ werden typischerweise heuristisch aufgrund von Erfahrungswerten gesetzt. Die Punktschätzer der approximativen Varianzprognosen werden äquivalent zum Croston-Verfahren berechnet. Gleiches gilt für die Quantilsprognosen der über die Wiederbeschaffungszeit kumulierten Nachfragen.

Bei dem Verfahren von Schultz wird nicht unterstellt, dass die positiven Nachfragen der Normalverteilung folgen. Im Rahmen einer publizierten Simulationsstudie geht Schultz (1987) von Poisson-verteilten positiven Nachfragen aus. Des Weiteren wird, wie auch bei dem in Abschnitt 3.2.2 vorgestellten Verfahren von Croston, ein stationärer Nachfrageprozess unterstellt. Allerdings wird darauf hingewiesen, dass die Aktualisierungsgleichungen 3.31 bis 3.33 durch die Aufnahme von Trend- und Saisonkomponenten modifiziert werden können, um mögliche Instationaritäten des DGP zu berücksichtigen. Konkrete Handlungsalternativen nennt Schultz (1987) allerdings nicht.

Da davon ausgegegangen wird, dass der zugrunde liegende DGP Poisson-verteilt ist, können auch hier die Parameter α und ∇ sowie die korrespondierenden Startwerte, wie in Abschnitt 3.2.12 beschrieben, datengetrieben geschätzt werden. Die datengetriebene Schätzung der Parameter m_0 und κ ist mit dem in dieser Arbeit beschriebenen Optimierungsalgorithmus aufgrund der fehlenden Verknüpfung zwischen Punkt- und Varianzschätzung nicht möglich. Diese Problematik ist für die durchgeführte Simulationsstudie bedeutungslos, da Schultz (1987) von einem Poisson-verteilten DGP, bei dem die Punktprognose mit der Varianzprognose identisch ist, ausgeht.

3.2.4. Syntetos-Boylan-Approximation

Syntetos und Boylan (2001) konnten zeigen, dass unter der Stationaritätsannahme der von Croston (1972) entwickelte und in Gleichung 3.25 dargestellte Schätzer verzerrt ist. Diese Verzerrung beruht auf der Tatsache, dass der Quotient des Erwartungswertes von zwei Zufallsvariablen typischerweise nicht mit dem Erwartungswert des Quotienten übereinstimmt (Küsters und Speckenbach (2012)). Bezogen auf Gleichung 3.14 hat dies zur Folge, dass in der Regel

$$E\left(\frac{\hat{z}_t}{\hat{d}_t}\right) \neq \frac{E(\hat{z}_t)}{E(\hat{d}_t)} \tag{3.34}$$

gilt. Unter Berücksichtigung dieser Problematik entwickelten Syntetos und Boylan (2001) mithilfe einer Taylorreihenentwicklung zweiter Ordnung einen korrigierten Punktschätzer zur Prognose von sporadischen Nachfragezeitreihen. Hierbei erfolgt die Entwicklung des in Gleichung 3.25 angegebenen Schätzers um den in Gleichung 3.14 angegebenen theoretischen Schätzer. Der korrigierte Schätzer für die durchschnittliche Nachfrage pro Periode hat die folgende Gestalt:

$$\tilde{y}_t = \left(1-\frac{\alpha}{2}\right)\frac{\hat{z}_t}{\hat{d}_t} \tag{3.35}$$

Es ist zu beachten, dass die Größen α , $\hat{z}_t$ und $\hat{d}_t$ aus dem Croston-Verfahren resultieren. Die Korrektur von Syntetos und Boylan (2001) erfolgt erst nach der eigentlichen Modellschätzung und stellt sicher, dass die Anforderungen der approximativen Erwartungstreue, d.h.

$$E(\tilde{y}_t) \approx \frac{\mu}{d} \tag{3.36}$$

erfüllt sind. Aufgrund der Herleitung mithilfe einer Taylorreihenentwicklung zweiter Ordnung ist immer noch eine geringe Verzerrung vorhanden (Küsters und Speckenbach

(2012)). Aus diesem Grund wird das hier vorgestellte Verfahren in der Literatur als Syntetos-Boylan-Approximation (SBA) bezeichnet. Die aus dem SBA-Verfahren resultierende Punktprognose kann durch

$$f_T(h) = \left(1-\frac{\alpha}{2}\right)\frac{\hat{z}_T}{\hat{d}_T} \tag{3.37}$$

berechnet werden (Syntetos und Boylan (2001)).

Schlägt Croston (1972) eine approximative Varianzschätzung mithilfe der Gleichungen 3.28 bzw. 3.30 vor, so haben Syntetos und Boylan (2010) für ihren korrigierten Schätzer den nachfolgend dargestellten approximativen Varianzschätzer hergeleitet:

$$V(\tilde{y}_t) = V\left(\left(1-\frac{\alpha}{2}\right)\frac{\hat{z}_t}{\hat{d}_t}\right) \approx \frac{\alpha(2-\alpha)}{4}\left[\frac{(d-1)}{d^3}\left(\mu^2+\frac{\alpha}{1-\alpha}\sigma^2\right)+\frac{\sigma^2}{d^2}\right] \tag{3.38}$$

Eine genauere Approximation wurde bereits von Syntetos (2001) hergeleitet. Diese wird ebenfalls in der Publikation von Syntetos und Boylan (2010) dargestellt. Da die Abweichungen zwischen den beiden approximativen Varianzschätzungen gering sind, wird die genauere der beiden Approximationen nicht weiter berücksichtigt. Syntetos et al. (2005) haben zudem eine vereinfachte Form der Varianzschätzung veröffentlicht. Diese hat die folgende Gestalt:

$$V(\tilde{y}_t) = V\left(\left(1-\frac{\alpha}{2}\right)\frac{\hat{z}_t}{\hat{d}_t}\right) = \left(1-\frac{\alpha}{2}\right)^2 V(Croston) \tag{3.39}$$

$V(Croston)$ bedeutet, dass die Varianz an dieser Stelle mithilfe von Gleichung 3.28 des Croston-Verfahrens berechnet und dann genauso wie beim Erwartungswert korrigiert wird. Diese Möglichkeit der Varianzberechnung hat sich in der Literatur jedoch nicht durchgesetzt.

Die über L Perioden kumulierte Nachfrage wird äquivalent zu Croston durch

$$\hat{s}_{T+L|T} = L \cdot \tilde{y}_T \tag{3.40}$$

prognostiziert. Gleiches gilt für die entsprechende Varianz:

$$V\left(s_{T+L|T} - \hat{s}_{T+L|T}\right) = L \cdot V(\tilde{y}_t) \tag{3.41}$$

Wie bereits in Abschnitt 3.2.2 erwähnt, sind die aus der Verwendung von Gleichung 3.41 resultierenden Varianzschätzungen in der Regel zu gering (siehe dazu auch Küsters und Speckenbach (2012) und Abschnitt 3.2.11).

Ausgehend von der Punkt- und Varianzprognose der über die Wiederbeschaffungszeit kumulierten Nachfrage können im nächsten Schritt unter Zuhilfenahme einer Verteilungsannahme die benötigten Quantilsprognosen berechnet werden (vgl. hierzu Abschnitt 3.2.2).

3.2.5. MCROST-Verfahren

Snyder (2002) bettet das Problem der Prognosen von sporadischen Nachfragen in den Kontext der von Snyder (1985) und Ord et al. (1997) entwickelten SSOE-Modelle ein. Für das modifizierte Croston-Verfahren (MCROST-Verfahren) wird von der nachfolgend dargestellten Beobachtungsgleichung

$$y_t = x_t v_{t-1} + \varepsilon_t \tag{3.42}$$

sowie der entsprechenden Systemgleichung

$$v_t = v_{t-1} + \alpha\varepsilon_t \tag{3.43}$$

ausgegangen. Bei x_t handelt es sich wie auch schon beim Verfahren von Croston (1972) um eine Folge von stochastisch unabhängig und identisch Bernoulli-verteilten Zufallsvariablen. Diese Zufallsvariable x_t nimmt den Wert Eins an, wenn es sich um eine positive Nachfrage handelt und den Wert Null bei einer Nullnachfrage.

Des Weiteren wird angenommen, dass der Erwartungswert der Zufallsvariablen $E(x_t) = p$ ist. v_t stellt die einem lokalen Niveaumodell folgende Niveaukomponente des Modells dar. Durch die Tatsache, dass v_t einem lokalen Niveaumodell folgt, wird die Verbindung zur SSOE-Modelltheorie hergestellt (siehe auch Küsters und Speckenbach (2012)).

Bei ε_t handelt es sich um den Fehlerterm. Bezüglich des Fehlerterms wird angenommen, dass es sich um eine Folge stochastisch unabhängiger, identisch normalverteilter Zufallsvariablen mit Erwartungswert $E(\varepsilon_t) = 0$ und Varianz $V(\varepsilon_t) = \sigma^2$ handelt. Die benötigten Startwerte und der Glättungsparameter werden simultan geschätzt (Snyder (2002)).

Die datengetriebene Parameterschätzung ist die erste von zwei Änderungen, die im Vergleich zum Croston-Verfahren von Snyder (2002) vorgenommen wurde, um ein dynamisches Modell zur Prognose von sporadischen Nachfragezeitreihen verwenden zu können.

Als zweite Änderung wird eine direkte Varianz- und Anteilswertschätzung der Nullbeobachtungen p durchgeführt. Die Änderungen haben zur Folge, dass die Aktualisierungsgleichungen des Croston-Modells angepasst werden müssen. Die angepasste Niveauaktualisierung wird durch

$$\hat{k}_t = \hat{k}_{t-1} + \alpha\hat{e}_t \tag{3.44}$$

durchgeführt. k_t beschreibt hierbei das geglättete Niveau. Im Prinzip entspricht k_t dem L_t der in Abschnitt 3.2.1 beschriebenen exponentiellen Glättung. Der Fehler e_t des Modells wird durch

$$\hat{e}_t = x_t\left(y_t - \hat{k}_{t-1}\right) \tag{3.45}$$

aktualisiert. Um den Schätzer des MCROST-Modells zu erhalten, muss im nächsten Schritt eine Schätzung der durchschnittlichen Anzahl an Nullbeobachtungen mithilfe der nachfolgenden Gleichung

$$\hat{p}_t = \frac{\sum_{i=1}^{t} x_i}{t} \approx \frac{1}{\hat{d}_t} \tag{3.46}$$

erfolgen. Der Punktschätzer des Modells kann dann über die Beziehung

$$\hat{y}_t = \hat{p}_t \cdot \hat{k}_t \tag{3.47}$$

ermittelt werden. Die entsprechende Punktprognose zum Prognoseursprung T ist demnach durch

$$f_T(h) = \hat{p}_T \cdot \hat{k}_T \tag{3.48}$$

gegeben. Um eine direkte Varianzschätzung vornehmen zu können, wird die Gleichung 3.7 aus dem Croston-Modell durch

$$\hat{\sigma}_t^2 = \frac{\sum_{i=1}^t \hat{\varepsilon}_i^2}{\sum_{i=1}^t x_i} \tag{3.49}$$

ersetzt.

Im Rahmen der Residuenschätzung wird wie folgt vorgegangen: Liegt eine Nullbeobachtung vor, so gilt $\hat{\varepsilon}_i = 0$. Für die Perioden mit positiven Beobachtungen wird der Wert für $\hat{\varepsilon}_i$ über

$$\hat{\varepsilon}_i = y_t - \frac{\sum_{i=1}^t x_i \hat{y}_i}{\sum_{i=1}^t x_i} \tag{3.50}$$

geschätzt. Es wird ersichtlich, dass die Schätzung der Varianz unter Berücksichtigung aller positiven vergangenen Nachfragen erfolgt. Der zugrunde liegende Nachfrageprozess wird als stationär angenommen. Die Schätzung der Größen z_0 und α erfolgt in dieser Arbeit mithilfe des Nelder-Mead Simplexalgorithmus (vgl. Nelder und Mead (1965) und Abschnitt 3.2.12), welcher die Fehlerquadratsumme der einstufigen Prognosefehler des Modells, also $\sum_{t=1}^T \hat{\varepsilon}_t$, minimiert (Snyder (2002)).

Snyder (2002) hat den *MCROST*-Ansatz als Grundlage für ein im weiteren Verlauf dargestelltes Bootstrap-Verfahren entwickelt. Bei diesem Verfahren werden, wie in Abschnitt 3.4.3 beschrieben, unter anderem normalverteilte Fehlerterme generiert. In Kombination mit einem nicht restringierten Wertebereich von v_t hat dies zur Folge, dass negative Werte der Beobachtungsgleichung 3.42 nicht ausgeschlossen werden können (Küsters und Speckenbach (2012)). Bezogen auf die betriebswirtschaftliche Praxis würden diese negativen Beobachtungen Lagerzugänge bedeuten.

Eine direkte Schätzung der für die Lagerhaltung benötigten kumulativen Prognose über die Wiederbeschaffungszeit sowie eine entsprechende Varianzschätzung ist bei dem MCROST-Verfahren nicht vorgesehen. Vielmehr sollen hier die entsprechenden Quantilsprognosen für eine höhere Prognosequalität mithilfe des in Abschnitt 3.4.3 und genau für diesen Fall entwickelten Bootstrap-Verfahrens generiert werden (Snyder (2002)).

3.2.6. LSA-Verfahren

Um die in Abschnitt 3.2.5 beschriebene Problematik der unter Umständen in der Beobachtungsgleichung auftretenden negativen Werte zu berücksichtigen, entwickelte Snyder (2002) die *Log-Space-Adaption* (LSA) als weiteres Verfahren zur Prognose von sporadischen Zeitreihen. Im LSA-Verfahren wird durch die Transformation

$$y_t^+ = x_t exp(y_t) \tag{3.51}$$

sichergestellt, dass keine negativen Nachfragen auftreten können. Im Prinzip wird die eigentliche Nachfrage y_t in diesem Modell als eine latente Variable betrachtet (Snyder (2002)). Die weiteren Annahmen des Modells sind äquivalent zu denen des *MCROST*-Ansatzes. Die Varianz ergibt sich durch $x_t\hat{\sigma}^2$, wobei auch hier x_t eine binomialverteilte Zufallsvariable mit Erfolgswahrscheinlichkeit p darstellt. Die aus dem LSA-Ansatz resultierenden Glättungsgleichungen haben die folgende Gestalt:

$$\hat{k}_t = \hat{k}_{t-1} + \alpha\hat{e}_t \tag{3.52}$$

$$\hat{e}_t = x_t\left(y_t - \hat{k}_{t-1}\right) \tag{3.53}$$

mit

$$y_t = \begin{cases} log\left(y_t^+\right) & \text{wenn}\, x_t = 1 \\ \text{beliebig} & \text{wenn}\, x_t = 0 \end{cases} \tag{3.54}$$

Auch hier sollten k_0 und α durch Optimierungsverfahren so bestimmt werden, dass die Summe der quadrierten einstufigen Prognosefehler minimiert wird. Die Schätzer für die Punktprognose, die Varianzen und die Anzahl der Nichtnullnachfrageperioden entsprechen beim LSA-Ansatz ansonsten denen des *MCROST*-Ansatzes (Snyder (2002)). Gleiches gilt auch für das in Abschnitt 3.2.5 beschriebene Prozedere zur Erstellung der Quantilsprognosen der über die Wiederbeschaffungszeit kumulierten Nachfrage.

3.2.7. AVAR-Verfahren

Als eine weitere Adaption des Croston-Verfahrens stellt Snyder (2002) die *Adaptive-Variance-Version* (AVAR) vor. In diesem Verfahren wird, wie schon bei dem MCROST-Verfahren eine direkte Varianzschätzung durchgeführt. Des Weiteren wird bei dem AVAR-Ansatz nicht mehr von einer konstanten Varianz ausgegangen.

Das Modell besteht aus der bereits bekannten Beobachtungsgleichung 3.42 sowie der entsprechenden Niveaugleichung 3.43. Zusätzlich wird die bereits bekannte Transformation 3.51 des LSA-Ansatzes verwendet. Aufgrund der veränderlichen Varianz wird davon ausgegangen, dass der Fehlerterm ε_t der Beobachtungsgleichung 3.42 und der Systemgleichung für das Niveau 3.43 NID-verteilt mit Erwartungswert 0 und Varianz σ_{t-1}^2 ist. Die zeitvariante Varianz kann durch die Fehlerkorrekturgleichung

$$\hat{s}_t^2 = \hat{s}_{t-1}^2 + \gamma x_t\left(\hat{e}_t - s_{t-1}^2\right) \tag{3.55}$$

geschätzt werden. Hierbei stellt γ einen zusätzlich eingeführten und in der Regel von α verschiedenen Glättungsparameter dar. Dieser resultiert aus der Überlegung, dass strukturelle Änderungen im DGP einen unterschiedlichen Einfluss auf die Niveau- und Varianzschätzung haben. Die restlichen benötigten Glättungsgleichungen entsprechen ansonsten denen des LSA-Ansatzes (Gleichungen 3.54 bis 3.53).

Der Startwert für s_0 wird zusammen mit den weiteren unbekannten Parametern k_0, α und γ mithilfe der nachfolgend dargestellten Zielfunktion geschätzt. Die zu minimierende Zielfunktion wird durch

$$\sqrt[\Sigma_{t=1}^{T} x_t]{\prod_{t=1}^{T} s_{t-1}^2} \sum_{t=1}^{T} \frac{e_t^2}{s_{t-1}^2} \rightarrow \underset{\text{Parameterraum von } s_0, k_0, \alpha, \gamma}{min} \tag{3.56}$$

beschrieben (Snyder (2002)). Hinsichtlich der Erstellung der über die Wiederbeschaffungszeit kumulierten Prognosen und entsprechenden Varianzprognosen sei auch hier auf den Abschnitt 3.2.5 verwiesen.

3.2.8. Levén-Segerstedt-Verfahren

Levén und Segerstedt (2004) publizieren ebenfalls ein Verfahren zur Prognose von sporadischen Nachfragen. Bei dem im Weiteren als LS-Verfahren bezeichneten Ansatz handelt es sich um eine Abwandlung des Croston-Verfahrens. Neben der bereits von Snyder (2002) bei seinen Varianten des Croston-Verfahrens durchgeführten direkten Varianzschätzung führen Levén und Segerstedt (2004) zusätzlich noch eine direkte Schätzung der Nachfrage pro Periode ein. Diese direkte Schätzung der Nachfrage pro Periode hat den Vorteil, dass die von Syntetos und Boylan (2001) und in Abschnitt 3.2.4 beschriebene Verzerrung der Punktschätzer nicht auftritt.

Ausgangspunkt ist die ursprünglich von Croston in Gleichung 3.16 dargestellte Beobachtungsgleichung. Im Vergleich zu dem Verfahren von Croston werden bei dem LS-Verfahren die drei Aktualisierungsgleichungen 3.17 bis 3.20 durch die zwei nachfolgend dargestellten Gleichungen ersetzt (Levén und Segerstedt (2004)). Der adaptive und direkte Schätzer $\hat{r}_t$ für die durchschnittliche Nachfrage pro Periode wird durch

$$\hat{r}_t = \hat{r}_{t-1} + \alpha \left(\frac{y_t}{K_t - K_{t-1}} - \hat{r}_{t-1} \right) \tag{3.57}$$

geschätzt. Hierbei beschreibt die Variable K_t den aktuellen Zeitpunkt der positiven Nachfrage. K_{t-1} beschreibt dementsprechend den Zeitpunkt der davor liegenden positiven Nachfrage. Bei α handelt es sich um die Glättungskonstante.

Die adaptiv und direkt unter der Annahme der Stationarität geschätzte Varianz des Schätzers $\hat{r}_t$, $\hat{\eta}_t^2$ wird durch

$$\hat{\eta}_t^2 = \hat{\eta}_{t-1}^2 + \beta \left(\frac{(y_t - (K_t - K_{t-1})\,\hat{r}_{t-1})^2}{K_t - K_{t-1}} - \hat{\eta}_{t-1}^2 \right) \tag{3.58}$$

geschätzt. β stellt die Glättungskonstante des direkten Varianzschätzers dar (Levén und Segerstedt (2004)). Wie schon bei dem in Abschnitt 3.2.3 beschriebenen Verfahren von Schultz (1987) wird auch bei dem Verfahren von Levén und Segerstedt (2004) davon ausgegangen, dass sich strukturelle Änderungen im DGP nicht gleichermaßen auf den Punktschätzer und den Varianzschätzer auswirken. Die Aktualisierung der Glättungsgleichungen im LS-Verfahren erfolgt ausschließlich, wenn eine positive Nachfrage in Periode t auftritt.

Levén und Segerstedt (2004) geben keine Hinweise, wie und ob die geschätzten Startwerte $\hat{r}_0$ und $\hat{\eta}_0^2$ sowie die beiden Glättungskonstanten α und β geschätzt bzw. gesetzt werden sollen. In einer zusätzlich durchgeführten Simulationsstudie werden die Glättungskonstanten nicht geschätzt, sondern gesetzt.

Die Prognose der über die Wiederbeschaffungszeit kumulierten Nachfrage sowie die dazugehörige Varianzprognose erfolgt äquivalent zum Croston-Verfahren bzw. zum SBA-Verfahren mithilfe der Gleichungen 3.29 und 3.30. Abschließend können auch hier die benötigten Quantilsprognosen mithilfe einer Verteilungsannahme wie im Croston-Verfahren konstruiert werden. Bei der in dieser Arbeit durchgeführten Simulationsstudie werden die Quantile einmal mithilfe der Poisson-Verteilung und einmal auf Basis der Normalverteilung berechnet.

3.2.9. Shale-Boylan-Johnston-Verfahren

Das von Shale et al. (2006) publizierte Verfahren beruht, ähnlich wie das in Abschnitt 3.2.4 beschriebene SBJ-Verfahren, auf einer Korrektur des Punktschätzers. Im Vergleich zum SBJ-Verfahren wird von Shale et al. (2006) nicht der Schätzer für zukünftige Nachfragen des Croston-Verfahrens korrigiert, um einen erwartungstreuen Schätzer für die Nachfrage $\frac{\mu}{d}$ einer sporadischen Zeitreihe zu erhalten. Vielmehr wird der Punktschätzer der einfachen exponentiellen Glättung bzw. der aus einer gleitenden Durchschnittsberechnung resultierende Punktschätzer für zukünftige Nachfragen korrigiert.

Ausgangspunkt der Korrektur ist, dass die auftretende Nachfrage genau dann einem Poisson-Prozess folgt, wenn die Zeiten zwischen zwei positiven Nachfragen als negativ exponentialverteilt angenommen werden. Mithilfe der Dichtefunktion der Erlang-Verteilung wird unter der Annahme einer stationären Nachfragezeitreihe der Korrekturfaktor $\frac{k-1}{k}$ für den Schätzer der gleitenden Durchschnitte

$$\hat{y}_t = \frac{1}{k}\sum_{j=0}^{k-1} y_{t-j} \tag{3.59}$$

unter Berücksichtigung der letzten k Beobachtungen hergeleitet. Der nicht verzerrte, also erwartungstreue Schätzer kann durch

$$\tilde{y}_t = \frac{k-1}{k}\cdot\hat{y}_t \tag{3.60}$$

berechnet werden (Shale et al. (2006)).

Mithilfe des von Brown (1963) dargestellten Zusammenhangs zwischen der Methode der gleitenden Durchschnitte und der einfachen exponentiellen Glättung kann der Korrekturfaktor k des in Gleichung 3.60 dargestellten Schätzers hergeleitet werden (Shale et al. (2006)).

Bei der Herleitung des Zusammenhangs zwischen der Methode der gleitenden Durchschnitte und der einfachen exponentiellen Glättung hat Brown (1963) gezeigt, dass das

Gedächtnis eines einfachen exponentiellen Glättungsmodells mit Glättungskonstante α dem eines aus

$$k = \frac{2-\alpha}{\alpha} \tag{3.61}$$

Beobachtungen berechneten gleitenden Durchschnitts entspricht. Anders ausgedrückt bedeutet dies, dass das Gedächtnis eines gleitenden Durchschnitts dem eines einfachen exponentiellen Glättungsmodells entspricht, bei dem

$$\alpha = \frac{2}{(k+1)} \tag{3.62}$$

Beobachtungen mitberücksichtigt werden (Küsters und Speckenbach (2012)). Unter Berücksichtigung des in Gleichung 3.61 dargestellten Zusammenhangs kann der von Shale et al. (2006) hergeleitete Punktschätzer auf Basis der in Abschnitt 3.2.1 dargestellten einfachen exponentiellen Glättung durch

$$\tilde{y}_t = \left(1 - \frac{\alpha}{2-\alpha}\right) \cdot L_t \tag{3.63}$$

und die Punktprognose zum Zeitpunkt T durch

$$f_T(h) = \left(1 - \frac{\alpha}{2-\alpha}\right) \cdot L_T \tag{3.64}$$

berechnet werden.

Shale et al. (2006) machen keine Angaben hinsichtlich der Varianzschätzung sowie der Bestimmung der Startwerte und der Glättungskonstanten bei der einfachen exponentiellen Glättung. In dieser Arbeit erfolgt die Schätzung analog zu der in Abschnitt 3.2.1 beschriebenen Vorgehensweise der einfachen exponentiellen Glättung.

Die Verknüpfung der Methode der gleitenden Durchschnitte und der einfachen exponentiellen Glättung mithilfe des in Gleichung 3.61 beschriebenen Zusammenhangs wurde bereits von Boylan und Syntetos in einer nicht öffentlich verfügbaren Veröffentlichung aus dem Jahr 2003 angewendet (vgl. Syntetos und Boylan (2011)). Mithilfe dieses Zusammenhangs konnten die theoretischen Überlegungen des SBA-Verfahrens, das heißt die Korrektur des Croston-Schätzers, auch auf den aus der Methode der gleitenden Durchschnittsberechnung (Gleichung 3.61) resultierenden Punktschätzer übertragen werden. Der korrigierte Punktschätzer des Boylan-Syntetos (BS)-Verfahrens kann danach durch

$$\tilde{y}_t = \frac{k}{1-k} \cdot \hat{y}_t \tag{3.65}$$

berechnet werden (Boylan und Syntetos (2008)).

3.2.10. Teunter-Syntetos-Babai-Verfahren

Teunter et al. (2011) haben ein weiteres Verfahren zur Prognose von sporadischen Zeitreihen auf Basis von Glättungsgleichungen entwickelt. Das TSB-Verfahren baut auf zwei unterschiedlichen Glättungsgleichungen auf. Mithilfe der ersten Glättungsgleichung des TSB-Verfahres wird die geglättete Wahrscheinlichkeit des Eintretens einer positiven Nachfrage $\hat{g}_t, 0 \leq \hat{g}_t \leq 1$ geschätzt.

Die Variable g_t wird auch als binärer Nachfrageindikator bezeichnet und folgt einer Bernoulli-Verteilung mit Erwartungswert $E(g_t) = g$ und Varianz $V(g_t) = g(1-g)$. Im Falle einer positive Nachfrage zum Zeitpunkt t ist $g_t = 1$. Liegt eine Nullnachfrage vor, so ist $g_t = 0$. Die zweite Glättungsgleichung schätzt die Nachfragehöhe $\hat{z}_t$ der positiven Nachfragen zum Zeitpunkt t. Hinsichtlich der Verteilung der Zufallsvariablen z wird angenommen, dass sie den Erwartungswert μ und die Varianz σ^2 besitzt. Der aus dem TSB-Verfahren resultierende Schätzer kann durch

$$\hat{y}_t = \hat{g}_t \cdot \hat{z}_t \tag{3.66}$$

berechnet werden (Teunter et al. (2011)). Zur Ermittlung der benötigten Schätzer wird unterschieden, ob zum Zeitpunkt t eine positive oder eine Nullnachfrage vorliegt. Beim Vorliegen einer positiven Nachfrage wird der Schätzer für die positiven Nachfragehöhen durch

$$\hat{z}_t = \hat{z}_{t-1} + \alpha(\hat{z}_t - \hat{z}_{t-1}) \tag{3.67}$$

und der geschätzte Nachfrageindikator durch

$$\hat{g}_t = \hat{g}_{t-1} + \beta(1 - \hat{g}_{t-1}) \tag{3.68}$$

aktualisiert. Liegt keine positive Nachfrage zum Zeitpunkt t vor, so wird nur der Schätzer $\hat{g}_t$ durch

$$\hat{g}_t = \hat{g}_{t-1} + \beta(0 - \hat{g}_{t-1}) \tag{3.69}$$

aktualisiert. Der Schätzer $\hat{z}_t$ wird durch $\hat{z}_t = \hat{z}_{t-1}$ fortgeschrieben (Teunter et al. (2011)). Bei diesem Verfahren werden zwei unterschiedliche Glättungskonstanten α und β verwendet. Der Wertebereich der beiden Konstanten wird explizit auf $0 \leq \alpha, \beta \leq 1$ festgelegt.

Da der Schätzer $\hat{g}_t$ im Vergleich zu $\hat{z}_t$ in jeder Periode aktualisiert wird, empfehlen die Autoren, bei der Setzung der entsprechenden Glättungsparameter darauf zu achten, dass die Bedingung $\beta < \alpha$ gilt. Da es in der Regel nicht möglich ist zu überprüfen, ob der zugrunde liegende DGP stationär ist oder nicht, wird zusätzlich vorgeschlagen, dass bei einer vermuteten Instationarität des DGPs α und β möglichst nah bei Eins gewählt werden sollten. Hierdurch kann eine schnelle Anpassung erfolgen. Bei vermuteter Stationarität des DGPs sollten kleine Glättungskonstanten gewählt werden (Teunter et al. (2011)).

Die $h-$stufige Prognose zum Ursprung T kann im Rahmen des TSB-Verfahrens durch

$$f_T(h) = \hat{g}_T \cdot \hat{z}_T \tag{3.70}$$

geschätzt werden. Die exakte Varianz der Punktprognose wird unter der Annahme der Stationarität und einer Fixierung von $g_T = g$ durch

$$V(\hat{y}_t) = \frac{\alpha}{2-\alpha}\frac{\beta}{2-\beta}\sigma^2 g(1-g) + \frac{\alpha}{2-\alpha}\sigma^2 g^2 + \frac{\beta}{2-\beta}\mu^2 g(1-g) \tag{3.71}$$

Tabelle 3.1.: Eigenschaften der verwendeten Glättungsverfahren

Verfahren	Verteilung	DGP		Glättungsparameter			Varianzschätzung		
	z	stationär	instationär	Anzahl	gesetzt	geschätzt	direkt	indirekt	approx.
Ses			•	1	unbestimmt		unbestimmt		
Croston	$N \sim (\mu, \sigma^2)$	•		1	•				•
Schultz	unbestimmt	•		3					•
SBA	unbestimmt	•		1	•			•	
MCROST	unbestimmt	•		2		•	•		
LSA	unbestimmt	•		2		•	•		
AVAR	unbestimmt	•		2		•	•		
LS	unbestimmt	•		2	•		•		
SBJ	$P \sim (\lambda)$	•		1	•				•
BS	unbestimmt	•		1	•				•
TSB	unbestimmt	•		2	•			•	

berechnet (Teunter et al. (2011)). Die genaue Herleitung der Varianzformel ist im Anhang der Publikation von Teunter et al. (2011) beschrieben.

Die Prognose der über die Wiederbeschaffungszeit kumulierten Nachfrage sowie deren entsprechende Varianzprognose erfolgt unter der Annahme der Stationarität sowie unabhängig und identisch verteilter Nachfragen äquivalent zum SBA-Verfahren. Hierfür wird die Gleichung 3.41 durch

$$s_{T+L|T} \quad = \quad L \cdot \hat{g}_T \cdot \hat{z}_T \tag{3.72}$$

ersetzt. Die entsprechende Varianz wird durch

$$V\left(s_{T+L|T} - \hat{s}_{T+L|T}\right) \quad = \quad L \cdot V\left(\hat{y}_t\right) \tag{3.73}$$

äquivalent zur Gleichung 3.41 berechnet. Auch hier können die benötigten Quantilsprognosen in einem weiteren Schritt unter Zuhilfenahme einer Verteilungsannahme berechnet werden.

3.2.11. Probleme von Glättungsverfahren

In Tabelle 3.1 werden alle in den Abschnitten 3.2.1 bis 3.2.10 vorgestellten Glättungsverfahren hinsichtlich ihrer Eigenschaften zusammengefasst. Aus Tabelle 3.1 wird ersichtlich, dass die speziell zur Prognose von sporadischen Zeitreihen entwickelten Verfahren zumindest für die Herleitung der Erwartungswerte und Varianzen einen stationären DGP unterstellen. So wird zwar nicht kategorisch bei allen Verfahren ein instationärer DGP ausgeschlossen; beispielsweise raten Teunter et al. (2011) bei einem vermuteten instationären DGP zur Wahl von Glättungsparametern nahe bei Eins. Generell wird die Annahme eines stationären DGPs jedoch durch die in Abschnitt 2.3 beschriebenen Probleme bei der Identifikation von Instationaritäten gerechtfertigt.

Wie das nachfolgende Beispiel anhand eines Spezialfalls des Verfahrens von Croston (1972) zeigt, kann diese Annahme insbesondere im Rahmen der Lagerhaltung zu Problemen führen (Küsters und Speckenbach (2012)).

Wird das Croston-Verfahren auf eine Zeitreihe angewendet, die im betrachteten Zeitraum keine Nullbeobachtungen aufweist, ergibt sich eine durchschnittliche Lauflänge von $\hat{d}_t = 1$, für alle $t = 1, \ldots, T$. In diesem Fall entspricht das Croston-Verfahren exakt der in Abschnitt 3.2.1 vorgestellten einfachen exponentiellen Glättung. Diese kann wiederum durch ein von Box et al. (2008) beschriebenes ARIMA(0,1,1)-Modell dargestellt werden (Box et al. (2008), S. 117).

Aufgrund des Integrationgrades $I(1)$ dieses Modells ist bekannt, dass der zugrunde liegende DGP instationär ist und dass darüber hinaus aufgrund des stationären MA-Teils eine stochastische Abhängigkeit der Prognosefehler unterschiedlicher Prognosehorizonte h vorliegt (Küsters und Speckenbach (2012)). Diese Eigenschaft kann im Rahmen der Lagerhaltung zu Problemen führen. Hyndman et al. (2008) haben beispielsweise gezeigt, dass die Varianz des über L Perioden kumulierten Prognosefehlers eines ARIMA(0,1,1)-Modells durch

$$V\left(s_{T+L|T} - \hat{s}_{T+L|T}\right) \approx \sigma^2 L\left[1 + \alpha(L-1) + \frac{1}{6}\alpha^2(L-1)(2L-1)\right] \quad (3.74)$$

approximiert werden kann (Hyndman et al. (2008), S. 18 f.).

Im Verfahren von Croston (1972) hingegen wird die kumulierte Varianz der Prognosefehler mithilfe der in Gleichung 3.30 angegebenen Varianzapproximation berechnet (Küsters und Speckenbach (2012)). Die aus dieser fälschlich verwendeten Approximation resultierenden Probleme werden in Abbildung 3.1 dargestellt.

Abbildung 3.1 zeigt die Veränderung der Standardabweichung des kumulierten einstufigen Prognosefehlers in Abhängigkeit der Wiederbeschaffungszeit L. Es lässt sich beobachten, dass sowohl die geschätzten Standardabweichungen des Croston-Verfahrens als auch die des ARIMA(0,1,1)-Modells mit zunehmender Wiederbeschaffungszeit steigen.

Bei beiden in Abbildung 3.1 dargestellten Beispielen lässt sich feststellen, dass die jeweiligen Standardabweichungen des Croston-Verfahrens im Vergleich zu denen des ARIMA(0,1,1)-Modells geringer sind. Die Höhe der Abweichung ist hierbei abhängig vom gewählten Glättungsparameter α und der Länge der Wiederbeschaffungszeit. Je höher der Glättungsparameter α, desto größer die Differenz zwischen der Varianz im Croston-Verfahren und der Varianz des ARIMA(0,1,1)-Modells. Abbildung 3.1 macht deutlich, dass teilweise erhebliche Unterschiede zwischen den berechneten Standardabweichungen der beiden Modelle bestehen. Zudem spiegelt die implizit im Croston-Verfahren unterstellte Varianz beim Vorliegen von instationären Nachfragen nicht die Realität wider (Küsters und Speckenbach (2012)).

Die hier getroffenen Aussagen lassen sich auch auf die weiteren in Tabelle 3.1 dargestellten Verfahren übertragen.

Interessant ist in diesem Kontext auch die von Teunter et al. (2011) getroffene Aussage, dass bei einem vermuteten instationären DGP möglichst Glättungskonstanten nahe Eins gewählt werden sollen. Unter Berücksichtigung von Abbildung 3.1 wird deutlich, dass dies zu einer impliziten Unterschätzung der tatsächlichen Varianz führt.

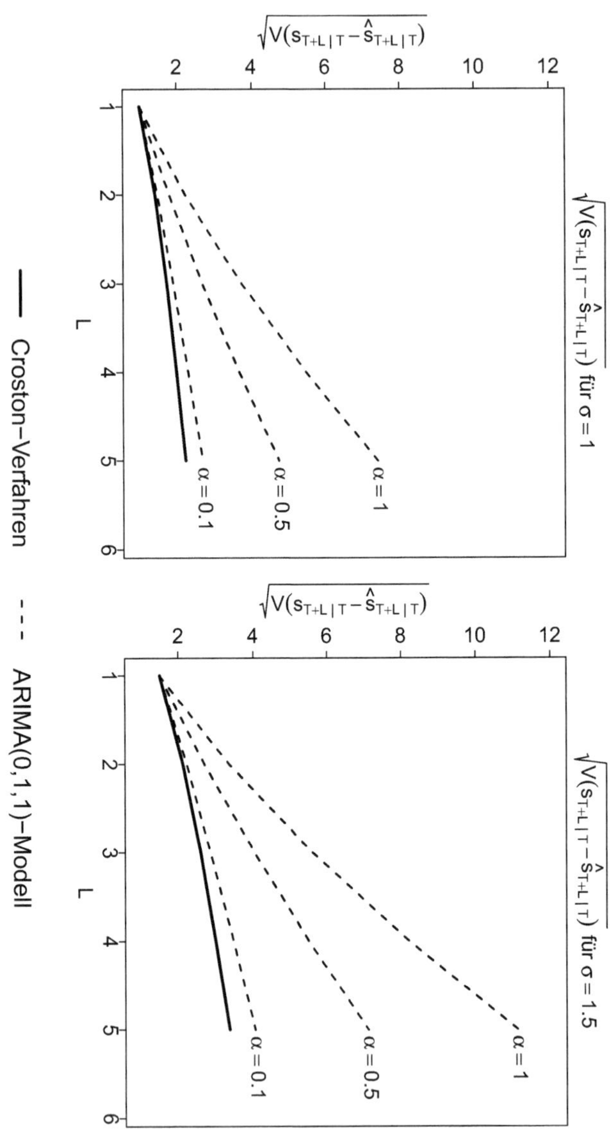

Abbildung 3.1.: Vergleich der Standardabweichungen der kumulierten Prognosefehler beim Croston-Verfahren und im ARIMA(0,1,1)-Modell

3.2.12. Datengetriebene Parameterschätzung

Betrachtet man Tabelle 3.1, dann lässt sich feststellen, dass bei einer Vielzahl von Verfahren die benötigten Startwerte und Glättungskonstanten nicht datengetrieben geschätzt, sondern heuristisch gesetzt werden. Eine heuristisch begründete Setzung der benötigten Parameter beruht immer auf Plausibilitätsüberlegungen (Küsters und Speckenbach (2012)). Sollen einzelne Verfahren automatisiert werden, so ist eine datengetriebene Schätzung der Parameter oft unumgänglich.

In Abschnitt 3.2.1 wurde bereits kurz auf die SSOE-basierten exponentiellen Glättungsmodelle eingegangen: Diese Modelle sehen eine heuristische Setzung der Startwerte und Glättungskonstanten nicht vor (vgl. hierzu Hyndman et al. (2008), S. 23 ff.). Ein modelltheoretischer Kontext für eine datengetriebene Schätzung wurde von Snyder (2002) für sporadische Zeitreihen auf Basis der von Ord et al. (1997) entwickelten Zustandsraummodelle für die exponentielle Glättung vorgestellt.

Unabhängig von der SSOE-Theorie kann für die einfache exponentielle Glättung sowie die restlichen in Tabelle 3.1 beschriebenen Verfahren, die eine heuristische Parametersetzung vorsehen, auch eine datengetriebene Schätzung der benötigten Parameter durchgeführt werden. Hierbei ist es unerheblich, ob ein betrachtetes Glättungsverfahren von einem oder mehreren Glättungsparametern abhängt (Küsters und Speckenbach (2012)). Im Rahmen einer datengetriebenen Schätzung wird typischerweise die Fehlerquadratsumme der einstufigen ex post Prognosefehler unter Berücksichtigung des Parametervektors θ

$$\sum_{t=k}^{T} e_t^2 = \sum_{t=k}^{T} (y_t - f_{t-1}(h))^2 \rightarrow \min_{\text{Parameterraum von } \theta} \tag{3.75}$$

unter Verwendung von nichtlinearen Optimierungsverfahren und Gittersuchverfahren minimiert (Küsters und Bell (2001)). Der Vektor θ fasst alle zu schätzenden Größen zusammen. Beispielsweise ist $\theta = (z_0, \alpha)$ beim Croston-Verfahren und $\theta = (r_0, \eta_0, \alpha, \beta)$ bei dem von Levén und Segerstedt (2004) entwickelten LS-Verfahren. Generell ist bei der Optimierung zu beachten, dass der Wertbereich der verschiedenen Glättungsparameter per Restriktion festgelegt ist bzw. festgelegt werden sollte. So erscheint es sinnvoll, den Wertebereich des Glättungsparameters α im Croston-Verfahren auf das Intervall $\alpha \in (0,1)$ zu beschränken (Teunter et al. (2011)). Diese Restriktion kann durch eine Logittransformation der Form

$$\alpha = \frac{1}{1+e^{\alpha^*}} \text{ mit } \alpha^* \in \mathbb{R} \tag{3.76}$$

erreicht werden (Maddala (1983), Küsters (1987) S. 67). Als Optimierungsverfahren für die in dieser Arbeit durchgeführten Schätzungen wird der Nelder-Mead Simplexalgorithmus (Nelder und Mead (1965)) zur Optimierung verwendet. Grundsätzlich ist bei der datengetriebenen Parameterschätzung darauf zu achten, dass die Annahmen des Optimierungsverfahrens erfüllt sind. Auch ist es beispielsweise möglich, dass die Konvergenzkriterien nicht erfüllt werden, wodurch oftmals numerische und statistische Probleme auftreten (Küsters und Speckenbach (2012)).

3.3. Direkte DGP-Modellierung

3.3.1. Verteilungen

In der statistischen Theorie existieren mehrere theoretische Verteilungen, mit deren Hilfe der DGP von sporadischen Nachfragezeitreihen direkt oder auch über Mischverteilungen indirekt modelliert werden kann (siehe beispielsweise Feller (1968), Andersen (1980), Winkelmann (2008), Forbes et al. (2011), Küsters und Speckenbach (2012)). Da im Rahmen der Prognose von sporadischen Nachfragezeitreihen in der Regel nicht die Punktprognosen allein, sondern vielmehr die Quantilsprognosen der über die Wiederbeschaffungszeit kumulierten Nachfragen von Interesse sind, ist deren direkte Modellierung mithilfe von entsprechenden Verteilungen sinnvoll (Snyder et al. (2012)).

Betrachtet man beispielsweise die in Abbildung 3.2 dargestellten unterschiedlichen Dichtefunktionen der Poisson-Verteilung, so wird deutlich, dass mithilfe dieser Verteilung bereits eine erhebliche Anzahl von Nullbeobachtungen im DGP abgebildet werden kann. Hierbei ist der relative Anteil an Nullbeobachtungen abhängig von dem Intensitätsparameter λ.

Aus Abbildung 3.2 wird ersichtlich, dass bei einem Poisson-verteilten DGP mit $\lambda = 0,25$ fast 80% Nullbeobachtungen vorhanden sind, wobei hingegen bei $\lambda = 2$ nur noch ca. 13% Nullbeobachtungen in der zugrunde liegenden Zeitreihe vorhanden sind (Küsters und Speckenbach (2012)).

Des Weiteren können auch Mischverteilungen zur Modellierung des DGPs einer Zeitreihe verwendet werden. Diese aus der Mikroökonometrie stammenden Verteilungen entstehen durch eine Kombination von zwei unterschiedlichen Zufallsvariablen x und w. x folgt dabei einer Bernoulli-Verteilung und w einer beliebigen Verteilungsfunktion, wie z.B. der Poisson-Verteilung. In Abhängigkeit von dem Wertebereich der Zufallsvariablen w kann entweder eine nullinflationierte Verteilung oder eine Hurdle-Verteilung modelliert werden (Winkelmann (2008)). In dieser Arbeit werden für die Verteilungsschätzungen die Poisson-Verteilung, die negative Binomialverteilung, die nullinflationierte Poisson-Verteilung und die Hurdle-Poisson-Verteilung verwendet.

3.3.1.1. Poisson-Verteilung

Die Dichtefunktion $g(k)$ der einleitend erwähnten Poisson-Verteilung in Abhängigkeit des Intensitätsparameters λ wird durch

$$g(k) = \frac{\lambda^k}{k!} exp\{-\lambda\} \tag{3.77}$$

beschrieben. Der Wertebereich von k ist festgelegt auf $k \in \mathbb{N} \cup \{0\}$. Für λ gilt die Bedingung $\lambda > 0$. Der Erwartungswert und die Varianz der Poisson-Verteilung sind durch

$$E(k) = \lambda \tag{3.78}$$

$$V(k) = \lambda \tag{3.79}$$

gegeben (Forbes et al. (2011)).

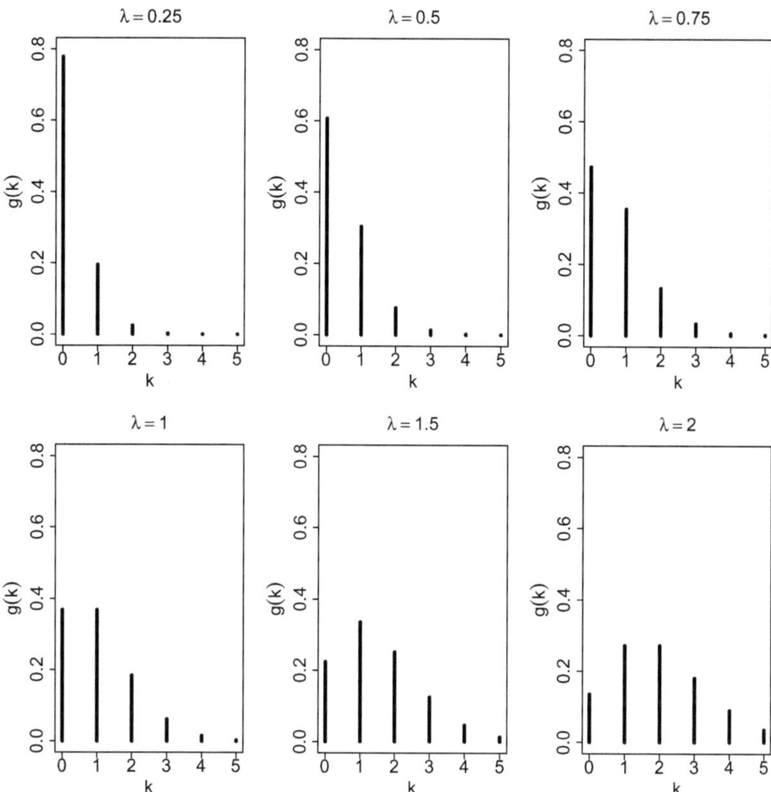

Abbildung 3.2.: Dichtefunktionen der Poisson-Verteilung in Abhängigkeit von λ

3.3.1.2. Negative Binomialverteilung

Eine weitere nicht zusammengesetzte Verteilung ist die negative Binomialverteilung. Aufgrund der Möglichkeit zur Modellierung hoher Nullwahrscheinlichkeiten eignet sich auch diese Verteilung zur Modellierung von sporadischen Nachfragezeitreihen.

Die negative Binomialverteilung ist abhängig von den Parametern α, θ und λ. Die Parameter können durch $\alpha = \frac{\lambda}{\theta}$ in Beziehung gesetzt werden. Die Dichtefunktion $g(k)$ ist durch

$$g(k) = \frac{\Gamma\left(\frac{\lambda}{\theta}+k\right)}{\Gamma(\alpha)\Gamma(k+1)}\left(\frac{1}{1+\theta}\right)^{\frac{\lambda}{\theta}}\left(\frac{\theta}{1+\theta}\right)^{k} \tag{3.80}$$

gegeben. Der Wertebereich von k ist festgelegt auf $k \in \mathbb{N} \cup \{0\}$. Für α, θ und λ gilt die Bedingung $\alpha, \theta, \lambda > 0$. Der Erwartungswert und die Varianz der negativen Binomialverteilung können durch

$$E(k) = \alpha\theta \tag{3.81}$$

$$V(k) = \alpha\theta(1+\theta) \tag{3.82}$$

berechnet werden (Winkelmann (2008)). Betrachtet man die beiden ersten Momente (Gleichung 3.81 und 3.82) der negativen Binomialverteilung, so fällt auf, dass für jede Konstellation der Parameter die Beziehung $E(k) < V(k)$ gilt. Diese Eigenschaft wird als Überdispersion bezeichnet und lässt sich häufig empirisch bei sporadischen Nachfragezeitreihen beobachten (Küsters und Speckenbach (2012)). Bei der Poisson-Verteilung wird aufgrund der Eigenschaft $E(k) = V(k)$ von Equidispersion gesprochen (Snyder et al. (2012)).

3.3.1.3. Nullinflationierte Verteilungen

Nullinflationierte Verteilungen kombinieren zwei Zufallsvariablen mit unterschiedlichen Wahrscheinlichkeitsverteilungen. Die Wahrscheinlichkeit, dass die Bernoulli-verteilte Zufallsvariable x den Wert Null annimmt, wird mit ω bezeichnet. Es gilt also $P(x=0) = \omega$, wobei $\omega \in [0,1]$ ist. Für die entsprechende Gegenwahrscheinlichkeit $(1-\omega)$ gilt somit $P(x=1) = (1-\omega)$.

Wird x mit der zweiten Zufallsvariablen u mit Wahrscheinlichkeitsfunktion $g(k) = P(u=k)$ und Wertebereich $\mathbb{N} \cup \{0\}$ kombiniert, so wird die Verteilung der daraus resultierenden Zufallsvariablen y als nullinflationierte Verteilung bezeichnet.

Die entsprechende Wahrscheinlichkeitsfunktion der entstandenen kombinierten Zufallsvariablen kann durch

$$P(y=k) = p(k) = \begin{cases} \omega + (1-\omega)g(k) & \text{für } k=0 \\ (1-\omega)g(k) & \text{für } k=1,2,\ldots \end{cases} \tag{3.83}$$

beschrieben werden (Küsters und Speckenbach (2012)). In Abbildung 3.3 wird die Idee einer nullinflationierten Verteilung grafisch skizziert.

Die Wahrscheinlichkeitsfunktion der mischverteilten Zufallsvariablen y (Gleichung 3.83) und Abbildung 3.3 machen deutlich, dass sich deren Nullwahrscheinlichkeit aus zwei Quellen zusammensetzt. Zum einen handelt es sich um die autonome, aus der Bernoulli-verteilten Zufallsvariablen x resultierende Nullwahrscheinlichkeit ω. Zum anderen resultiert ein Teil der Nullwahrscheinlichkeit aus der zur Zufallsvariablen u gehörenden Ursprungsverteilung. Dieser Anteil beträgt $(1-\omega)g(0)$.

Allgemein ist zu beachten, dass es bei einer nullinflationierten Verteilung nicht möglich ist, die ursprünglichen Quellen der einzelnen Nullwahrscheinlichkeiten zu trennen. Die Zusammenhänge der Momente zwischen einer nullinflationierten Zufallsvariablen y und der Zufallsvariablen u können für den Erwartungswert durch

$$\begin{aligned} E(y) &= 0 \cdot (\omega + (1-\omega) \cdot g(0)) + \sum_{k=1}^{\infty} (1-\omega) \cdot k \cdot g(k) \\ &= (1-\omega) \sum_{k=0}^{\infty} k \cdot g(k) \\ &= (1-\omega) E(u) \end{aligned} \tag{3.84}$$

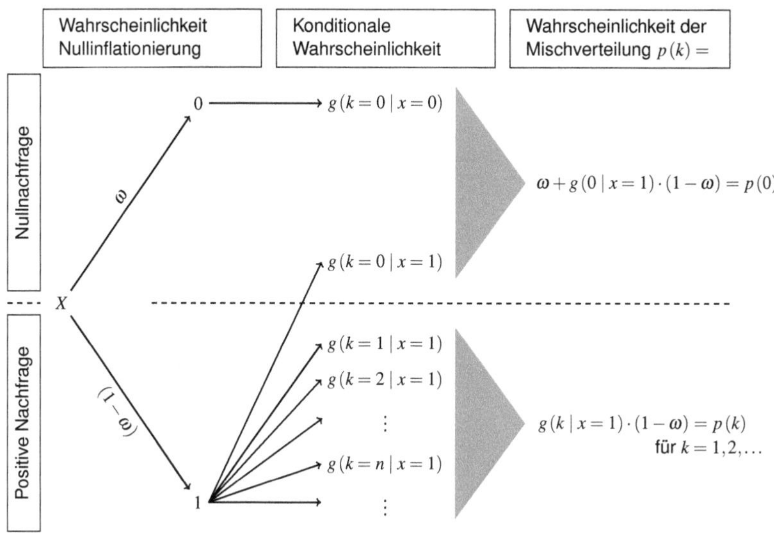

Abbildung 3.3.: Darstellung der nullinflationierten Verteilung (Küsters und Speckenbach (2012))

und für Varianz durch

$$\begin{aligned} V(y) &= E\left(y^2\right) - [E(y)]^2 \\ &= (1-\omega)\sum_{k=1}^{\infty} k^2 \cdot g(k) - [(1-\omega)E(u)]^2 \\ &= (1-\omega)E\left(u^2\right) - (1-\omega)^2 E(u)^2 \end{aligned} \tag{3.85}$$

dargestellt werden (Winkelmann (2008)). Wird die Annahme getroffen, dass die Zufallsvariable u beispielsweise der Poisson-Verteilung mit $E(u) = V(u) = \lambda$ folgt, so können die Momente der nullinflationierten Poisson-Verteilung durch Einsetzen in Gleichung 3.84 bzw. Gleichung 3.85 wie folgt

$$E(y) = (1-\omega)\lambda \tag{3.86}$$

$$\begin{aligned} V(y) &= (1-\omega)\left(\lambda + \lambda^2\right) - (1-\omega)^2\lambda^2 \\ &= (1-\omega)\lambda + \left(\frac{\omega}{1-\omega}\right)(1-\omega)^2\lambda^2 \end{aligned} \tag{3.87}$$

berechnet werden (Winkelmann (2008)). Da der zweite Term auf der rechten Seite von Gleichung 3.87 größer oder gleich Null ist, gilt auch bei der nullinflationierten Poisson-Verteilung die Bedingung $E(y) \leq V(y)$. Daraus folgt, dass es sich bei der nullinflationierten Poisson-Verteilung für den Fall das $\omega \neq 0$ ist, wie auch schon bei der negativen Binomialverteilung, um eine Verteilung mit einer Überdispersionseigenschaft handelt (Küsters und Speckenbach (2012)). Für den Fall, dass $\omega = 0$ ist, entfällt die Nullinflationierung und es handelt sich um eine Poisson-Verteilung, bei der Erwartungswert und Varianz identisch sind.

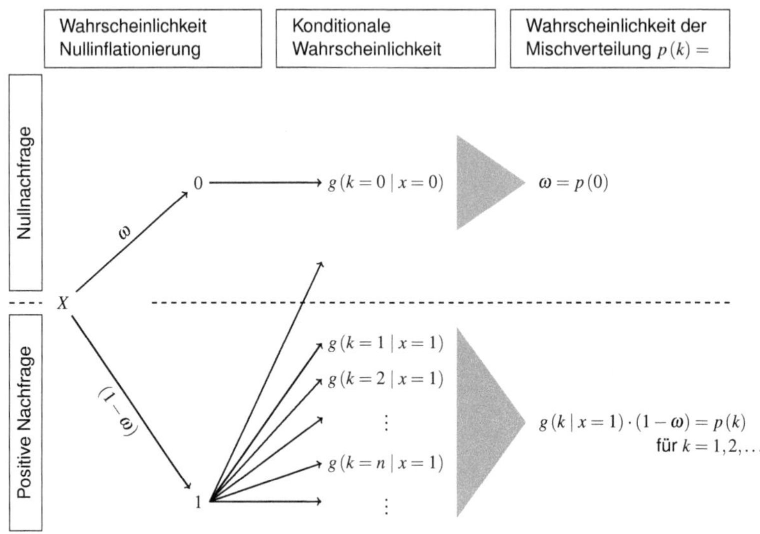

Abbildung 3.4.: Darstellung der Hurdle-Verteilung (Küsters und Speckenbach (2011))

3.3.1.4. Hurdle-Verteilungen

Von einer Hurdle-Verteilung wird gesprochen, wenn sich der Wertebereich der Zufallsvariablen u nicht über $k = 0,1,2,\ldots$ erstreckt, sondern auf $k = 1,2,\ldots$ gestutzt wird. Die Wahrscheinlichkeitsverteilung der Hurdle-Verteilung ist dann durch

$$P(y=k) = p(k) = \begin{cases} \omega & \text{für } k=0 \\ (1-\omega)\,q(k) & \text{für } k=1,2,\ldots \end{cases} \tag{3.88}$$

definiert. Die Stutzung des Wertebereichs der Zufallsvariablen u auf $k = 1,2,\ldots$ wird durch die Transformation

$$q(k) = \frac{g(k)}{1-g(0)} \tag{3.89}$$

erreicht (Winkelmann (2008)). Die ersten beiden Momente der gestutzten Zufallsvariablen $u*$ können in Abhängigkeit der ursprünglichen Zufallsvariablen u durch

$$E(u*) = \frac{1}{1-g(0)} E(u) \tag{3.90}$$

$$V(u*) = \left(\frac{1}{1-g(0)}\right)^2 \left(V(u) - g(0)\,E(u)^2\right) \tag{3.91}$$

beschrieben werden (Küsters und Speckenbach (2012)). Abbildung 3.4 skizziert die Zusammensetzung einer Hurdle-verteilten Zufallsvariablen.

Aus Abbildung 3.4 und Gleichung 3.88 wird deutlich, dass die Nullwahrscheinlichkeit der Hurdle-Verteilung $P(y=0)$ nur aus der Bernoulli-Verteilung resultierenden Nullwahrscheinlichkeit ω besteht. Eine Vermischung von zwei unterschiedlichen Nullwahrscheinlichkeiten, wie es bei nullinflationierten Verteilungen der Fall ist, tritt nicht mehr auf. Der Erwartungswert der Hurdle-verteilten Zufallsvariablen y ist durch

$$\begin{aligned} E(y) &= 0 \cdot \omega + \sum_{k=1}^{\infty} (1-\omega) \cdot k \cdot q(u=k \mid k>0) \\ &= \frac{(1-\omega)}{1-g(0)} E(u) \end{aligned} \tag{3.92}$$

definiert. Die Varianz kann durch

$$\begin{aligned} V(y) &= \sum_{k=1}^{\infty} (1-\omega) \cdot k^2 \cdot q(u=k \mid k>0) - [E(y)]^2 \\ &= \frac{(1-\omega)}{1-g(0)} E\left(u^2\right) - \left(\frac{(1-\omega)}{1-g(0)}\right)^2 E(u)^2 \end{aligned} \tag{3.93}$$

ermittelt werden. Wird erneut davon ausgegangen, dass w einer Poisson-Verteilung mit $E(w)=V(w)=\lambda$ folgt, und definiert man Θ als $\Theta=\frac{(1-\omega)}{1-g(0)}$, so kann der Erwartungswert von y durch

$$E(y) = \Theta\lambda \tag{3.94}$$

und die Varianz durch

$$\begin{aligned} V(y) &= \Theta\left(\lambda+\lambda^2\right) - \Theta^2\lambda^2 \\ &= E(y) + \lambda^2\left(\Theta-\Theta^2\right) \end{aligned} \tag{3.95}$$

dargestellt werden. Betrachtet man Gleichung 3.94 und Gleichung 3.95, so wird deutlich, dass mithilfe der Hurdle-Poisson-Verteilung sowohl der Fall der Unterdispersion $(\omega < g(0) \Rightarrow \Theta < 1)$ als auch der Fall der Überdispersion $(\omega > g(0) \Rightarrow \Theta > 1)$ abbildet werden kann (Winkelmann (2008)).

3.3.2. Schätzung

Werden die im vorherigen Abschnitt dargestellten Verteilungen zur Prognose von sporadischen Zeitreihen verwendet, so erfolgt die Schätzung über modellbasierte Verfahren. Typischerweise können ausgehend von den geschätzten Parametern direkt Punktschätzer für die h-stufigen Prognosen und deren Varianzen hergeleitet werden. In Abhängigkeit von der unterstellten Verteilung können die für die Lagerhaltung benötigten kumulativen Prognosen $\hat{s}_{T+L}$, sowie die entsprechenden Quantilsprognosen $q_T(\alpha)$ nicht direkt ermittelt werden (Küsters und Speckenbach (2012)).

Eine direkte Bestimmung der Varianz der kumulativen Prognosen kann bei einer faltungsinvarianten Verteilung erfolgen. Von Faltungsinvarianz wird gesprochen, wenn die

Summe aus identisch verteilten Zufallsvariablen wieder der Verteilung der ursprünglichen Zufallsvariablen folgt (Feller (1968), S. 266 ff.). Bei den hier verwendeten Verteilungen ist dies nur bei der Poisson-Verteilung und der negativen Binomialverteilung der Fall. In diesem Fall können ausgehend von der Punktprognose alle für die Lagerhaltung relevanten Schätzungen und Prognosen hergeleitet werden. Bei den anderen Verteilungen erfolgt die Verteilungsschätzung der kumulativen Prognose empirisch durch eine Simulation. Die einzelnen Simulationsschritte werden in Abschnitt 3.3.3 beschrieben.

Bei der negativen Binomialverteilung muss allerdings beachtet werden, dass diese nicht immer faltungsinvariant ist. Die Faltungsinvarianz liegt nur dann vor, wenn für die Dichtefunktion (Gleichung 3.80) eine Repräsentation gewählt wird, bei der die Varianz (Gleichung 3.82) proportional zum Erwartungswert (Gleichung 3.81) variiert und die Varianz für jede einzelne Punktprognose identisch ist (Winkelmann (2008)). Bei den hier durchgeführten Schätzungen ist dies der Fall, da aufgrund der Annahme stationärer DGPs von einer konstanten Prognosefunktion ausgegangen wird (Küsters und Speckenbach (2012)).

Für alle in Abschnitt 3.3.1 dargestellten Verteilungen kann die Schätzung mithilfe der ML-Schätzung erfolgen. Ziel der hier verwendeten ML-Schätzung ist die Bestimmung der relevanten Verteilungsparameter der unterstellten Verteilung, um davon ausgehend die benötigten konditionalen Punkt- und Varianzprognosen zu berechnen (Barnett (1999), S. 152 ff.). Die benötigten Punktprognosen ergeben sich dann durch

$$f_T(h) \quad = \quad E(y_T \mid \xi) \tag{3.96}$$

und die Varianzprognosen können durch

$$V(y_{T+h} - E(y_t \mid \xi)) \quad \approx \quad V(y_t \mid \xi). \tag{3.97}$$

berechnet werden. ξ stellt den Parametervektor der zu schätzenden jeweiligen Verteilungsparameter dar. ξ wird im Rahmen der ML-Schätzung durch die Bestimmung des Maximums einer Log-Likelihood-Funktion der Art

$$\ell(\xi \mid y_1, \ldots, y_T) \quad = \quad \sum_{t=1}^{T} ln(g(y_t \mid \xi)) \tag{3.98}$$

bestimmt (Andersen (1980), S. 81 ff.). Bei $g(y_t \mid \xi)$ in Gleichung 3.98 handelt es sich jeweils um die Dichtefunktion der zugrunde liegenden Wahrscheinlichkeitsverteilung. Die ML-Schätzer der in dieser Arbeit verwendeten Verteilungen werden nur für die Poisson-Verteilung analytisch hergeleitet. Bei den restlichen Verteilungen wird das Maximum der Log-Likelihood-Funktion mithilfe numerischer Optimierungsverfahren bestimmt (Küsters und Speckenbach (2012)).

Soll der Intensitätsparameter λ der Poisson-Verteilung geschätzt werden, so wird die aus der Poisson-Verteilung resultierende Log-Likelihood-Funktion

$$\ell(\xi \mid y_1, \ldots, y_T) \quad = \quad \sum_{t=1}^{T} y_i \cdot ln(\xi) - ln\left(\prod_{t=1}^{T} y_i!\right) - T \cdot \xi \tag{3.99}$$

maximiert (Barnett (1999), S. 153). Da die Poisson-Verteilung nur von dem Parameter λ abhängt, entspricht der Parametervektor in diesem Fall $\xi = \lambda$. Aus der Maximierung der Funktion 3.99 resultiert der ML-Schätzer $\hat{\xi} = \hat{\lambda}$. Er kann dementsprechend durch

$$\hat{\lambda} = \frac{1}{T}\sum_{t=1}^{T} y_t \tag{3.100}$$

empirisch geschätzt werden. Ausgehend von diesem Schätzer kann die Varianz des Punktschätzers unmittelbar über $\hat{V}(y) = \hat{\lambda}$ geschätzt werden. Die konditionale kumulative Prognose wird aufgrund der Faltungsinvarianz der Poisson-Verteilung unter der Annahme eines stationären DGPs durch

$$\hat{s}_{T+L|T} = L \cdot \hat{\lambda} \tag{3.101}$$

geschätzt. Die entsprechende Varianz kann durch

$$V\left(s_{T+L|T} - \hat{s}_{T+L|T}\right) = L \cdot \hat{\lambda} \tag{3.102}$$

bestimmt werden. Ausgehend von diesem Schätzer können damit die für die Lagerhaltung benötigten Quantile zur Sicherheitswahrscheinlichkeit α berechnet werden (Küsters und Speckenbach (2012)).

Die ML-Schätzer für die negative Binomialverteilung, die nullinflationierte Poisson-Verteilung und die Hurdle-Poisson-Verteilung können nicht analytisch ermittelt werden. Hier erfolgt die Berechnung der ML-Schätzer über den von Nelder und Mead (1965) entwickelten Optimierungsalgorithmus. Bei der Berechnung der ML- Schätzer muss durch entsprechende Transformationen sichergestellt werden, dass die jeweiligen Wertebereiche des Parametervektors ξ eingehalten werden. Bei der negativen Binomialverteilung ist zu beachten, dass sowohl α als auch θ die Bedingung $\alpha, \theta > 0$ erfüllen.

Die Parameter α, θ und λ der negativen Binomialverteilung können im Rahmen der ML-Schätzung durch die Maximierung der Log-Likelihood-Funktion

$$\ell(\xi) = \sum_{t=1}^{T} ln(g(y_t \mid \xi)) \tag{3.103}$$

nach dem Parametervektor $\xi = \begin{pmatrix} \alpha \\ \theta \end{pmatrix}$ geschätzt werden. Der Parameter λ muss nicht explizit geschätzt werden, da er sich durch $\lambda = \alpha\theta$ ergibt. Bei $g(y_t \mid \xi)$ handelt es sich in diesem Fall um die in Gleichung 3.80 angegebene Dichtefunktion der negativen Binomialverteilung. Eine analytische Herleitung des ML-Schätzers für die negative Binomialverteilung findet sich beispielsweise in Simon (1961).

Die korrespondierende Log-Likelihood-Funktion des ML-Schätzers $\xi = \begin{pmatrix} \omega \\ \lambda \end{pmatrix}$ für die nullinflationierte Poisson-Verteilung ist durch

$$\begin{aligned} \ell(\xi) = & \sum_{t=1}^{T} (1-x_t)\, ln(\omega(\xi) + (1-\omega(\xi))\, q(0 \mid \xi)) + \\ & x_t\, ln((1-\omega(\xi))\, q(y_t \mid \xi)) \end{aligned} \tag{3.104}$$

und die der Hurdle-Poisson-Verteilung durch

$$\ell(\xi) = \sum_{t=1}^{T} (1-x_t)\, ln(\omega(\xi)) + x_t ln((1-\omega(\xi))\, q(y_t \mid \xi)) \tag{3.105}$$

gegeben. Auch hier werden beide Log-Likelihood-Funktionen (Gleichungen 3.104 und 3.105) numerisch maximiert (Greene (2012), S.889 ff.).

3.3.3. Verteilungssimulation

Folgt der DGP der zugrunde liegenden Zeitreihe entweder einer nullinflationierten Verteilung oder einer Hurdle-Verteilung, so kann die Verteilung der über der Wiederbeschaffungszeit kumulierten Nachfrage $s_{T+L|T}$ aufgrund der Faltungsinvarianz dieser Verteilungen nicht direkt ermittelt werden. Die Verteilung von $s_{T+L|T}$ muss mithilfe einer Simulation empirisch ermittelt werden. Ausgehend von der empirischen Verteilung können im Anschluss die benötigten Quantile berechnet werden (Küsters et al. (2015)).

Unter der Annahme, dass der zugrunde liegende DGP einer Hurdle-Poisson-Verteilung folgt, können die Quantile der über die Wiederbeschaffungszeit kumulierten Nachfrage in Anlehnung an Devroye (1986) wie folgt ermittelt werden:

1. Lege eine große Anzahl an S Simulationswiederholungen fest. Es sollte gelten: $S \geq 10000$
2. Schätze unter Berücksichtigung aller Beobachtungen bis zum Prognoseursprung T mithilfe von Gleichung 3.105 die Parameter $\hat{\omega}$ und $\hat{\lambda}$ der Hurdle-Poisson-Verteilung
3. Lege den maximalen Prognosehorizont H fest und führe für jede der gewählten S Simulationswiederholungen die folgenden Schritte durch:
   a) Simuliere eine Sequenz von H Bernoulli-verteilten Zufallsvariablen $x_{T+1}, \ldots, x_{T+H}$ mit einer Erfolgswahrscheinlichkeit von $(1-\hat{\omega})$.
   b) Simuliere eine Sequenz von H Poisson-verteilten Zufallsvariablen $w_{T+1}, \ldots, w_{T+H}$ auf Basis des geschätzten Intensitätsparameters $\hat{\lambda}$. Extrahiere die gegebenenfalls in der Sequenz der Poisson-verteilten Zufallsvariablen auftretenden Nullen und ersetze sie anschließend durch zufällig gezogene positive Werte der Sequenz.
   c) Kombiniere die Ergebnisse aus den beiden vorherigen Schritten 2. a) und 2. b) bzw. 2. c), wenn Nullbeobachtungen generiert worden sind, wie nachfolgend dargestellt, um eine Sequenz von Hurdle-Poisson-verteilten Zufallsvariablen zu erhalten

$$\begin{pmatrix} y_{T+1} \\ \vdots \\ y_{T+H} \end{pmatrix} = \begin{pmatrix} x_{T+1} \cdot w_{T+1} \\ \vdots \\ x_{T+H} \cdot w_{T+H} \end{pmatrix}$$

   Fasse die im vorherigen Abschnitt 2 generierten Prognosepfade in einer Matrix der Dimension $S \times H$ zusammen.

4. Setze $L = H$ und berechne den Mittelwert der einzelnen Zeilensummen als Schätzer $\hat{s}_{T+L|T}$ für die über die Wiederbeschaffungszeit kumulierte Nachfrage $s_{T+L|T}$. Berechne zusätzlich das zum α-Servicegrad korrespondierende empirische Quantil $q_T(L)$ der über die Wiederbeschaffungszeit kumulierten Nachfrage.

Wird die Annahme getroffen, dass der zugrunde liegende DGP einer nullinflationierten Poisson-Verteilung folgt, dann ähnelt das Vorgehen bei der Simulation dem Vorgehen bei der Hurdle-Poisson-Verteilung. Da die Nullbeobachtungen einer nullinflationierten Poisson-Verteilung aus der Sequenz der Bernoulli-verteilten Zufallsvariablen x und aus der Sequenz der Poisson-verteilten Zufallsvariablen w resultieren können, kann im Rahmen der Simulation auf Simulationsschritt 2.c) bei der Hurdle-Poisson-Verteilung verzichtet werden. Ansonsten ist das Vorgehen bei der Simulation jedoch identisch.

In Kapitel 4.3 wird beschrieben, wie die berechneten Quantilsprognosen in einem nächsten Schritt zur Evaluation mithilfe einer Lagerhaltungspolitik verwendet werden können. Weitere Ansätze zur Simulation bestimmter Zufallsvariablen sind beispielsweise in Küsters und Arminger (1989) sowie Rizzo (2008) zu finden.

3.3.4. Testbasierte Verteilungsauswahl

Bei einem vorliegenden Portfolio von zur Verfügung stehenden Verteilungen ist es für den Anwender von Interesse, diejenige Verteilung auszuwählen, die den DGP der betrachteten Zeitreihe y am besten approximieren kann. Aufgrund dessen wird in dieser Arbeit mithilfe einer zusätzlichen Verteilungsschätzung auf Basis der Ergebnisse eines χ^2-Anpassungstests aus den in den vorherigen Abschnitten beschriebenen einzelnen Verteilungsschätzungen die angebrachteste Verteilung ausgewählt (Bamberg et al. (2011), S. 184 ff).

Der χ^2-Anpassungstest wird immer dann verwendet, wenn überprüft werden soll, ob die Verteilung der Beobachtungen innerhalb einer betrachteten Zeitreihe durch eine theoretische a priori vorgegebene Verteilung approximiert werden kann (Schira (2009), S. 515 f.).

Unter der H_0-Hypothese wird davon ausgegangen, dass die Verteilung der Beobachtungen in der vorliegenden Zeitreihe einer bestimmten a priori festgelegten Verteilung folgt. Mögliche Verteilungen für diesen Test sind die hier vorgestellten Verteilungen. Die Prüfgröße X^2 des χ^2-Anpassungstests wird durch

$$X^2 = \sum_{i=1}^{r} \frac{(n_i - T \cdot \pi_{i,0})^2}{T \cdot \pi_{i,0}} \tag{3.106}$$

ermittelt. Hierbei beschreibt n_i die absolute Häufigkeit der Ausprägung $i = 1, \ldots, r$ innerhalb einer Zeitreihe mit insgesamt T Beobachtungen. Bei $\pi_{i,0}$ handelt es sich um die zur Ausprägung i gehörende relative Häufigkeit der a priori festgelegten Verteilung, auf die getestet werden soll. Für den Test müssen die Bedingungen $T \geq 30$ und $T \cdot \pi_{i,0} \geq 5$ erfüllt sein. Ist die zweite Bedingung nicht erfüllt, dann müssen einzelne Beobachtungen solange zusammengefasst werden, bis die Bedingung erfüllt ist (vgl. Schira (2009), S. 516 f.).

Bei dem χ^2-Anpassungstests wird H_0 verworfen, wenn die Beziehung

$$X^2 > \chi^2_{r-1,1-\alpha} \tag{3.107}$$

erfüllt ist. Hierbei beschreibt $\chi^2_{r-1,1-\alpha}$ das zum Signifikanzniveau α korrespondierende Quantil der χ^2-Verteilung mit $r-1$ Freiheitsgraden (Hartung et al. (2009), S. 182 f.).

Für jede infrage kommende Verteilung wird bei der testbasierten Verteilungsauswahl die Prüfgröße X^2 und das implizite Signifikanzniveau berechnet. Im Anschluss wird diejenige Verteilung ausgewählt, bei welcher der Wert des impliziten Signifikanzniveaus am höchsten ist. Basierend auf der ausgewählten Verteilung werden dann alle benötigten Prognosen erstellt. Dieses Verfahren wird im weiteren Verlauf als *OPT_DIST* bezeichnet.

3.4. Resampling-Verfahren

3.4.1. Grundidee

Eine weitere Möglichkeit zur Generierung von Prognosen beim Vorliegen von sporadischen Zeitreihen besteht in der Verwendung von parametrischen oder nichtparametrischen Resampling-Verfahren oder Bootstrap-Verfahren. Die verwendeten Simulationstechniken haben in den letzten Jahren immer mehr an Bedeutung gewonnen, da sie inzwischen aufgrund der rapide gestiegenen Leistung von modernen Computern ohne großen Aufwand angewendet werden können (Küsters et al. (2015)).

Alle in dieser Arbeit beschriebenen Simulationstechniken basieren auf dem von Efron (1979) erstmalig vorgestellten Bootstrap-Verfahren. Abbildung 3.5 stellt die Idee des Bootstrap-Ansatzes exemplarisch dar.

Ziel dieser Verfahren ist es, die für die Prognose und Lagerhaltung benötigten Quantilsprognosen durch Simulationen empirisch zu ermitteln. In Abbildung 3.5 ist exemplarisch eine mithilfe eines Bootstrap-Verfahrens ermittelte Punkt- und Quantilsprognose dargestellt. Generell werden die verwendeten Simulationstechniken bzw. Bootstrap-Verfahren wie eingangs kurz erwähnt in zwei unterschiedliche Verfahrensklassen eingeteilt (Davison und Hinkley (1997), S. 15 und 22).

Es gibt die sogenannten parametrischen Verfahren, bei welchen in einem ersten Schritt ein parametrisches Modell geschätzt wird. Ausgehend von der Modellschätzung und einer Verteilungsannahme werden unter Zuhilfenahme eines Zufallszahlengenerators in einem nächsten Schritt die insgesamt benötigten B Prognosepfade generiert. Diese Pfade werden abschließend zur Berechnung von Punkt-, Intervall- und Quantilsprognosen verwendet (Diebold (2008)).

Bei der zweiten Verfahrensklasse handelt es sich um nichtparametrische Verfahren. Bei diesen wird keine explizite Verteilung im Rahmen der Bootstrap-Schätzung vorausgesetzt, sondern es wird durch Simulation eine empirische Verteilung aus den Daten generiert. Ausgehend von dieser empirischen Verteilung können dann die Prognosen berechnet werden (Smith und Babai (2011)).

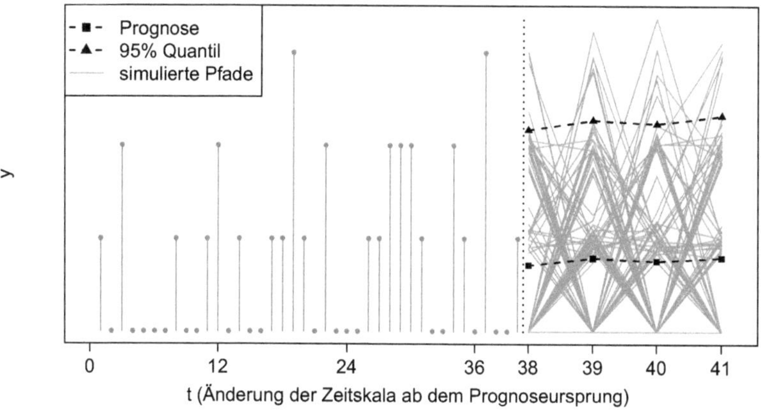

Abbildung 3.5.: Exemplarische Darstellung des Bootstrap-Ansatzes (Küsters et al. (2012a))

3.4.2. Einfacher Bootstrap

Ein einfaches, nichtparametrisches Bootstrap-Verfahren wird in Küsters et al. (2015) beschrieben. Bei diesem Verfahren wird die Annahme getroffen, dass der zugrunde liegende DGP stationär ist. Die Prognosepfade für die $h = 1, \ldots, H$-stufige Prognose werden bei diesem Verfahren unter Berücksichtigung aller Beobachtungen bis zum Zeitpunkt T generiert. Das Vorgehen umfasst die folgenden Schritte:

1. Bilde über alle Beobachtungen in der zugrunde liegenden Zeitreihe insgesamt $T - H + 1$ zusammenhängende Zeitreihensequenzen der Länge H. Wie in Tabelle 3.2 dargestellt wird, überlappen sich die gebildeten Zeitreihensequenzen jeweils mit $H - 1$ Beobachtungen.

2. Ziehe aus den im ersten Schritt determinierten Zeitreihensequenzen entsprechend der vorher festgelegten Anzahl an Bootstrap-Replikationen B eine Stichprobe mit Zurücklegen und führe die einzelnen zufällig gezogenen Zeitreihensequenzen in einer Matrix zusammen. Die resultierende Matrix hat die Dimension $B \times H$

3. Berechne für jede Spalte den Mittelwert als Punktschätzer, die Varianz als Schätzer für die $h = 1, \ldots, H$-stufige Prognosevarianz.

4. Setzte $L = H$ und berechne des Weiteren den Mittelwert der einzelnen Zeilensummen als Schätzer für die kumulierte Nachfrage $s_{T+L|T}$ sowie das zum α-Servicegrad korrespondierende empirische Quantil $q_T(L)$ der kumulierten Nachfragen.

Tabelle 3.2.: Darstellung überlappender Zeitreihensequenzen bei einem Prognosehorizont von $H = 4$

Sequenz	y_1	y_2	y_3	y_4	y_5	$\dots$	y_{T-4}	y_{T-3}	y_{T-2}	y_{T-1}	y_T
1	y_1	y_2	y_3	y_4	0						
2	0	y_2	y_3	y_4	y_5	0					
3		0	y_3	y_4	y_5	y_6	0				
4			0	y_4	y_5	y_6	y_7	0			
5				0	y_5	y_6	y_7	y_8	0		
$\vdots$						$\ddots$					
$T-H$						0	y_{T-4}	y_{T-3}	y_{T-2}	y_{T-1}	0
$T-H+1$							0	y_{T-3}	y_{T-2}	y_{T-1}	y_T

Prinzipiell kann dieser einfache Bootstrap um eine Vielzahl von unterschiedlichen Anpassungen erweitert werden. Mögliche Varianten werden für Zeitreihen beispielsweise in Davison und Hinkley (1997) und Chernick (2008) beschrieben.

3.4.3. Das Verfahren von Snyder

Speziell für die Prognose von sporadischen Zeitreihen wurde von Snyder (2002) ein Bootstrap-Verfahren für die in Abschnitt 3.2.5 vorgestellten Adaptionen des Croston-Verfahrens entwickelt. Bei diesem Bootstrap-Verfahren handelt es sich um ein parametrisches Verfahren, d.h. die eigentliche Simulation erfolgt ausgehend von einer parametrischen Modellschätzung (Küsters und Speckenbach (2012)). Das Vorgehen bei dem von Snyder (2002) publizierten Bootstrap-Verfahren ist wie folgt:

1. Wähle eine der in Abschnitt 3.2.5 dargestellten Adaptionen des Croston-Verfahrens (z.B. MCROST) aus.
2. Berechne mithilfe der ausgewählten Adaption entsprechend des jeweils in Abschnitt 3.2.5 beschriebenen Vorgehens einen Schätzer für die Varianz der Fehlerterme und die Wahrscheinlichkeit des Auftretens einer positiven Beobachtung innerhalb der gesamten Zeitreihe.
3. Lege den maximalen Prognosehorizont H fest und führe für jede der gewählten B Bootstrap-Replikationen die dargestellten Schritte durch:
    a) Generiere H Fehlerterme $\varepsilon_{T+1}, \dots, \varepsilon_{T+H}$ mit $E(\varepsilon) = 0$ und $V(\varepsilon) = \sigma^2$
    b) Generiere H Bernoulli-verteilte Zufallsvariablen $x_{T+1}, \dots, x_{T+H}$ mit Erfolgswahrscheinlichkeit $\hat{p}$
    c) Generiere mithilfe der Gleichungen 3.42 und 3.43 den Prognosepfad $Y_{T+1}, \dots, Y_{T+H}$
4. Fasse die generierten Prognosepfade in einer Matrix der Dimension $B \times H$ zusammen.

5. Berechne für jede Spalte den Mittelwert als Punktschätzer sowie die Varianz als Schätzer für die $h = 1, \ldots, H$-stufige Prognosevarianz.

6. Setzte $H = L$ und berechne den Mittelwert der einzelnen Zeilensummen als Schätzer für die kumulierte Nachfrage $s_{T+L|T}$, sowie das zum α-Servicegrad korrespondierende empirische Quantil $q_T(L)$ der kumulierten Nachfragen (Snyder (2002) und Küsters und Speckenbach (2012)).

Wird als Basismodell des hier vorgestellten Bootstrap-Verfahrens das MCROST-Modell verwendet, so kann, wie bereits in Abschnitt 3.2.2 beschrieben, das Problem auftreten, dass der simulierte Prognosepfad negative Werte aufweist. Da in der Realität eine Nachfrage nicht negativ sein kann, schlägt Snyder (2002) vor, entweder direkt auf den LSA-oder den AVAR-Ansatz zurückzugreifen. Alternativ können die unter Umständen auftretenden negativen Werte beim MCROST-Ansatz gleich Null gesetzt werden.

Ein Vorteil des hier vorgestellten Bootstrap-Verfahrens ist, dass nur noch angenommen wird, dass x_t einem stationären Prozess folgt. Hieraus folgt, dass die positiven Nachfragen nicht mehr als stationär angenommen werden müssen (Küsters und Speckenbach (2012)).

3.4.4. Das Verfahren von Willemain et al.

Ein nichtparametrisches Bootstrap-Verfahren zur Prognose von sporadischen Nachfragen wurde von Willemain et al. (2004) vorgestellt und patentiert (Patent No.: US 6.205.431 B1 (Willemain und Smart (2001))). Um die benötigten Prognosen mithilfe dieses Verfahrens zu generieren, wird wie folgt vorgegangen:

1. Berechne mithilfe eines Markov-Modells mit zwei möglichen Zuständen die Übergangwahrscheinlichkeiten zwischen Perioden mit Nullnachfragen und Nichtnullnachfragen. Hierfür müssen, wie in Abbildung 3.6 dargestellt, insgesamt vier konditionale Wahrscheinlichkeiten, von denen zwei redundant sind, geschätzt werden.

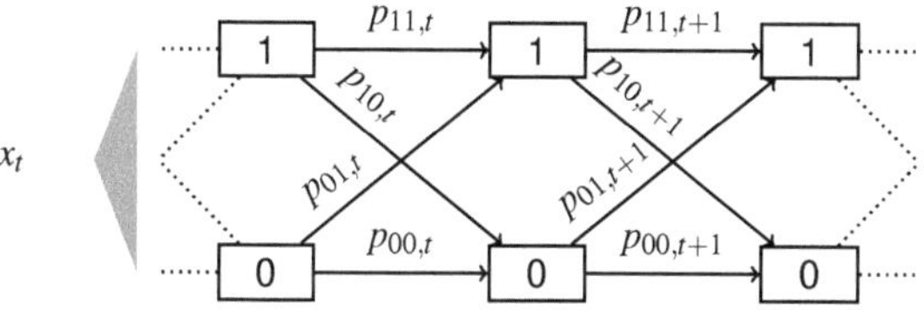

Abbildung 3.6.: Übergangswahrscheinlichkeiten in einem Markov-Modell mit zwei Zuständen (in Anlehnung an Küsters und Speckenbach (2011))

Für den Fall, dass in der vergangenen Periode eine positive Nachfrage vorlag, können die beiden Übergangswahrscheinlichkeiten $p_{11,t}$ (in der aktuellen Periode liegt eine positive Beobachtung vor) und $p_{10,t}$ (in der aktuellen Periode liegt eine

Nullbeobachtung vor) berechnet werden. Äquivalent ist der Fall, dass in der vergangenen Periode eine Nullbeobachtung vorlag. Die resultierenden Übergangswahrscheinlichkeiten sind dann $p_{00,t}$ (in der aktuellen Periode liegt eine Nullbeobachtung vor) und $p_{01,t}$ (in der aktuellen Periode liegt eine positive Beobachtung vor). Die vier möglichen Übergangswahrscheinlichkeiten sind über die Beziehung

$$p_{11} + p_{10} = 1 \tag{3.108}$$

und

$$p_{00} + p_{01} = 1 \tag{3.109}$$

verknüpft. In dem Patent von Willemain und Smart (2001) werden die beiden Übergangswahrscheinlichkeiten p_{11} und p_{00} durch

$$p_{11} = \frac{\frac{1}{6}+\#\{y_t \neq 0;\; y_{t-1} \neq 0\}}{\frac{1}{3}+\#\{y_t \neq 0; y_{t-1} \neq 0\} + \{y_t = 0; y_{t-1} \neq 0\}} \tag{3.110}$$

$$p_{00} = \frac{\frac{1}{6}+\#\{y_t = 0;\; y_{t-1} = 0\}}{\frac{1}{3}+\#\{y_t = 0; y_{t-1} = 0\} + \{y_t \neq 0; y_{t-1} = 0\}} \tag{3.111}$$

geschätzt. Eine generelle Übersicht über Markov-Modelle und deren Schätzung ist beispielsweise in Gilks et al. (1996) zu finden.

2. Lege den maximalen Prognosehorizont H fest und überprüfe, ob es sich bei der letzten Beobachtung zum Zeitpunkt T um eine Nullbeobachtung handelt. Wenn $y_T = 0$, dann setze $x_T = 0$ und wenn $y_T \neq 0$, dann setzte $x_T = 1$ als Startwert der Markov-Kette.

3. Generiere für jede der B Bootstrap-Replikationen unter Zuhilfenahme der in Schritt 1 geschätzten Übergangswahrscheinlichkeiten 0-1-Sequenzen als Markov-Kette der Form $x_{T+1}, \ldots x_{T+h}$. Generiere hierfür insgesamt H Zufallsvariablen $u_1, \ldots, u_H$, die der Gleichverteilung mit Untergrenze 0 und Obergrenze 1 folgen. Führe dann die in Abbildung 3.7 aufgeführten Schritte durch.

für Prognosehorizont $h \in \{1, \ldots, H\}$ berechne
  wenn $x_{T+h} = 0$, dann
    wenn $u_h < p_{00}$, dann
      ▶ $x_{T+h} = 0$
    sonst
      ▶ $x_{T+h} = 1$
  sonst
    wenn $u_h < p_{11}$, dann
      ▶ $x_{T+h} = 1$
    sonst
      ▶ $x_{T+h-1} = 0$
ende für

Abbildung 3.7.: Generierung einer Markov-Kette im Rahmen des Bootstrap-Verfahrens von Willemain und Smart (2001) und Willemain et al. (2004)

Grundsätzlich ist zu beachten, dass Willemain et al. (2004) im Rahmen des Bootstrap-Verfahrens von einer stationären Markov-Kette ausgehen. Aus diesem Grund gilt die Beziehung $p_{ij,t} = p_{ij,t-1} = p_{ij} \ \forall_{i,j} = 0,1$.

4. Ersetze jede Eins in den in Schritt 1 generierten B Markov-Ketten durch eine zufällig gezogene und zusätzlich variierte (*jittered*) positive Beobachtung der Zeitreihe $y_1,\ldots,y_T$ und erzeuge damit die einzelnen Prognosepfade. Die Variation der gezogenen positiven Beobachtung wird durch

$$y^{jit} = 1 + INT\left\{y^{pos} + Z\sqrt{y^{pos}}\right\} \qquad (3.112)$$

realisiert. Hierbei beschreibt y^{jit} den variierten Wert und y^{pos} den aus der Zeitreihe gezogenen positiven Wert. Bei Z handelt es sich um eine standardnormalverteilte Zufallsvariable mit Erwartungswert 0 und Varianz 1. Durch die Rundung auf den nächsten ganzzahligen Wert (Rundungsoperator $INT\{\ldots\}$ in Gleichung 3.112) wird sichergestellt, dass das Ergebnis der Variation eine natürliche Zahl ist. Wenn y^{jit} kleiner oder gleich Null ist, dann wird statt y^{jit} der ursprünglich gezogene Wert y^{pos} verwendet.

5. Fasse die generierten Prognosepfade in einer Matrix der Dimension $B \times H$ zusammen.

6. Berechne für jede Spalte das arithmetische Mittel als Punktschätzer und die Varianz als Schätzer für die $h = 1,\ldots,H$-stufige Prognosevarianz.

7. Setzte $H = L$ und berechne des Weiteren den Mittelwert der einzelnen Zeilensummen als Schätzer für die kumulierte Nachfrage $s_{T+L|T}$ sowie das zum α-Servicegrad korrespondierende empirische Quantil $q_T(L)$ der kumulierten Nachfragen.

Generell ist hier zu beachten, dass Willemain et al. (2004) davon ausgehen, dass die Wahrscheinlichkeit des Auftretens einer positiven Nachfrage sowie die Höhe der einzelnen positiven Nachfragen jeweils stationären Prozessen folgen.

4. Evaluation

4.1. Grundlagen

Nachdem die in Kapitel 3 beschriebenen Verfahren auf die Daten angewendet und die benötigten Prognosen generiert wurden, erfolgt die Prognoseevaluation (Küsters und Bell (2001)). Im Rahmen der Prognoseevaluation werden dabei die in Kapitel 3 erläuterten unterschiedlichen Prognoseverfahren miteinander verglichen (Diebold (2008), S. 260 f.).

Eine Prognoseevaluation basiert auf einem Vergleich zwischen den tatsächlichen Beobachtungen einer Zeitreihe und den entsprechenden prognostizierten Beobachtungen dieser Zeitreihe (Montgomery et al. (2008), S. 49). Im Rahmen der in Abschnitt 4.2 beschriebenen statistischen Evaluation werden, ausgehend von den Abweichungen zwischen beobachteten und prognostizierten Werten, Kennzahlen – sogenannte Prognoseevaluationsmaße – berechnet. Mithilfe dieser Maße können einzelne Prognoseverfahren miteinander verglichen werden (Küsters (2012)).

Neben der statistischen Evaluation kann auch eine in Abschnitt 4.3 beschriebene kostenbasierte Evaluation zum Verfahrensvergleich herangezogen werden. Hierbei werden die Quantile der über die Wiederbeschaffungszeit kumulierten Nachfrage $q_t(\alpha, L)$ berechnet und im Anschluss mit der tatsächlich über die Wiederbeschaffungszeit auftretenden kumulierten Nachfrage $s_{t+L|t}$ verglichen. Die unter Umständen im Vergleichszeitraum auftretenden Fehl- bzw. Überschussmengen werden abschließend mit entsprechenden Kosten gewichtet (Küsters et al. (2015)).

Zusätzlich zu der statistischen und der kostenbasierten Evaluation wird in Abschnitt 4.4 ein neu entwickeltes Evaluationsmaß vorgestellt, das die statistische und die betriebswirtschaftliche Evaluation kombiniert.

Unabhängig von der gewählten Art der Evaluation und des gewählten Verfahrens können unterschiedliche Datenbasen zur Berechnung der für den Vergleich benötigten Prognosen verwendet werden (Fildes (1992)).

Bei der *within sample*-Prognoseevaluation wird das verwendete Modell auf Basis aller zur Verfügung stehenden Beobachtungen $y_1, \ldots, y_T$ kalibriert. Danach wird die Prognosefunktion $f_t(h)$ für y_{t+h} mit $t = 2, \ldots, T-h$ berechnet. Die einzelnen Prognosen werden zur Evaluation mit den entsprechenden Beobachtungen innerhalb der Zeitreihe verglichen. Die Vorgehensweise hat typischerweise zur Folge, dass die Prognosefehler unterschätzt werden, weil die zu prognostizierenden Werte bereits im Rahmen der Modellkalibration verwendet werden (Küsters et al. (2015)).

Im Rahmen einer *out of sample*-Prognoseevaluation wird das Prognosemodell ebenfalls auf Basis der bis zum Prognoseursprung T zur Verfügung stehenden Beobachtungen $y_1, \ldots, y_T$ kalibriert. Der Vergleich mit den tatsächlichen Beobachtungen kann allerdings erst ex post erfolgen, da die bis zum Prognoseursprung T vorliegenden Beobachtungen ausschließlich zur Modellkalibration verwendet werden (Küsters (2012)). Diese Art der Evaluation sollte der *within sample*-Prognoseevaluation vorgezogen werden, da im Kontext der betriebswirtschaftlichen Prognostik die Anpassung des Modells an die Beobachtungen innerhalb der Zeitreihe im Vergleich zu der Prognosegüte jenseits des Prognoseursprungs nicht entscheidungsrelevant ist (Tashman (2000)).

Um eine *out of sample* Prognosesimulation sinnvoll in den Prognoseprozess integrieren zu können, muss die Evaluation zur Bestimmung der Prognosequalität ex ante erfolgen. Dies ist bei einer *out of sample*-Prognoseevaluation nur mithilfe einer Prognosesimulation möglich (Makridakis et al. (1998), S. 45 f.).

Bei dieser Art der Prognosesimulation werden die vorhandenen Beobachtungen in eine Kalibrationsstichprobe und eine Teststichprobe aufgeteilt. Die Kalibrationsstichprobe umfasst hierbei $y_1, \ldots, y_N$ Beobachtungen mit $N \ll T$. Die Teststichprobe umfasst die verbleibenden $y_{N+1}, \ldots, y_T$ Beobachtungen. Bei der Prognosesimulation werden also für die Kalibration des Modells nur N anstatt der tatsächlich T zur Verfügung stehenden Daten verwendet. Diese retrospektive Betrachtung ermöglicht es, die Prognosegüte a priori mithilfe der Teststichprobe zu ermitteln. Es muss dementsprechend die Bedingung $N < T$ gelten (Küsters et al. (2015)). Ausgehend von dieser Aufteilung kann die Art der Prognosesimulation nochmals unterschieden werden.

Wird die Kalibrationsstichprobe fixiert, so handelt es sich um eine statische Prognosesimulation. Bei dieser kann für jede jenseits des Prognoseursprungs N liegende Beobachtung eine entsprechende Prognose berechnet werden. Von einer rollierenden Prognosesimulation wird gesprochen, wenn sich die Kalibrationsstichprobe sukzessiv um jeweils eine Beobachtung jenseits des aktuellen Prognoseursprungs vergrößert. Diese sukzessive Vergrößerung der Kalibrationsstichprobe hat zur Folge, dass sich die Teststichprobe um jeweils eine Beobachtung verkleinert (Tashman (2000)).

Vorteilhaft bei der dynamischen Prognosesimulation ist, dass zusätzlich eine Bewertung der Prognosegüte für unterschiedliche Prognosehorizonte erfolgen kann (Küsters (2012)). Abbildung 4.1 stellt die Unterschiede zwischen einer statischen und einer dynamischen Prognoseevaluation dar.

Abbildung 4.1 macht deutlich, dass, ausgehend vom ersten Prognoseursprung N, zu jedem möglichen Prognoseursprung eine statische Prognosesimulation durchgeführt werden kann. Da bei der Darstellung ein maximaler Prognosehorizont der Länge $H = 4$ gewählt worden ist, können bis zum Zeitpunkt $N + (T - N - H - 1)$ die jeweils $h = 1, \ldots, H$-stufigen Prognosen $f_t(1), \ldots, f_t(H)$ berechnet werden. Für die letzten drei Prognosesprünge können nicht mehr alle $H = 4$ Prognosen berechnet werden.

Werden alle zu jedem Ursprung ab N korrespondierenden statischen Prognosen zusammengefasst, resultiert hieraus die dynamische Prognosesimulation. Um eine bessere Vergleichbarkeit zu schaffen, werden in dieser Arbeit im Rahmen der durchgeführten Prognosesimulation lediglich die Prognoseursprünge betrachtet, zu denen jeweils mindestens H-Prognosen berechnet werden können. In dem in Abbildung 4.1 dargestellten Beispiel sind das die Ursprünge $N, \ldots, N + (T - N - H + 1)$.

Periode t	Prognosezeitpunkte									
	$N+1$	$N+2$	$N+3$	$N+4$	$N+5$	...	$T-1$	T		
N	$f_t(1)$	$f_t(2)$	$f_t(3)$	$f_t(4)$	–	...	–	–	s.PS. 1	
$N+1$	–	$f_t(1)$	$f_t(2)$	$f_t(3)$	$f_t(4)$	...	–	–	s.PS. 2	
$N+2$	–	–	$f_t(1)$	$f_t(2)$	$f_t(3)$	...	–	–	s.PS. 3	
$N+3$	–	–	–	$f_t(1)$	$f_t(2)$	...	–	–	s.PS. 4	d.PS.
$\vdots$	$\vdots$	$\vdots$	$\vdots$	$\vdots$	$\vdots$	...	$\vdots$	$\vdots$		
$N+(T-N-2)$	–	–	–	–	–	...	$f_t(1)$	$f_t(2)$	s.PS. $T-N-2$	
$N+(T-N-1)$	–	–	–	–	–	...	–	$f_t(1)$	s.PS. $T-N-1$	

Abbildung 4.1.: Unterschiede zwischen der statischen Prognosesimulation (s. PS.) und der dynamischen Prognosesimulation (d. PS.) bei einem beispielhaft angenommenen maximalen Prognosehorizont von $H = 4$ (in Anlehnung an: Armstrong (2001b))

4.2. Statistische Evaluation

In der Literatur wird eine Vielzahl von unterschiedlichen Prognoseevaluationsmaßen vorgeschlagen (siehe beispielsweise Makridakis et al. (1998) S. 41 ff., Abraham und Ledolter (2005) S. 369 ff. , Diebold (2008), Ord und Fildes (2013) S. 390 ff.). Mögliche statistische Evaluationsmaße zur Bestimmung der Prognosequalität sind in Tabelle 4.1 zusammengefasst.

Bei den in Tabelle 4.1 dargestellten Fehlermaßen stellt y_j jeweils die Beobachtung zum Zeitpunkt j dar und $\hat{y}_j$ die zu diesem Zeitpunkt korrespondierende Prognose. Im Rahmen dieser Arbeit werden nur *out of sample*-Prognosen berechnet und evaluiert. In diesem Fall ist $j \in (N+1,\dots,T)$.

Für den Fall, dass die Evaluationsmaße auf der Grundlage einer statischen Prognosesimulation berechnet werden, stellen die einzelnen Prognosen $\hat{y}_j = \hat{y}_{N+h}$ die entsprechenden $h = 1,\dots,H$-stufigen Prognosen dar. Mithilfe dieser Prognosen werden dann durchschnittliche Evaluationsmaße über alle Horizonte berechnet. Wird eine dynamische Prognosesimulation durchgeführt, beschreiben die entsprechenden Prognosewerte $\hat{y}_j = \hat{y}_{t+h}$, mit $t = N,\dots,T-h$ die h-stufigen Prognosen $f_t(h)$. In diesem Fall werden durchschnittliche Evaluationsmaße für den jeweiligen Prognosehorizont h berechnet (Küsters et al. (2015)).

In dieser Arbeit wird für die Berechnung der statistischen Evaluationsmaße eine dynamische Prognosesimulation durchgeführt, bei der die für jeden möglichen Prognoseursprung $t = N,\dots,T-h$ über jeweils fixe Horizonte $h = 1,\dots,H$ berechneten Evaluationsmaße abschließend gemittelt werden. Diese Vorgehensweise wurde gewählt, um eine möglichst gute Grundlage für den Vergleich der Ergebnisse der statistischen

Tabelle 4.1.: Darstellung der verwendeten statistischen Evaluationsmaße in Anlehnung an Küsters (2012)

Evaluationsmaß	Definition
***M**ean **E**rror*	$ME = \frac{1}{J}\sum_{j=1}^{J}\left(y_j - \hat{y}_j\right)$
***M**ean **A**bsolute **E**rror*	$MAE = \frac{1}{J}\sum_{j=1}^{J}\left\|y_j - \hat{y}_j\right\|$
***M**ean **S**quared **E**rror*	$MSE = \frac{1}{J}\sum_{j=1}^{J}\left(y_j - \hat{y}_j\right)^2$
***R**oot **M**ean **S**quared **E**rror*	$RMSE = \sqrt[+]{MSE}$
***M**ean **P**ercentage **E**rror*	$MPE = \frac{1}{J}\sum_{j=1}^{J}\left(\frac{y_j - \hat{y}_j}{y_j}\right)$
***M**ean **A**bsolute **P**ercentage **E**rror*	$MAPE = \frac{1}{J}\sum_{j=1}^{J}\left\|\frac{y_j - \hat{y}_j}{y_j}\right\|$

Evaluation und der im weiteren Verlauf in Abschnitt 4.3 dargestellten kostenbasierten Evaluation herzustellen.

Die in Tabelle 4.1 dargestellten Fehlermaße weisen unterschiedliche charakteristische Eigenschaften auf. Bei dem *ME* handelt es sich um einen ausgleichenden Fehler. Hier kann es im Rahmen einer *out of sample*-Prognose vorkommen, dass sich die positiven und negativen Abweichungen der Prognose vom tatsächlichen Wert ausgleichen. Dieses Problem kann beim *MAE* aufgrund der Absolutwertbetrachtung nicht auftreten.

Ein Kritikpunkt am *MAE* ist die Tatsache, dass betragsmäßig kleine und große Abweichungen gleich gewichtet werden. Eine überproportionale Gewichtung von größeren Abweichungen erfolgt beim *MSE*, der allerdings aufgrund der Quadrierung nicht skalenerhaltend ist. Eine Lösung für dieses Problem stellt der *RMSE* dar. Dabei handelt es sich um die positive Quadratwurzel des *MSE* (Küsters (2012)).

Soll die Prognosegüte einzelner Prognoseverfahren bei mehreren Zeitreihen simultan überprüft werden, so besteht das Problem, dass diese Maße aufgrund der Berücksichtigung von quadrierten Prognosefehlen stark von den absoluten Größen der zugrunde liegenden Zeitreihen abhängen und nicht ohne Weiteres miteinander verglichen werden können bzw. sollten. Die Quadrierung der Abstände zwischen Punktprognose und tatsächlicher Beobachtung führt zusätzlich dazu, dass sich diese Verfahren sehr sensitiv gegenüber Ausreißern verhalten (Chatfield (1988)).

Um eine Vergleichbarkeit zu gewährleisten, können die relativen Evaluationsmaße *MPE* und *MAPE* verwendet werden. Diese relativen Prognoseevaluationsmaße werden als Prozentwerte interpretiert und setzen zwingend Beobachtungen voraus, die ungleich Null sind (Küsters (2012)).

Im Kontext der Prognose von sporadischen Zeitreihen mit Nullbeobachtungen resultieren aus der Verwendung der hier vorgestellten relativen Evaluationsmaße Probleme:

Liegt zum Zeitpunkt j eine Nullbeobachtung vor, dann sind die Evaluationsmaße *MPE* und *MAPE* aufgrund der notwendigen Division durch Null nicht definiert. Dies kann umgangen werden, indem die Beobachtung y_j im Nenner des *MPE* bzw. des *MAPE* durch die zum entsprechenden Zeitpunkt korrespondierende Prognose $\hat{y}_j$ ersetzt wird.

Der modifizierte *MPE* (*MPEm*) kann durch

$$MPEm = \frac{1}{J}\sum_{j=1}^{J}\frac{y_j - \hat{y}_j}{\hat{y}_j} \tag{4.1}$$

und der modifizierte *MAPE* (*MAPEm*) durch

$$MAPEm = \frac{1}{J}\sum_{j=1}^{J}\left|\frac{y_j - \hat{y}_j}{\hat{y}_j}\right| \tag{4.2}$$

berechnet werden (Küsters (2012)). Es muss beachtet werden, dass die beiden Maße nur dann definiert sind, wenn das zugrunde liegende Prognoseverfahren ausschließlich Prognosewerte generiert, die ungleich Null sind (Küsters und Speckenbach (2012)).

Des Weiteren kann es bei dem *MPE* bzw. *MPEm*, wie auch schon bei dem *ME* vorkommen, dass positive und negative Abweichungen sich in der Summe ausgleichen. Aus diesem Grund wird in der Praxis vermehrt der *MAPE* bzw. beim Vorliegen von sporadischen Nachfragen der *MAPEm* als Evaluationsmaß verwendet (siehe beispielsweise Armstrong und Collopy (1992), Kahn (1998), Green und Tashman (2009)).

Ein generelles Problem bei der Berechnung des MAPE besteht in der asymmetrischen Bewertung identischer absoluter Prognosefehler. Dies lässt sich anhand der prozentualen absoluten Abweichung (*APE*) für einzelne Beobachtungen verdeutlichen:

Angenommen, es liegen die beiden Beobachtungen $y_1 = 100$ und $y_2 = 150$ sowie die beiden entsprechenden Prognosen $\hat{y}_1 = 150$ und $\hat{y}_2 = 100$ vor. Hieraus resultiert für beide Kombinationen aus Beobachtung und Prognose ein absoluter Prognosefehler $|y_j - \hat{y}_j|$ der Größe 50. Wird für beide Paarungen nun der *APE* berechnet, so ist dieser

$$APE_1 = \left|\frac{y_1 - \hat{y}_1}{y_1}\right| \cdot 100\% = \frac{50}{100} \cdot 100\% = 50\% \tag{4.3}$$

für die erste Beobachtung und die erste Prognose und

$$APE_2 = \left|\frac{y_2 - \hat{y}_2}{y_2}\right| \cdot 100\% = \frac{50}{150} \cdot 100\% = 33{,}33\% \tag{4.4}$$

für die zweite Kombination aus Beobachtung und Prognose (Makridakis (1993)). Als Lösung für das Problem der asymmetrischen Gewichtung wurde von Makridakis (1993) der symmetrische *APE* (*APEs*) bzw. der symmetrische *MAPE* (*MAPEs*) bei mehreren zu vergleichenden Kombinationen aus Beobachtungen und Prognosen vorgeschlagen. Dieser ist durch

$$MAPEs = \frac{1}{J}\sum_{j=1}^{J}\left|\frac{y_j - \hat{y}_j}{\frac{y_j + \hat{y}_j}{2}}\right| \tag{4.5}$$

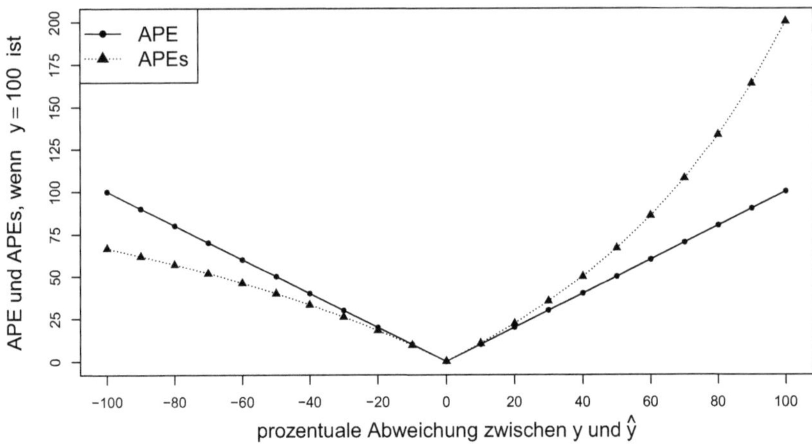

Abbildung 4.2.: Darstellung der asymmetrischen Gewichtung gleicher absoluter Abweichungen beim *APEs* (aus: Goodwin und Lawton (1999), S. 6)

definiert. Bezogen auf das obige Beispiel können die entsprechenden absoluten prozentualen Prognosefehler für einzelne Beobachtungen durch

$$APEs_j = \left| \frac{y_j - \hat{y}_j}{\frac{y_j + \hat{y}_j}{2}} \right| \cdot 100\% = \frac{50}{125} \cdot 100\% = 40\%, \text{ für } j = 1,2 \tag{4.6}$$

berechnet werden (Makridakis (1993)).

Der *APEs* bzw. *MAPEs* beseitigt die ungleiche Bewertung von im Absolutbetrag identischen Prognosefehlern. Durch diese Korrektur ergibt sich allerdings die Problematik, dass Abweichungen der Prognose von der aktuellen Beobachtung nach unten asymmetrisch im Vergleich zu Abweichungen nach oben gewichtet werden. Die Asymmetrie vergrößert sich mit zunehmender Höhe der Abweichung (Goodwin und Lawton (1999)). Abbildung 4.2 veranschaulicht die Asymmetrie anhand eines Beispiels.

In Abbildung 4.2 wird angenommen, dass die aktuelle Beobachtung $y = 100$ beträgt. In Abhängigkeit von unterschiedlichen Prognosen und den daraus resultierenden Abweichungen zur tatsächlichen Beobachtung ergeben sich unterschiedliche Ausprägungen der einzelnen Maße *APE* und *APEs*. Abbildung 4.2 macht deutlich, dass die Werte des APEs bei Abweichungen von der aktuellen Beobachtung nach unten kleiner sind als bei Abweichungen nach oben. Je größer die Abweichungen, desto größer sind auch die Unterschiede der Gewichtung (Goodwin und Lawton (1999)).

Vorteilhaft bei dem *MAPEs* ist zusätzlich, dass durch die in Gleichung 4.5 dargestellte Modifikation des *MAPE* die Gefahr einer möglichen Division durch Null verringert wird.

Für die Berechnung muss sichergestellt sein, dass für den Zeitpunkt einer Nullbeobachtung ein positiver Prognosewert vorhanden ist.

Ein weiteres Evaluationsmaß, welches ebenfalls die Gefahr einer Division durch Null praktisch eliminiert, ist der ***M**ean **A**bsolute **S**caled **E**rror* (*MASE*). Sobald eine Zeitreihe mindestens zwei verschiedene Ausprägungen aufweist, kann der *MASE* zumindest numerisch berechnet werden (Küsters und Speckenbach (2012)). Der *MASE* wurde von Hyndman und Koehler (2006) entwickelt und ist durch

$$MASE = \frac{1}{J}\sum_{j=1}^{J}\frac{|y_j - \hat{y}_j|}{\frac{1}{T-1}\sum_{t=2}^{T}|y_t - y_{t-1}|} \tag{4.7}$$

definiert. Bei diesem Maß werden die absoluten *out of sample*-Prognosefehler mit den absoluten *within sample*-Prognosefehlern einer einstufigen Random-Walk Prognose (RW), bei der die Prognose zum Zeitpunkt t der Beobachtung y_{t-1} entspricht, verglichen (Hyndman und Koehler (2006)). Obwohl die Random-Walk-Prognose zur Prognose von sporadischen Zeitreihen aufgrund der hohen Anzahl an Datenpaaren, die eine Null aufweisen, nicht gut geeignet ist, wird der MASE häufig zur Evaluation von Prognosen für sporadische Zeitreihen verwendet (Küsters und Speckenbach (2012)).

In der Literatur wurden weitere spezielle Verfahren für die Evaluation und den Vergleich von sporadischen Nachfrageprognosen vorgestellt. Beispielsweise werden bei dem von Syntetos und Boylan (2005) vorgeschlagenen Maß ***R**elative **G**eometric **R**oot **M**ean **S**quare **E**rror* (*RGRSME*) die Prognosefehler zweier unterschiedlicher Prognoseverfahren A und B miteinander verglichen. Das Maß kann durch

$$RGRMSE = \frac{\left(\prod_{j=1}^{J}\left(y_j - \hat{y}_{j,A}\right)^2\right)^{\frac{1}{2J}}}{\left(\prod_{j=1}^{J}\left(y_j - \hat{y}_{j,B}\right)^2\right)^{\frac{1}{2J}}} \tag{4.8}$$

berechnet werden (Syntetos und Boylan (2005)).

Aus Gleichung 4.8 wird ersichtlich, dass bei exakten Prognosen $\left(y_j = \hat{y}_j\right)$ Probleme auftreten. Wenn aus dem im Zähler befindlichen Verfahren A mindestens eine exakte Prognose resultiert, ist das Maß gleich Null. Resultiert aus dem Prognoseverfahren im Nenner B mindestens eine exakte Prognose, ist das Maß nicht definiert (Küsters und Speckenbach (2012)).

Ein weiteres Problem bei diesem Evaluationsmaß ist die Auswahl der zu vergleichenden Verfahren. Da in dieser Arbeit zahlreiche unterschiedliche Prognosemethoden verglichen werden und a priori kein optimales Benchmarkverfahren bekannt ist, ist ein Maß, welches ausschließlich zwei Verfahren miteinander vergleicht, nicht geeignet. Aus diesem Grund wird nicht weiter auf den *RGRMSE* eingegangen.

4.3. Kostenbasierte Evaluation

4.3.1. Kostenberechnung auf Basis einer (r,S)-Lagerhaltungspolitik

Empirisch lässt sich beobachten, dass Zeitreihen mit sporadischen Nachfragemustern oftmals hohe Variationskoeffizienten aufweisen. Hieraus resultiert das Problem, dass die generierten Punktprognosen häufig nicht zur direkten Evaluation geeignet sind (Küsters und Speckenbach (2012)).

Da die in Abschnitt 4.2 vorgestellten statistischen Evaluationsmaße auf einem Vergleich zwischen Punktprognosen und Beobachtungen beruhen und sich daher vermeintlich aus dem oben beschriebenen Problem nicht optimal für einen Verfahrensvergleich eignen, wird in dieser Arbeit zusätzlich zur statistischen Evaluation eine kostenbasierte betriebswirtschaftliche Evaluation in Anlehnung an Küsters et al. (2015) durchgeführt.

Aus Anwendersicht besteht des Weiteren der Vorteil, dass durch eine kostenbasierte Evaluation nicht die isolierte Prognosegüte eines Verfahrens im Vordergrund steht, sondern vielmehr die Qualität eines Prognoseverfahrens im Kontext der unternehmensspezifischen Rahmenbedingungen.

Grundsätzlich lässt sich feststellen, dass es im Rahmen der akademischen Literatur keinen Konsens bezüglich der komparativen Vorteile bzw. Nachteile der beiden unterschiedlichen Evaluationsansätze beim Vorliegen von sporadischen Nachfrageprognosen gibt.

So existieren einerseits mehrere Studien zur Prognosegüte von einzelnen Verfahren, die auf Basis einer statistischen Evaluation von sporadischen Punktprognosen durchgeführt werden (siehe beispielsweise Willemain et al. (1994), Syntetos und Boylan (2005), Hyndman (2006)).

Auf der anderen Seite liegen aber auch Studien vor, bei denen die Prognosen innerhalb von Lagerhaltungssystemen evaluiert werden (siehe beispielsweise Eaves und Kingsman (2004), Teunter und Duncan (2008), Teunter und Sani (2009)). Betrachtet man diese drei Publikationen, so lässt sich feststellen, dass die Evaluationen auf Basis von *order-up-to* Lagerhaltungspolitiken durchgeführt wurden. Aus diesem Grund wird auch bei der in dieser Arbeit durchgeführten kostenbasierten Evaluation von Nachfrageprognosen auf eine *order-up-to* Lagerhaltungspolitik zurückgegriffen. Konkret basieren die durchgeführten betriebswirtschaftlichen Evaluationen auf der in Abbildung 4.3 dargestellten (r,S)-Lagerhaltungspolitik.

Hierbei wird alle r Perioden überprüft, ob eine Bestellung ausgelöst werden muss. Die Höhe der jeweiligen unter Umständen zu tätigen Bestellung wird so gewählt, dass der disponible Lagerbestand auf das Bestellniveau S angehoben wird (Tempelmeier (2012), S. 163). Die Definition des disponiblen Bestandes (dB) ist abhängig von der

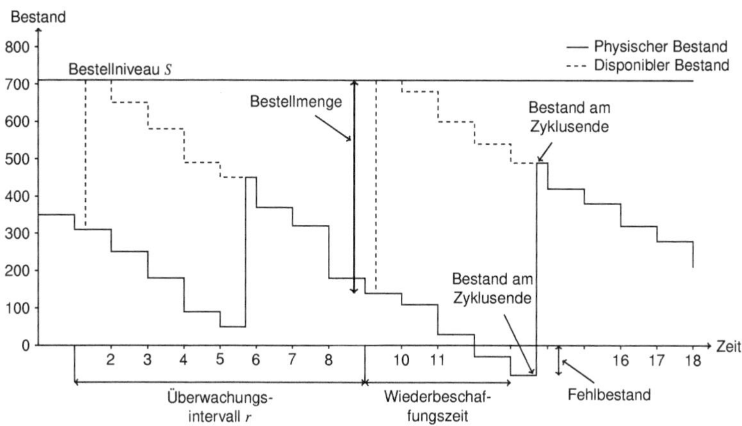

Abbildung 4.3.: Darstellung der verwendeten (r, S)-Lagerhaltungspolitik (aus: Tempelmeier (2012), S. 163)

Berücksichtigung bzw. Nichtberücksichtigung von unter Umständen auftretenden Fehlmengen (FM). Wird bei der Lagerhaltungspolitik unterstellt, dass Fehlmengen, die innerhalb der Wiederbeschaffungszeit auftreten, zu einem späteren Zeitpunkt nachgeliefert werden können, ist der disponible Bestand zum Zeitpunkt t durch

$$dB_t = pB_t + OB_t - FB_t \tag{4.9}$$

definiert (Günther und Tempelmeier (2012), S. 275 f.). Hierbei beschreibt pB_t den physischen Bestand, welcher tatsächlich im Lager vorhanden ist. Bei OB_t handelt es sich um den Bestellbestand. Der Bestellbestand bezeichnet die Menge der noch ausstehenden und nicht im Lager eingetroffenen Bestellungen (O). FB_t stellt den Fehlbestand, also die Summe der kumulierten Fehlmengen bis zum Zeitpunkt t, dar (Tempelmeier (2012), S. 10 f.). Wird davon ausgegangen, dass Fehlmengen nicht nachgeliefert werden können, so wird der disponible Bestand durch

$$dB_t = pB_t + OB_t \tag{4.10}$$

berechnet. Aus Abbildung 4.3 kann zusätzlich der Nettobestand NB zum Zeitpunkt t hergeleitet werden. Es gilt:

$$NB_t = \begin{cases} pB_t & \text{wenn } FB_t = 0 \\ pB_t - FB_t & \text{wenn } FB_t > 0 \end{cases} \tag{4.11}$$

Solange keine Fehlmengen auftreten, entspricht der Nettobestand dem physischen Bestand. Sind Fehlmengen vorhanden, ergibt sich der Nettobestand aus dem physischen Bestand abzüglich der Fehlmengen (Tempelmeier (2012), S. 11).

Typischerweise besteht das Interesse des Anwenders darin, möglichst zu allen Zeitpunkten einen physischen Bestand größer oder gleich Null aufzuweisen, um Fehlmengen zu vermeiden. Allerdings ist ein zu hoher physischer Bestand für den Anwender aufgrund der dadurch auftretenden Lagerkosten ebenfalls nicht optimal. An dieser

Stelle befindet sich der Anwender in einem Spannungsfeld zwischen hohen Lagerhaltungskosten in Kombination mit einer hohen Lieferbereitschaft auf der einen Seite und geringen Lagerhaltungskosten in Kombination mit einer geringeren Lieferbereitschaft und den daraus möglicherweise resultierenden Fehlmengenkosten auf der anderen Seite (Manitz (2015)).

Für die kostenbasierte Evaluation einzelner Prognoseverfahren unter Zuhilfenahme der dargestellten Lagerhaltungspolitik existieren zwei unterschiedliche Möglichkeiten. Für den Fall, dass die aus einer geringen Prognosegüte resultierenden Fehl- bzw. Überschussmengenkosten bekannt sind, können mithilfe unterschiedlicher Simulationen verschiedene Prognoseverfahren hinsichtlich der entstehenden Kosten evaluiert werden. Für den Fall, dass die entstehenden Kosten unbekannt sind, kann die Qualität eines Lagerhaltungssystems und damit auch die Güte eines Prognoseverfahrens durch Servicegrade gemessen werden (Küsters und Speckenbach (2012)).

In dieser Arbeit wird davon ausgegangen, dass die möglicherweise entstehenden Kosten a priori nicht bekannt sind. Um dennoch eine kostenbasierte Evaluation durchführen zu können, wird auf einen Ansatz von Churchman et al. (1971) zurückgegriffen. Die bei diesem Ansatz verwendete Steuerungsgröße ist der α-Servicegrad. Der im weiteren Verlauf als α_z-Servicegrad bezeichnete Servicegrad gibt die Wahrscheinlichkeit an, dass die in der Wiederbeschaffungszeit auftretende Nachfrage $s_{t+L|t}$ durch den zu Beginn der Wiederbeschaffungszeit vorhandenen disponiblen Lagerbestand dB_t bedient werden kann. Der α_z-Servicegrad wird a priori vom Anwender festgelegt und ist durch

$$\alpha_z = P\left(s_{t+L|t} \leq S_{t+L|t}\right) \tag{4.12}$$

definiert (Kilger und Wagner (2008)). Hierbei stellt $S_{t+L|t}$ das zum Servicegrad α_z und der Wiederbeschaffungszeit L korrespondierende Quantil der über die Wiederbeschaffungszeit kumulierten Nachfrage $q_t(\alpha_z, L)$ dar. Das Bestellniveau entspricht damit dem Bestellniveau S der unterstellten Lagerhaltungspolitik, welches sich aufgrund der rollierenden Prognoseerstellung zu jedem Zeitpunkt t ändern kann.

Mithilfe der im Rahmen einer rollierenden Prognosesimulation generierten Quantilsprognosen kann im nächsten Schritt, ausgehend von der zu der ersten Kalibrationsstichprobe gehörenden Teststichprobe $N+1,\ldots,T$, ein auf einer $\left(r, S_{t+L|t}\right)$-Lagerhaltungspolitik basierendes Lagerhaltungssystem simuliert werden. Das Quantil der über die Wiederbeschaffungszeit kumulierten Nachfrage ist dabei das Bestellniveau, welches erreicht werden muss, damit die entsprechend des α_z-Servicegrad festgelegte Lieferbereitschaft erreicht wird.

Im Rahmen der Simulation wird angenommen, dass in jeder Periode t eine Überprüfung des Lagerbestandes erfolgt und unter Umständen auftretende Fehlmengen nicht nachgeliefert werden können. Des Weiteren wird angenommen, dass eine mögliche Bestellung immer zum Ende einer Periode t getätigt wird. Die aus der Bestellung resultierende Lieferung trifft zum Ende der Periode $t+L$ im Lager ein und ist zu Beginn der Periode $t+L+1$ verfügbar. Abbildung 4.4 fasst die über die Ereignisreihenfolge getroffenen Annahmen anhand eines Zeitstrahls für eine Wiederbeschaffungszeit von $L=4$ zusammen.

Abbildung 4.4 macht deutlich, dass in Perioden, in denen keine Lieferung erfolgt, der Endbestand des Lagers (EB) in der Periode t dem Anfangsbestand des Lagers (AB)

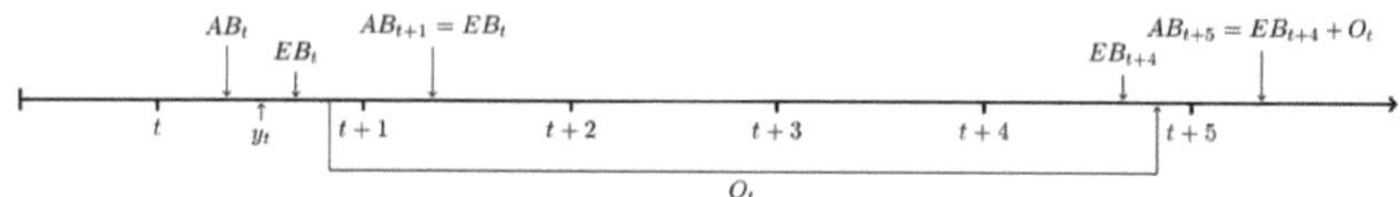

Abbildung 4.4.: Zeitstrahl zur Darstellung der Anfangs- und Endbestände sowie der Bestell- und Lieferzeitpunkte bei einer Lieferzeit von $L = 4$

Tabelle 4.2.: Exemplarische Darstellung einer auf einer $(1, q_t(\alpha_z, L))$-Lagerhaltungspolitik mit $\alpha_z = 95\%$ und $L = 4$ Perioden beruhenden Lagersimulation

Periode t	$S_{t+L\|t,\alpha_z}$	AB_t	y_t	OB_t	EB_t	O_t	$ÜM_t$	FM_t
N	–	–	0	–	–	–	–	–
$N+1$	8	8	2	0	6	2	6	0
$N+2$	7	6	1	2	5	0	5	0
$N+3$	8	5	0	2	5	1	5	0
$N+4$	8	5	1	3	4	1	4	0
$N+5$	8	4	0	4	4	0	4	0
$N+6$	8	6	2	2	4	2	4	0
$N+7$	7	4	2	4	2	1	2	0
$N+8$	7	3	3	4	0	3	0	0
$N+9$	8	1	0	6	1	1	1	0
$N+10$	8	1	1	7	0	1	0	0
$N+11$	8	2	0	6	2	0	2	0
$N+11$	8	3	0	5	3	0	3	0
$N+12$	8	6	4	2	2	4	2	0
$N+13$	8	3	4	5	0	3	0	1
T	8	1	1	7	0	1	0	0

in der Periode $t+1$ entspricht. Des Weiteren lässt sich erkennen, dass in Perioden, in denen eine Bestellung eintrifft, diese nicht mehr zur Verfügung steht. Die eingetroffene Bestellung und der Endbestand in der betreffenden Periode ergeben den Anfangsbestand in der nächsten Periode.

Eine Bestellung O_t zum Zeitpunkt t wird getätigt, wenn die Quantilsprognose für die Periode t größer ist als der disponible Bestand zu Beginn der Periode. Ist der disponible Lagerbestand größer als die entsprechende Quantilsprognose, wird keine Bestellung zum Zeitpunkt t ausgelöst. Tabelle 4.2 zeigt eine simulierte $(1, q_t(\alpha_z, L))$-Lagerhaltungspolitik für eine Beispielzeitreihe. Der angenommene Zielservicegrad beträgt $\alpha_z = 95\%$, die Wiederbeschaffungszeit beträgt $L = 4$ Perioden.

An dieser Stelle sei nochmals darauf hingewiesen, dass es sich bei der zugrunde liegenden Lagerhaltungspolitik um eine statische Lagerhaltungspolitik handelt. Die Veränderungen des Bestellniveaus resultieren aus der durchgeführten Prognosesimulation. Hier wird die statische Lagerhaltungspolitik für jeden Zeitpunkt der Simulation angewendet und es wird das für diesen Zeitpunkt spezifische Bestellniveau $S_{t+L|t}$ ermittelt.

Die im Rahmen der Simulation ermittelten Überschuss- bzw. Fehlmengen können nun bewertet werden. Churchman et al. (1971) haben gezeigt, dass für den optimalen Lagerbestand bei der hier verwendeten Lagerhaltungspolitik der im Anhang A.1 hergeleitete Zusammenhang

$$P\left(s_{t+L|t} \leq q_t\left(L, \alpha_z\right) - 1\right) < \frac{K^{FM}}{K^{FM} + K^{ÜM}} < P\left(s_{t+L|t} \leq q_t\left(L, \alpha_z\right)\right) \tag{4.13}$$

besteht (Churchman et al. (1971), S.198 f.). K^{FM} beschreibt den Fehlmengenkostensatz, mit dem möglicherweise auftretende Fehlmengen bewertet werden. Hierbei handelt es sich hauptsächlich um Opportunitätskosten, die entstehen, weil eine aufgetretene Nachfrage nicht bedient werden kann.

Bei $K^{ÜM}$ handelt es sich um den Überschussmengenkostensatz. Zu den Überschussmengenkosten zählen beispielsweise Lagerkosten und gegebenenfalls Verschrottungskosten (Küsters et al. (2015)). Es ist zu beachten, dass der hintere Teil der Ungleichung 4.13 dem Zielservicegrad α_z entspricht. Wird nun angenommen, dass das Quantil $q_t\left(L, \alpha_z\right)$ exakt zu dem Zielservicegrad α_z korrespondiert, dann ist die Gleichung

$$\alpha_z = \frac{K^{FM}}{K^{FM} + K^{ÜM}} \tag{4.14}$$

erfüllt (Churchman et al. (1971), S. 199). Wird des Weiteren unterstellt, dass lineare Kosten vorliegen, dann können die gesamten Fehlmengenkosten (FMK) berechnet werden, indem die im Rahmen der Simulation auftretenden Fehlmengen mit α_z gewichtet werden. Für den gesamten Simulationszeitraum ergeben sich somit die folgenden normierten Fehlmengenkosten

$$FMK = \sum_{t=N+1}^{T} \alpha_z \cdot FM_t \cdot 100. \tag{4.15}$$

Dementsprechend werden Überschussmengen zum Zeitpunkt t mit $(1-\alpha_z)$ gewichtet und es ergeben sich die nachfolgend dargestellten, über den gesamten Simulationszeitraum summierten, normierten Überschussmengenkosten $(ÜMK)$

$$ÜMK = \sum_{t=N+1}^{T} (1-\alpha_z) \cdot ÜM_t \cdot 100. \tag{4.16}$$

Die aus einem Verfahren resultierenden Gesamtkosten (GK^V) als Evaluationsgrundlage ergeben sich durch die Addition der im Rahmen der rollierenden Prognosesimulation berechneten gesamten Fehlmengen- und Überschussmengenkosten. Sie werden durch

$$GK^V = \sum_{t=N+1}^{T} \alpha_z \cdot FM_t + \sum_{t=N+1}^{T} (1-\alpha_z) \cdot ÜM_t \tag{4.17}$$

berechnet (Küsters et al. (2015)). Grundsätzlich ist zu klären, ob es sinnvoll ist, die ersten $N+1, \ldots, N+L$ Perioden bei der Evaluation mitzuberücksichtigen. Bis zum Eintreffen der ersten Bestellung sind die unter Umständen auftretenden Fehl- bzw. Überschussmengen möglicherweise sehr stark von den getroffenen Initialisierungsannahmen der Lagerhaltungspolitik abhängig. Aus diesem Grund kann es sinnvoll sein, mit der Evaluation des Lagerhaltungssystems erst zum Zeitpunkt $N+L+1$ zu beginnen und dementsprechend die Gesamtkosten für ein Verfahren durch

$$GK^V = \sum_{t=N+L+1}^{T} \alpha_z \cdot FM_t + \sum_{t=N+L+1}^{T} (1-\alpha_z) \cdot \ddot{U}M_t \tag{4.18}$$

erst ab dem Zeitpunkt, zu dem die erste Bestellung zur Verfügung steht, zu berechnen. Allerdings muss berücksichtigt werden, dass durch dieses Vorgehen die Anzahl der zur Evaluation verfügbaren Beobachtungen reduziert wird. Dies wird dann problematisch, wenn die zu prognostizierenden Zeitreihen insgesamt nicht viele Beobachtungen aufweisen (vgl. hierzu auch die Abschnitte 5.3.2 und 6.2.3). Bei hinreichend langen Zeitreihen kann der Verlust an Beobachtungen aufgrund der Initialisierung vernachlässigt werden.

Im Rahmen der in dieser Arbeit durchgeführten Simulationsstudie erfolgt die Evaluation des Lagerhaltungssystems entsprechend der Gleichung 4.18. Tabelle 4.3 fasst die mithilfe der Lagerhaltungssimulation ermittelten Kosten für ein Beispielverfahren zusammen. An Tabelle 4.3 lässt sich ablesen, dass das hier evaluierte Verfahren mit Kosten von 285 bzw. 165 Einheiten bewertet wird.

Im Rahmen der Simulationsstudie werden die Gesamtkosten für unterschiedliche Verfahren ermittelt und miteinander verglichen. Es wird davon ausgegangen, dass das Verfahren mit den geringsten Kosten einem Verfahren mit höheren Kosten bei gegebener Lagerhaltungspolitik, Wiederbeschaffungszeit und Zielservicegrad überlegen ist.

Zusätzlich zu den in Tabelle 4.3 ermittelten Gesamtkosten ist für den Anwender auch der ex post gemessene empirische α-Servicegrad α_{emp} von Bedeutung. Um diesen zu berechnen, wird die Bezugsgröße im Vergleich zum zyklusorientierten Zielservicegrad α_z geändert. Der α_{emp}-Servicegrad misst nicht mehr die Lieferbereitschaft innerhalb der Wiederbeschaffungszeit, sondern die Lieferbereitschaft innerhalb eines betrachteten Zeitraums. Der α_{emp}-Servicegrad gibt dabei die Wahrscheinlichkeit an, dass die auftretende Nachfrage innerhalb eines Zeitraums aus dem Lagerhaltungssystem bedient werden kann. Der Servicegrad ist generell durch

$$\alpha_{emp} = P(y_t < \text{physischer Bestand zu Beginn von Periode } t) \tag{4.19}$$

definiert (Tempelmeier (2012), S. 19 f.).

Bezogen auf diese Arbeit setzt der α_{emp}-Servicegrad für den Zeitraum $N+L+1,\ldots,T$ die Anzahl der Perioden, in denen die Nachfrage kleiner war als der Lagerbestand, in Relation zu der Gesamtanzahl an Perioden. Er kann durch

$$\alpha_{emp} = \frac{\{\#\text{Perioden mit}(y_t < q_t(\alpha_z, L))\}}{T-N-L} \tag{4.20}$$

berechnet werden. Es wird dementsprechend ex post die Anzahl an Perioden mit einem Endbestand, der größer oder gleich Null ist, mit der Gesamtzahl an Perioden in Relation gesetzt.

Bei dem in Tabelle 4.2 und 4.3 dargestellten Beispiel ergibt sich ein empirischer α_{emp}-Servicegrad von

$$\begin{aligned} \alpha_{emp} &= \frac{9}{10} \\ &= 90\% \end{aligned} \tag{4.21}$$

Tabelle 4.3.: Exemplarische Darstellung der Kostenevaluation bei einer zugrunde liegenden $(1, q_t(\alpha_z \mid L))$-Lagerhaltungspolitik mit $\alpha_z = 95\%$ und $L = 4$

Periode t	$ÜM_t$	FM_t	$ÜMK_t$	FMK_t	$ÜMK_t^*$	FMK_t^*
N	–	–	–	–	–	–
$N+1$	6	0	30	0	–	–
$N+2$	5	0	25	0	–	–
$N+3$	5	0	25	0	–	–
$N+4$	4	0	20	0	–	–
$N+5$	4	0	20	0	–	–
$N+6$	4	0	20	0	20	0
$N+7$	2	0	10	0	10	0
$N+8$	0	0	0	0	0	0
$N+9$	1	0	5	0	5	0
$N+10$	0	0	0	0	0	0
$N+11$	2	0	10	0	10	0
$N+11$	3	0	15	0	15	0
$N+12$	2	0	10	0	10	0
$N+13$	0	1	0	95	0	95
T	0	0	0	0	0	0
$\sum$	38	1	190	95	70	95
$GK = \sum UMK + \sum FMK =$			$190+95=285$		$70+95=165$	
*Evaluation ab der Periode, in der die Bestellung aus $N+1$ zur Verfügung steht						

bei der Evaluation ab $N+L+1$. Es lässt sich beobachten, dass der empirische α_{emp}-Servicegrad von dem unterstellten a priori gesetzten α_z-Servicegrad abweichen kann. Solche Abweichungen lassen sich häufig aufgrund der geringen Variation der positiven Nachfragen bei sporadischen Nachfragen feststellen (Küsters und Speckenbach (2012)). Ein potenziell nützlicher Lösungsansatz für dieses Problem wird in Abschnitt 4.3.2 beschrieben.

Im Rahmen der Evaluation von Lagerhaltungssystemen wird häufig kritisiert, dass für den Anwender die Aussagekraft des α-Servicegrades nicht von entscheidender Bedeutung ist (Günther und Tempelmeier (2012), S. 277). Ein Problem des α-Servicegrades besteht darin, dass dieser nur das Auftreten einer Fehlmenge erfasst, nicht aber deren Höhe (Tempelmeier (2012), S. 21). Aus diesem Grund wird oftmals zur Beurteilung bzw. Steuerung eines Lagerhaltungssystems der β-Servicegrad empfohlen. Dieser ist durch

$$\beta = 1 - \frac{E(FM)}{E(y)} \tag{4.22}$$

definiert (Muckstadt und Sapra (2010), S. 193 f.). Für das in Tabelle 4.2 und 4.3 dargestellte Beispiel ergibt sich ein empirischer β-Servicegrad β_{emp} von

$$\begin{aligned} \beta_{emp} &= 1 - \frac{1}{17} \\ &\approx 0{,}9412 \approx 94{,}12\% \end{aligned} \tag{4.23}$$

für den Fall, dass ab $N+L+1$ evaluiert wird. Problematisch bei dem β-Servicegrad kann allerdings aufgrund des unter Umständen nach oben nicht beschränkten Wertbereichs des zugrunde liegenden DGPs die Schätzung von $E(FM)$ sein. Unter bestimmten Voraussetzungen ist es allerdings möglich, einen Zusammenhang zwischen den beiden Servicegraden in Abhängigkeit des unterstellten DGPs exakt oder approximativ herzuleiten. Für die in dieser Arbeit verwendeten Verteilungen wird die Herleitung der Zusammenhänge und die daraus resultierenden Tabellen, in denen Abhängigkeitsstrukturen für ausgewählte Parameterbereiche und -konstellationen dargestellt sind, im Anhang A.3 beschrieben.

Eine weitere Problematik des α-Servicegrades ist die Abhängigkeit des Maßes von der Granularität der zugrunde liegenden Zeitreihe. Wird beispielsweise angenommen, dass ein Prognosesystem in Kombination mit einem Lagerhaltungssystem sicherstellen soll, dass eine auftretende Nachfrage an vier von fünf Wochentagen vollständig bedient werden kann, dann beträgt der auf Tagesdaten berechnete empirische α_{emp}-Servicegrad 80%. Unterstellt man für den identischen Anwendungsfall Wochendaten, dann resultiert hieraus ein α_{emp}-Servicegrad von 0%, da die innerhalb der Woche auftretende Nachfrage nicht bedient werden kann (Küsters und Speckenbach (2012)).

Dieser Problematik sollte sich der Anwender bei der Verwendung von α-Servicegraden zur Steuerung einer Lagerhaltungspolitik immer bewusst sein. Aus statistischer Sicht eignet sich der α-Servicegrad der Interpretationsmöglichkeit als Quantil allerdings optimal und wird daher in dieser Arbeit zur Steuerung der Lagerhaltungspolitik verwendet.

4.3.2. Quantilsberechnung

Bei der Berechnung der für die Evaluation von sporadischen Nachfragezeitreihen benötigten Quantilsprognosen der über die Wiederbeschaffungszeit kumulierten Nachfrage tritt das Problem auf, dass der tatsächlich realisierte α-Servicegrad α_r bei einer zyklusorientierten Betrachtung teilweise erheblich von dem Zielservicegrad α_z abweicht. Dies liegt daran, dass die absolute Höhe der positiven Nachfragen innerhalb der Zeitreihe oft gering ausfällt (Küsters und Speckenbach (2012)). Abbildung 4.5 veranschaulicht diese Problematik mithilfe simulierter Poisson-verteilter Beobachtungen.

Zur Simulation der in Abbildung 4.5 zugrunde liegenden einzelnen Beobachtungen wurden für insgesamt 23 unterschiedliche λ_i-Ausprägungen mit $i=1,\ldots,23$, jeweils 1000 Poisson-verteilte Zufallsvariablen generiert. Ausgehend von den jeweils 1000 Beobachtungen wurden im Anschluss die aus unterschiedlichen α_z-Servicegraden resultierenden Quantile $q(\alpha_z \mid \lambda_i)$ ermittelt. Für diese Quantile wurde abschließend der tatsächliche Wert der Verteilungsfunktion der Poisson-Verteilung $F(q(\alpha_z \mid \lambda_i) \mid \lambda_i)$, also der realisierte Servicegrad α_r ermittelt und es wurde durch

$$\Delta_i(\alpha_z, \alpha_r) = 100\% \cdot \left| \frac{\hat{F}(q(\alpha_z \mid \lambda_i) \mid \lambda_i)}{\alpha_z} - 1 \right| \tag{4.24}$$

die absolute prozentuale Abweichung zwischen α_z und α_r bestimmt. Beim Vorliegen von sporadischen Nachfragen werden bei der standardmäßigen Quantilsberechnung,

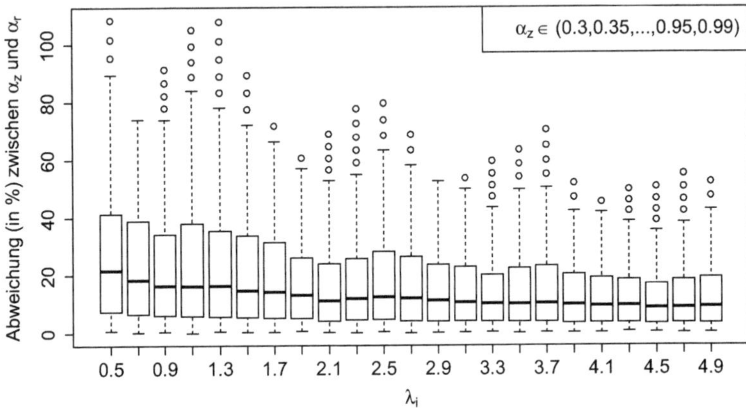

Abbildung 4.5.: Darstellung der absoluten Abweichungen zwischen α_z-Servicegraden und α_r-Servicegraden in Abhängigkeit des Intensitätsparameters λ der Poisson-Verteilung für unterschiedliche α_z-Servicegrade

bei der nicht ganzzahlige Quantilswerte immer aufgerundet werden, die Quantile typischerweise überschätzt. Dies bedeutet, dass der realisierte α_r-Servicegrad größer oder gleich dem a priori vorgegebenen α_z-Servicegrad ist. Allerdings kann es auch zu Abweichungen nach unten kommen. In diesen Fällen unterschreitet der realisierte α_r-Servicegrad den Zielservicegrad α_z.

Abbildung 4.5 macht deutlich, dass es in Abhängigkeit des zugrunde liegenden Intensitätsparameters der Poisson-Verteilung λ_i teilweise zu erheblichen prozentualen Abweichungen zwischen dem a priori festgelegten Zielservicegrad α_z und dem a posteriori realisierten Servicegrad α_r kommt. So kann beobachtet werden, dass α_r mehr als 100% von α_z abweicht.

In Abbildung 4.5 lässt sich zusätzlich beobachten, dass die Höhe der Abweichung von dem bei der Simulation zugrunde liegenden λ_i abhängig ist. Je höher der im Rahmen der Simulation verwendete λ_i -Wert, desto geringer die absolute prozentuale Abweichung zwischen α_r und α_z. Dies kann unter anderem mit der geringeren Anzahl an simulierten Nullbeobachtungen bei hohen λ_i-Werten begründet werden.

Die in Abbildung 4.5 beobachtbaren Differenzen sind allerdings nicht ausschließlich auf den λ-Parameter zurückzuführen. Eine weitere Einflussgröße ist die Höhe des gewählten Zielservicegrades α_z. Abbildung 4.6 zeigt die aus der Verwendung von zwei unterschiedlichen Zielservicegraden resultierenden Abweichungen zwischen α_r und α_z in Abhängigkeit von λ_i . Hierfür wurden für insgesamt 441 unterschiedliche Ausprägungen des Intensitätsparameters der Poisson-Verteilung λ_i $(\lambda_i = 0,5;0,51;0,52,\ldots,4,9)$ jeweils 1000 Zufallsvariablen generiert. In einem nächsten Schritt wurden auch hier ausgehend von den generierten Zufallsvariablen für jedes λ_i die jeweiligen zum Zielservicegrad α_z korrespondierenden Quantile sowie die entsprechenden realisierten Servicegrade α_r ermittelt.

Für die Darstellung der Abweichungen wurden exemplarisch die Zielservicegrade $\alpha_z = 0.5$ und $\alpha_z = 0.9$ ausgewählt. Aus Abbildung 4.6 wird ersichtlich, dass die basierend auf den simulierten Daten geschätzten Quantile für unterschiedliche Intensitätsparameter λ_i aufgrund der Rundung teilweise identisch sind. In Abhängigkeit des jeweils unterstellten λ_i-Wertes ergeben sich unterschiedliche Abweichungen.

Wird beispielsweise die obere Grafik von 4.6 betrachtet, dann ist das 50%-Quantil in diesem Beispiel für alle bei der Simulation unterstellten λ_i-Werte zwischen $0,72$ und $1,71$ immer Eins. Bei einem bei der Simulation zugrunde liegendem λ_i von $0,77$ ist die prozentuale Abweichung zwischen dem Zielservicegrad und dem realisierten Servicegrad mit $68,14\%$ maximal. Bei $\lambda_i = 1,71$ einspricht der Zielservicegrad ungefähr dem realisierten Servicegrad und die ermittelte Abweichung zwischen den beiden Servicegraden beträgt $3,06\%$.

Betrachtet man beide Grafiken in 4.6, dann lässt sich zusammenfassend feststellen, dass es bei einem geringeren α_z-Servicegrad zu erheblich größeren Abweichungen zwischen α_r und α_z kommt. Diese Eigenschaft muss bei der kostenbasierten Evaluation von sporadischen Nachfrageprognosen mitberücksichtigt werden. Aus diesem Grund werden im Rahmen dieser Arbeit die benötigten Quantile in vier unterschiedlichen Varianten ermittelt. Von diesen Berechnungsvarianten sind allerdings nur drei in der Praxis anwendbar. Die vierte hier vorgestellte Möglichkeit zur Berechnung von Quantilen hat lediglich theoretischen Charakter und dient als eine Vergleichsgröße.

Typischerweise muss bei sporadischen Nachfragezeitreihen davon ausgegangen werden, dass das zum Zielservicegrad korrespondierende exakte theoretische Quantil zwischen zwei Beobachtungsausprägungen liegt. Praktisch führt dies dazu, dass der theoretische Quantilswert auf die nächste ganzzahlige Zahl aufgerundet wird. Dies bewirkt, dass der tatsächlich realisierte Servicegrad α_r größer ist als der ursprünglich vorgegebene Zielservicegrad α_z.

Die aufgerundeten Quantile (*UP*) der über die Wiederbeschaffungszeit kumulierten Nachfrage werden im weiteren Verlauf durch $q_t^{up}(L, \alpha_z)$ gekennzeichnet.Wird der theoretische Wert des Quantils abgerundet (*LOW*), hat das zur Folge, dass der realisierte Servicegrad α_r geringer ist als der Zielservicegrad α_z. Die abgerundeten Quantile werden im weiteren Verlauf als $q_t^{low}(L, \alpha_z)$ bezeichnet.

Beide Fälle führen wie eingangs erwähnt dazu, dass bei sporadischen Nachfragen die a priori angenommenen Zielservicegrade nicht eingehalten werden und es zu den beschriebenen Abweichungen zwischen Zielservicegrad und realisiertem Servicegrad kommen kann. Diese Abweichungen sind aus Sicht des Anwenders nicht optimal, da hierdurch vermehrt Überschussmengenkosten $(\alpha_z < \alpha_r)$ bzw. Fehlmengenkosten $(\alpha_z > \alpha_r)$ verursacht werden.

Um dieses Problem zu beheben, können Quantile durch

$$\begin{aligned} q_t^{int}(L, \alpha_z) &= q_t^{low}(L, \alpha_z) + \frac{\alpha_z - \alpha_r^{low}}{\alpha_r^{up} - \alpha_r^{low}} \cdot \left(q_t^{up}(L, \alpha_z) - q_t^{low}(L, \alpha_z) \right) \\ &= q_t^{low}(L, \alpha_z) + \frac{\alpha_z - \alpha_r^{low}}{\alpha_r^{up} - \alpha_r^{low}} \end{aligned} \tag{4.25}$$

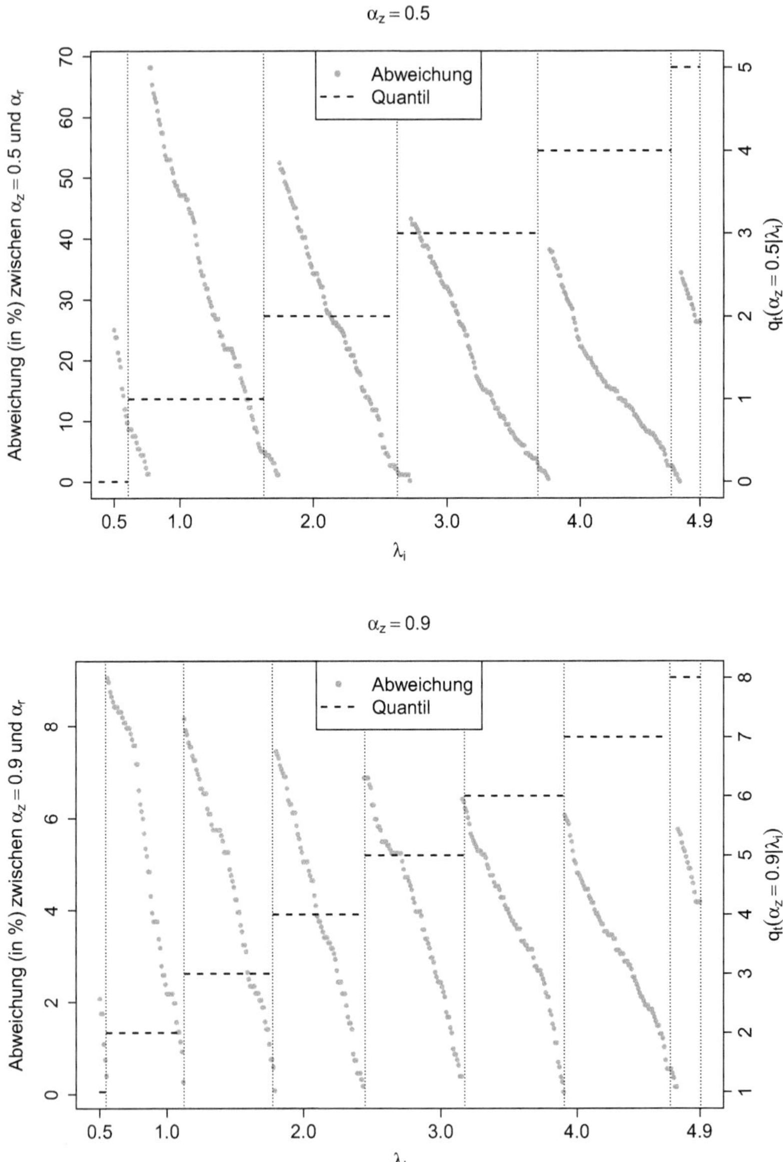

Abbildung 4.6.: Exemplarische Darstellung der Abweichungen zwischen den α_z-Servicegraden und den α_r-Servicegraden in Abhängigkeit von λ_i bei der Poisson-Verteilung für $\alpha_z = 0.5, 0.9$

interpoliert werden (siehe beispielsweise Hartung et al. (2009), S. 35). Der hintere Teil von Gleichung 4.25 ist immer Eins, da die Quantile $q_t^{up}(L,\alpha_z)$ und $q_t^{low}(L,\alpha_z)$ ganzzahlig sind und entsprechend durch Auf bzw. Abrunden eines nicht ganzzahligen Wertes berechnet werden. Interpolierte Quantile (*INT*) haben den Vorteil, dass diese exakt dem Zielservicegrad α_z entsprechen. Problematisch bei dieser Methode ist allerdings, dass die einzelnen Quantilswerte $q_t^{int}(L,\alpha_z)$ nicht mehr ganzzahlig sind und daher praktisch in einem Lagerhaltungssystem nicht verwendet werden können.

Um dennoch Quantile berechnen zu können, bei denen der Zielservicegrad α_z mit dem realisierten Servicegrad α_r nahezu übereinstimmt, wird in dieser Arbeit ein neues Vorgehen zur Berechnung der benötigten Quantile vorgestellt. Bei der vorgestellten Alternative der Quantilsberechnung werden die benötigten Quantile randomisiert berechnet.

Durch die randomisierte Quantilsberechnung kann sichergestellt werden, dass der Zielservicegrad beim Vorliegen von sporadischen Zeitreihen in der langen Frist auch dem realisierten Servicegrad entspricht. Entscheidend ist hierbei die Wiederbeschaffungszeit: Je länger diese ist, desto geringer sind die Abweichungen zwischen α_z und α_r. Grund hierfür sind die Zufallseffekte bei der Randomisierung. Diese gleichen sich über einen langen Zeitraum aus.

Randomisierte Quantile (*RAND*) können wie folgt berechnet werden:

1. Berechne das zum Zielservicegrad α_z korrespondierende Quantil der über die Wiederbeschaffungszeit kumulierten Nachfrage $q_t^{up}(L,\alpha_z)$ der entsprechenden Verteilung. An dieser Stelle wird der theoretische Wert des Quantils auf die nächstgrößere natürliche Zahl aufgerundet.
   Liegt keine theoretische Verteilungsannahme zugrunde, können die benötigten Quantile durch eine schrittweise Kumulation der Einzelwahrscheinlichkeiten ermittelt werden. Hierfür müssen die Schritte 1 bis 4 angepasst werden. Das angepasste Vorgehen zur Quantilsberechnung wird im Anhang A.2 beschrieben. Auf eine empirische Verteilungsfunktion zur Quantilsberechnung wird in dieser Arbeit bei der Hurdle-Poisson-Schätzung und der nullinflationierten Poisson-Schätzung sowie bei den auf Resamplingverfahren beruhenden Schätzungen zurückgegriffen.

2. Ziehe von $q_t^{up}(L,\alpha_z)$ Eins ab, um den nächstkleineren ganzzahligen Wert des Quantils zu ermitteln. Es gilt:

   $$q_t^{low}(L,\alpha_z) = q_t^{up}(L,\alpha_z) - 1. \tag{4.26}$$

   Berechne den realisierten Servicegrad α_r^{up} für $q_t^{up}(L,\alpha_z)$ durch:

   $$\alpha_r^{up} = F\left(q_t^{up}(L,\alpha_z) \mid \lambda = \hat{s}_{T+L|T}\right). \tag{4.27}$$

   Hierbei steht $F\left(\ldots \mid \lambda = \hat{s}_{T+L|T}\right)$ für den entsprechenden Wert der Verteilungsfunktion an der Stelle $q_t^{up}(L,\alpha_z)$.

3. Berechne den realisierten Servicegrad α_r^{low} für $q_t^{low}(L,\alpha_z)$ durch:

   $$\alpha_r^{low} = F\left(q_t^{low}(L,\alpha_z) \mid \lambda = \hat{s}_{T+L|T}\right). \tag{4.28}$$

Berechne die absolute Abweichung zwischen den realisierten Servicegraden α_r^{up} und α_r^{low} und dem Zielservicegrad α_z entsprechend durch:

$$\Delta^{up} = |\alpha^{up} - \alpha_z| \tag{4.29}$$

und

$$\Delta^{low} = \left|\alpha^{low} - \alpha_z\right|. \tag{4.30}$$

Ermittle ausgehend von den einzelnen Abweichungen nach oben und unten durch

$$\Delta^{all} = \Delta^{up} + \Delta^{low} \tag{4.31}$$

die gesamte absolute Abweichung.

4. Simuliere eine Indikatorvariable x^{ind}, die den Wert 0 annimmt, wenn auf $q_t^{low}(L,\alpha_z)$ zurückgegriffen werden soll und die den Wert 1 annimmt, wenn auf $q_t^{up}(L,\alpha_z)$ zurückgegriffen werden soll. Die Indikatorvariable x^{ind} folgt dabei der Binomialverteilung mit der entsprechenden Erfolgswahrscheinlichkeit

$$\hat{\pi} = 1 - \frac{\Delta^{up}}{\Delta^{all}}. \tag{4.32}$$

Addiere die im letzten Schritt simulierte Indikatorvariable zu dem Quantil $q_t^{low}(L,\alpha_z)$ hinzu, um das randomisierte Quantil zu erhalten. Es gilt:

$$q_t^{rand}(L,\alpha_z) = q_t^{low}(L,\alpha_z) + x^{ind}. \tag{4.33}$$

Da die Quantilswerte bei der interpolierten Quantilsberechnung $q_t^{int}(L,\alpha_z)$ nicht mehr ganzzahlig sind und daher für die Praxis keine Relevanz aufweisen, wird der Fokus im Rahmen der Simulationsstudie auf die entsprechenden Berechnungsalternativen *LOW* $\left(q_t^{low}(L,\alpha_z)\right)$, *RAND* $\left(q_t^{rand}(L,\alpha_z)\right)$ und *UP* $\left(q_t^{up}(L,\alpha_z)\right)$ gesetzt.

Des Weiteren kommt es zu ähnlichen Problemen, wenn die Berechnung der über die Wiederbeschaffungszeit kumulierten Nachfrage mithilfe der Normalverteilung erfolgt. Bei der Normalverteilung handelt es sich um eine stetige Verteilung, bei der die normalverteilten Zufallsvariablen und somit auch die Quantile keine ganzzahligen Werte annehmen müssen.

Aus praktischer Sicht sollten diese Werte aber auch ab- bzw. aufgerundet werden. Aus diesen Rundungsoperationen resultieren dann identische Probleme wie bei der Verwendung von diskreten Verteilungen. Auch hier wird der Zielservicegrad, sofern keine randomisierten Quantile berechnet werden, in der Regel über- bzw. unterschritten. Die in dieser Arbeit verwendeten Möglichkeiten zur Quantilsberechnung werden nachfolgend anhand eines grafischen Beispiels exemplarisch erläutert.

In Abbildung 4.7 sind die aus der Verwendung unterschiedlicher Quantilsberechnungen resultierenden Abweichungen zwischen dem Zielservicegrad und dem realisierten Servicegrad für simulierte Poisson-verteilte Werte mit Intensitätsparameter $\lambda = 1$ exemplarisch dargestellt.

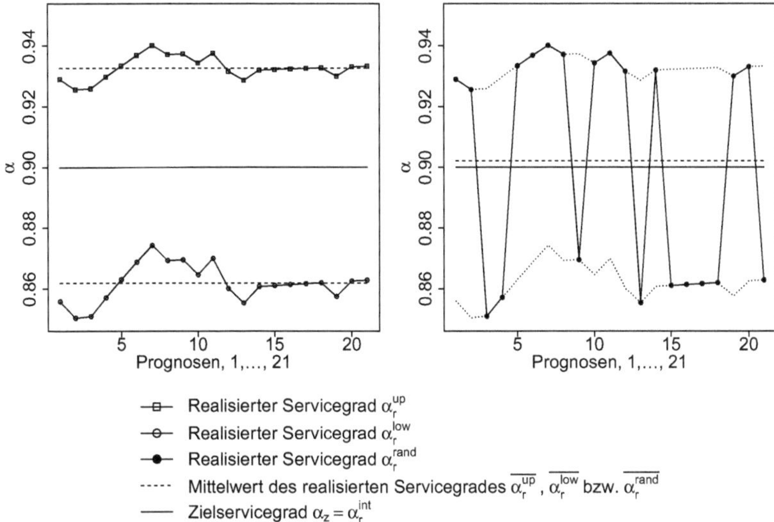

Abbildung 4.7.: Darstellung der realisierten Servicegrade α_r in Abhängigkeit der gewählten Methode zur Quantilsberechnung

Für 100 simulierte Beobachtungen wurde eine dynamische Prognosesimulation ausgehend vom ersten Prognoseursprung an der Stelle 80 durchgeführt. In der linken Grafik von Abbildung 4.8 werden die entsprechend der Methode UP und LOW ermittelten Quantile dargestellt, während auf der echten Seite die randomisiert berechneten Quantile dargestellt sind. Aus den resultierenden Quantilsprognosen bei einem gegebenen Zielservicegrad von $\alpha_z = 0,9$ wird ersichtlich, dass nur bei einer randomisierten Quantilsberechnung, also der gewichteten Mischung aus den Berechnungsalternativen UP und LOW, der realisierte Servicegrad nahezu mit dem Zielservicegrad übereinstimmt.

Grundsätzlich stellt sich die Frage, von welchen Faktoren die Abweichungen zwischen realisiertem Servicegrad und Zielservicegrad abhängen. In Abbildung 4.8 sind die prozentualen Abweichungen zwischen dem Zielservicegrad α_z und dem realisierten Servicegrad α_r in Abhängigkeit von der Methode zur Berechnung der Quantile für unterschiedliche Intensitätsparameter $\lambda_i = 0,1;0,2;\ldots;6$ der Poisson-Verteilung dargestellt. Für jeden einzelnen Parameter λ_i wurden insgesamt 100 Werte simuliert. Ausgehend von diesen 100 Werten für jeden einzelnen λ_i-Parameter wurden Quantilsberechnungen durchgeführt.

Auch hier wurden jeweils die drei unterschiedlichen Quantile $q_t^{low}(L,\alpha_z)$, $q_t^{rand}(L,\alpha_z)$ und $q_t^{up}(L,\alpha_z)$ berechnet. Anhand der resultierenden Quantile wurde dann der realisierte Servicegrad α_r ermittelt und über alle Prognosepunkte gemittelt. Um möglicherweise auftretende Zufallsschwankungen zu eliminieren, wurde jeder einzelne Schritt 100 mal wiederholt und die hieraus resultierenden 100 gemittelten realisierten Servicegrade α_r wurden erneut gemittelt. Die gesamten Berechnungen wurden für die Zielservicegrade

$\alpha_z = 0,3;0,5;0,7;0,9;0,99$ durchgeführt. Entsprechend der Gleichung 4.24 erfolgte abschließend die Berechnung der prozentualen Abweichungen zwischen α_z und α_r. Die Ergebnisse sind in Abbildung 4.8 dargestellt.

Aus Abbildung 4.8 wird ersichtlich, dass die Abweichungen zwischen dem Zielservicegrad α_z und dem realisierten Servicegrad α_r von mehreren Faktoren abhängig sind.

Abbildung 4.8 verdeutlicht, dass die Art der Quantilsberechnung bei einem hohen Zielservicegrad α_z keine besondere Relevanz aufweist. Diese Tatsache ist unabhängig von der Anzahl der innerhalb der Zeitreihe vorhandenen Nullbeobachtungen. Bei geringeren Zielservicegraden muss dann eine differenziertere Betrachtung erfolgen. Die einzelnen Abweichungen zwischen α_z und α_r sind in diesem Fall von der Anzahl der Nullbeobachtungen innerhalb der Zeitreihe abhängig.

Bei verhältnismäßig vielen Nullbeobachtungen, also wenn λ_i eher klein ist, kommt es zu großen Abweichungen zwischen den aus unterschiedlichen Berechnungsmethoden resultierenden Quantilen. Die Abweichungen werden mit zunehmendem λ_i geringer.

Auffällig ist, dass die Abweichungen bei der randomisierten Quantilsberechnung unabhängig von der Anzahl der Nullbeobachtungen innerhalb der Zeitreihe und auch unabhängig von dem unterstellten Zielservicegrad α_z konstant gering sind. Die Evaluation der unterschiedlichen Möglichkeiten der Quantilsberechnung erfolgt in Kapitel 6.

4.4. Evaluation auf Basis des *MAQE*

Eine weiteres in dieser Arbeit verwendetes Maß zur Evaluation von sporadischen Nachfrageprognosen ist der erstmalig definierte ***M**ean **A**bsolute **Q**uantile **E**rror* (*MAQE*). Dieses Maß stellt eine Verbindung zwischen der statistischen und der kostenorientierten Evaluation von Nachfragen dar. Motivation für die Entwicklung dieses Maßes ist der Wunsch nach der Durchführung einer von der Lagerhaltungspolitik unabhängigen Prognoseevaluation auf Basis von Quantilsprognosen. Hierdurch können Evaluationsfehler, die aus der Wahl einer nicht passenden Lagerhaltungspolitik resultieren, vermieden werden.

Das neu entwickelte Maß wird auf Basis einer rollierenden Prognosesimulation ausgehend vom ersten Prognoseursprung N wie folgt berechnet:

1. Lege einen maximalen Prognosehorizont H fest.
2. Wähle einen Zielservicegrad α_z.
3. Berechne für jeden der $j = 1,\dots,T-N-H+1$ Prognoseursprünge die $h = 1,\dots,H$-stufigen Quantilsprognosen $q_{j+h}(h,\alpha_z)$:
   a) Berechne dabei für jede einzelne Quantilsprognose den realisierten Servicegrad α_r.

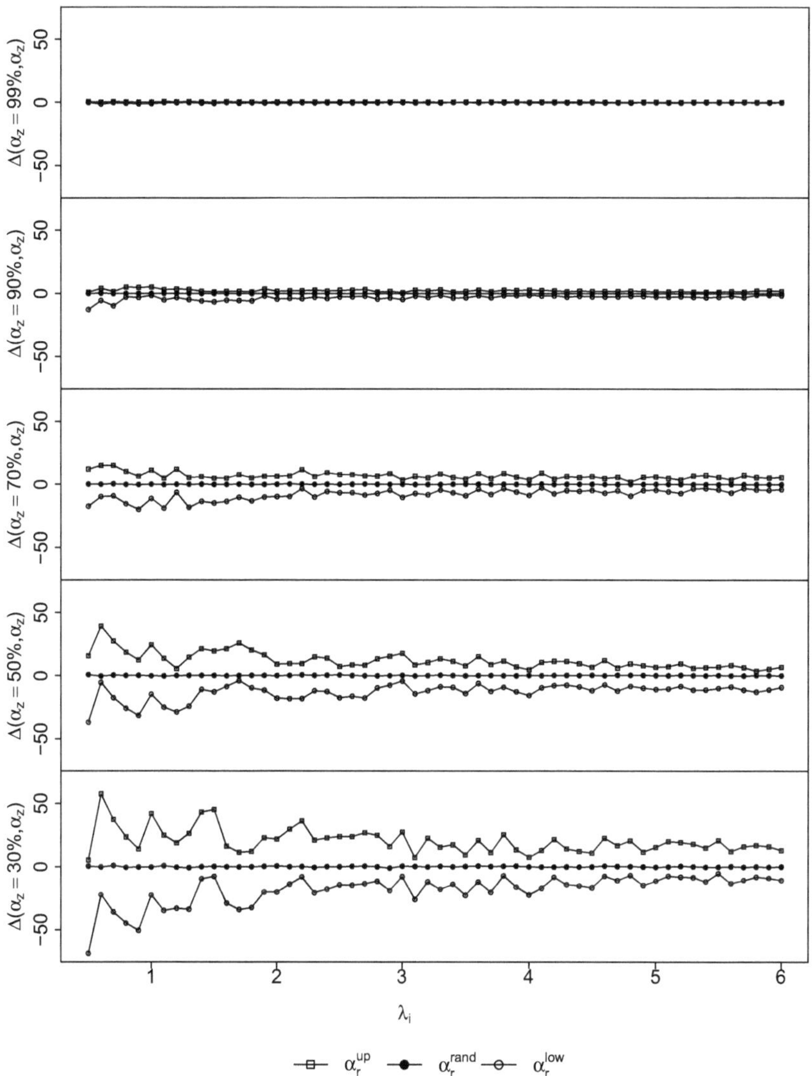

Abbildung 4.8.: Darstellung der prozentualen Abweichungen zwischen unterschiedlichen Zielservicegraden α_z und den korrespondierenden realisierten Servicegraden α_r in Abhängigkeit der gewählten Methode zur Quantilsberechnung und der Anzahl an Nullbeobachtungen der Zeitreihen

b) Überprüfe für jede der $h = 1, \ldots, H$ nachfolgenden Beobachtungen y_{j+h}, ob diese größer oder kleiner als die entsprechende Quantilsprognose $q_{j+h}(h, \alpha_z)$ ist.

c) Gewichte Abweichungen nach oben mit α_r.

d) Gewichte den Absolutbetrag der Abweichungen nach unten mit $(1 - \alpha_r)$.

e) Dividiere die Summe der gewichteten Abweichungen durch H, um den zu einem Prognoseursprung gehörenden $MAQE_j$ zu erhalten.

4. Berechne den durchschnittlichen $MAQE$ auf Basis aller $MAQE_j$ der einzelnen Prognoseursprünge, um für einen Zielservicegrad α_z und einen maximalen Prognosehorizont H das Fehlermaß zu erhalten.

Die beschriebene Vorgehensweise macht deutlich, dass bei diesem Maß nicht wie beim *MAE* die absoluten Abweichungen zwischen den einzelnen Beobachtungen und den jeweiligen Punktprognosen gemittelt werden, sondern die gewichteten Abweichungen zwischen den auftretenden Beobachtungen und den zum Zielservicegrad α_z korrespondierenden Quantilsprognosen $q_t(\alpha_z, h)$.

Die Gewichtung entspricht dabei dem im Rahmen der kostenbasierten Evaluation vorgestellten Vorgehen (vgl. Gleichungen 4.15 und 4.16). Vorteilhaft bei diesem Maß ist, dass im Gegensatz zur statistischen Evaluation nicht mehr implizit von einem α_z von 50% ausgegangen werden muss. Dadurch kann das Maß flexibler für die entsprechenden Zielservicegrade α_z ermittelt werden.

Generell ist an dieser Stelle auch denkbar, dass für die Gewichtung der unter Umständen auftretenden Abweichungen nicht der Zielservicegrad α_z, sondern der realisierte Servicegrad α_r verwendet wird. Diese Entscheidung ist hauptsächlich dann von Bedeutung, wenn die Quantile nicht randomisiert berechnet werden und α_z eher gering ist (vgl. hierzu auch Abbildung 4.8).

Eine Verwendung von α_r kann dann erfolgen, wenn mithilfe des *MAQE* eine stärkere Orientierung hin zur statistischen Evaluation hergestellt werden soll. Im weiteren Verlauf wird der *MAQE*, bei dem die Gewichtung der unter Umständen auftretenden Abweichungen mit dem Zielservicegrad α_z erfolgt, als $MAQEA$ bezeichnet. Erfolgt die Gewichtung mit realisiertem Servicegrad α_r, wird der daraus resultierende *MAQE* als $MAQEB$ bezeichnet.

5. Aufbau der Simulationsstudie

5.1. Verfahrensvergleiche

Grundlegend stellt sich dem Anwender die Frage, welches aus einer Vielzahl von möglichen zur Verfügung stehenden Prognoseverfahren unter welchen Bedingungen am besten abschneidet. Um einzelne Prognoseverfahren gegeneinander zu diskriminieren und unter den prognostischen Rahmenbedingungen das nützlichste Verfahren auszuwählen, eignen sich Prognosewettbewerbe. Besonders viel Beachtung in der statistischen Literatur finden hierbei die sogenannten *M-Competitions*. Ausgangspunkt dieser *M-Competitions* ist die *M1-Competition* (Makridakis et al. (1982)).

Im Rahmen des ersten von Makridakis et al. (1982) durchgeführten Prognosewettbewerbs haben sieben Prognostiker 24 unterschiedliche Methoden auf bis zu 1001 Zeitreihen angewendet. Bei den zugrunde liegenden Zeitreihen, die nicht alle die gleiche Frequenz aufweisen, handelt es sich um Zeitreihen aus den Bereichen der Makroökonomik, der Mikroökonomik, der Industrie und der Demographie. Für jede einzelne Zeitreihe wurde in Rahmen der Studie eine *out of sample*-Prognosesimulation durchgeführt. Die gewählten ersten Prognoseursprünge sind abhängig von der Frequenz der Zeitreihe. Bei Monatsdaten umfasst die erste Teststichprobe 18 Beobachtungen, bei Quartalsdaten acht Beobachtungen und bei Jahresdaten sechs Beobachtungen. Die Prognosegüte wurde mit unterschiedlichen Fehlermaßen und Beurteilungskriterien gemessen (Makridakis et al. (1982)).

Ausgehend von der M1-Competition wurde dann von Makridakis et al. (1993) die *M2-Competition* und von Makridakis und Hibon (2000) die *M3-Competition* durchgeführt. Hierbei ist der Grundgedanke ähnlich. Ausgehend von den *M-Competitions* entwickelte sich in der statistischen Literatur eine rege Diskussion über den Nutzen und die Qualität von Prognoseverfahren und den Möglichkeiten der Beurteilung der Qualität einzelner Prognoseverfahren (vgl. beispielsweise Chatfield (1993), Fildes und Makridakis (1995), Koning et al. (2005), Hyndman und Koehler (2006)).

Für sporadische Zeitreihen wurden solche Prognosewettbewerbe, bei denen die zugrunde liegenden Datensätze einer Vielzahl von Forschern zur Verfügung gestellt werden, bis jetzt nicht durchgeführt. Aus diesem Grund wird in den nächsten Abschnitten in Anlehnung an Tashman (2000) und Küsters (2012) eine auf der Grundidee der *M-Competitions* beruhende Möglichkeit zur Durchführung eines Verfahrensvergleichs für sporadische Zeitreihen dargestellt.

5.2. Verwendete Daten

Ein großer Vorteil der *M-Competitions* ist, dass die verwendeten Daten jedem Interessenten frei zur Verfügung stehen[1]. Des Weiteren beinhalten die zur Verfügung gestellten Datensätze Zeitreihen mit den unterschiedlichsten charakteristischen Eigenschaften. So wird es möglich, die Entwicklung neuer Verfahren und deren Abschneiden im Rahmen der *M-Competition* zu evaluieren (siehe beispielsweise Crone et al. (2005)).

Für sporadische Zeitreihen sind allerdings nur wenige akademische Testdatensätze für mögliche Verfahrensvergleiche vorhanden (Küsters und Speckenbach (2012)). Aus diesem Grund wird in dieser Arbeit neben den in Abschnitt 5.2.2 beschriebenen realen Datensätzen zusätzlich noch auf simulierte Datensätze, die einer ex ante definierten Verteilung folgen, zurückgegriffen.

Des Weiteren ist es bei der Verwendung von simulierten Datensätzen vorteilhaft, dass neben der bekannten Verteilung der Datensätze auch die wahren Verteilungsparameter bekannt sind. Hierdurch kann die Verfahrensqualität explizit in Hinblick auf die ansonsten typischerweise unbekannten Verteilungsparameter des zugrunde liegenden DGPs untersucht werden.

5.2.1. Simulierte Daten

Für die in dieser Arbeit durchgeführte Simulationsstudie wurden ausgehend von vier unterschiedlichen Verteilungsannahmen Datensätze simuliert. Die Datensätze wurden auf Basis

- der Poisson-Verteilung,
- der negativen Binomialverteilung,
- der nullinflationierten Poisson-Verteilung und
- der Hurdle-Poisson-Verteilung

simuliert.

Ein generelles Problem bei der durchgeführten empirischen Studie ist der in Abschnitt 5.3.2 genauer beschriebene erhebliche Rechenaufwand, der erforderlich ist, um die zur Analyse benötigten Kennzahlen, Schätz- und Evaluationsergebnisse zu erhalten. Die langen Rechenzeiten machen es unabdingbar, eine sinnvolle Parameterauswahl für die Datensatzsimulation zu treffen.

Für den Vergleich einzelner Verfahren bzw. Verfahrensvarianten ist von entscheidender Bedeutung, wie sich die aus der Simulation resultierenden Wahrscheinlichkeiten

[1] Links zu den jeweiligen Datensätzen befinden sich auf der Seite: https://forecasters.org/resources/time-series-data/ (zuletzt geprüft: 29.06.2016)

einzelner Ausprägungen der generierten Beobachtungen in Abhängigkeit zu den zugrunde liegenden Simulationsparametern verändern. Ziel ist es, Verteilungsfamilien mit einer hinreichend großen Vielfalt abzubilden und darauf zu achten, dass die spezifischen, aus bestimmten Parameterkonstellationen resultierenden Verteilungen nicht zu stark voneinander abweichen.

Bei simulierten sporadischen Zeitreihen ist darüber hinaus die generelle Nullwahrscheinlichkeit innerhalb der simulierten Beobachtungen von entscheidender Bedeutung. Das für diese Arbeit gewählte Vorgehen zur Ermittlung der unterschiedlichen Verteilungsparameter für die unterstellten Verteilungen kann wie folgt beschrieben werden:

1. Lege eine Verteilungsfamilie fest.
2. Lege zu Beginn eine ausreichend große Anzahl an unterschiedlichen Simulationsparametern der entsprechenden Verteilungsfamilie fest. Die Anzahl ist abhängig von der gewählten Verteilung und wird in den nächsten Abschnitten verteilungsspezifisch erläutert.
3. Lege Ausprägungen $k, k = 0, \ldots, K$ fest, für die bei gegebenen Parametern bzw. gegebener Parameterkonstellation Wahrscheinlichkeiten berechnet werden sollen.
4. Berechne für jede einzelne Parameterkonstellation die entsprechenden K Einzelwahrscheinlichkeiten der jeweiligen Ausprägungen.
5. Berechne die Summe aus den quadrierten Differenzen $\Delta^2_{i;i+1}$ zwischen einer Parameterkonstellation i und der nächsten $i+1$. Diese Summe kann beispielsweise für die Poisson-Verteilung mit Intensitätsparameter i durch

$$\Delta^2_{i,i+1} = \sum_{k=0}^{K} \left(p\left(k \mid \lambda_i\right) - p\left(k \mid \lambda_{i+1}\right)\right)^2 \tag{5.1}$$

   berechnet werden. Hierbei beschreibt $p(k \mid \lambda_i)$ die entsprechende Wahrscheinlichkeitsfunktion der Poisson-Verteilung für die Ausprägung k.
6. Berechne für jede Parameterkonstellation die entsprechende Nullwahrscheinlichkeit $p(k = 0 \mid \ldots)$.
7. Stelle $\Delta^2_{i;i+1}$ sowie $p(k = 0 \mid \ldots)$ grafisch dar und treffe eine Entscheidung über die zur Simulation zu verwendenden Parameterkonstellationen.

Das verteilungsspezifische Vorgehen, die einzelnen Grafiken als Entscheidungsgrundlage, die finalen Parameterbereiche sowie grundlegende deskriptive Kennzahlen der aus der Simulation resultieren Datensätze werden nachfolgend beschrieben.

5.2.1.1. Poisson-Verteilung

Die entsprechend der im vorherigen Abschnitt beschriebenen Vorgehensweise konstruierte Abbildung 5.1 dient zur Auswahl des zur Simulation verwendeten Parameterbereiches des Intensitätsparameters λ der Poisson-Verteilung. Ausgangspunkt ist ein

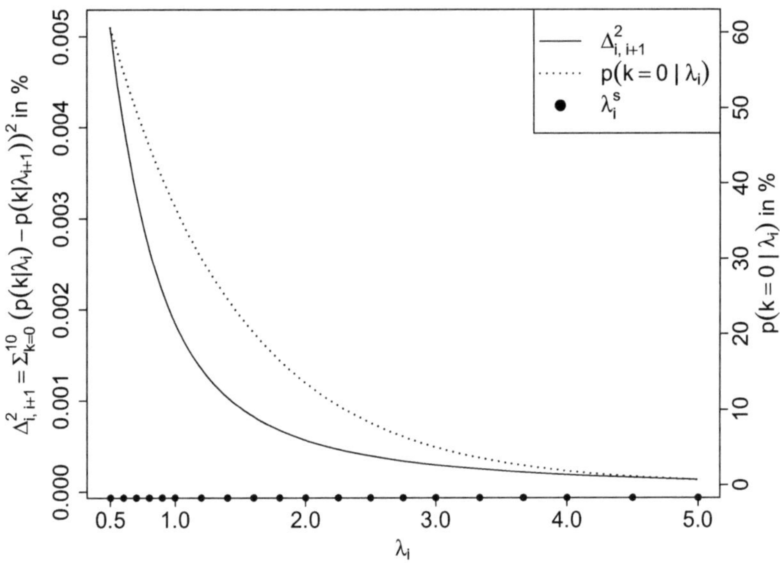

Abbildung 5.1.: Grundlage der Parameterauswahl für den auf Basis der Poisson-Verteilung simulierten Datensatz

zu Beginn angenommener, nicht weiter unterteilter Parameterbereich von $\lambda_i = 0,5$ bis $\lambda_i = 5,0$.

Aus Abbildung 5.1 lässt sich erkennen, dass sich mit steigendem Intensitätsparameter λ_i, also bei der Poisson-Verteilung mit zunehmendem Erwartungswert, die Nullwahrscheinlichkeit verringert. Beträgt die Nullwahrscheinlichkeit bei $\lambda_i = 0,5$ ungefähr 61%, so beträgt diese bei $\lambda_i = 5$ nur noch ca. $0,1\%$. Auch die Summe der quadrierten Differenzen der Abstände zwischen den einzelnen Verteilungen $\left(\Delta^2_{i,i+1}\right)$ wird mit steigendem λ_i immer geringer. Diese Beobachtung in Kombination mit der ebenfalls beobachtbaren Verringerung der Nullwahrscheinlichkeit führt dazu, dass λ im Rahmen einer Simulationsstudie für kleine Werte in geringeren Abständen variiert werden sollte. Für die Simulation des Datensatzes wurden die unterschiedlichen Parameterausprägungen λ_i^s, wie in Tabelle 5.1 dargestellt, ausgewählt.

Aus der in Tabelle 5.1 angegebenen Vorgehensweise zur Auswahl von λ_i^s ergeben sich insgesamt 20 unterschiedliche Parameterausprägungen. Diese sind in Abbildung 5.1 als hervorgehobene Punkte auf der x-Achse dargestellt. Um unter Umständen auftretende simulationsbedingte Zufallsschwankungen ausschließen zu können, werden für jeden einzelnen λ_i^s-Wert zehn Zeitreihen simuliert. Jede der simulierten Zeitreihen weist eine Länge von insgesamt 150 Beobachtungen auf. Diese Länge wurde gewählt,

Tabelle 5.1.: Auswahl der zur Simulation des Datensatzes `pois150` verwendeten Werte λ_i^s

Wertebereich	$0,5 \leq \lambda \leq 1$	$1 < \lambda \leq 2$	$2 < \lambda \leq 3$	$3 < \lambda \leq 4$	$4 < \lambda \leq 5$
Abstand λ_i, λ_{i+1}	$1/10$	$1/5$	$1/4$	$1/3$	$1/2$
Ausgewählte λ_i^s	0,50 0,60 0,70 0,80 0,90 1,00	1,20 1,40 1,60 1,80 2,00	2,25 2,50 2,75 3,00	3,33 3,67 4,00	4,50 5,00

Tabelle 5.2.: Kennzahlen des Poisson-verteilten Datensatzes

Anzahl der simulierten Zeitreihen	200
Zeitreihen mit Nullbeobachtungen	194
ØAnzahl an Nullnachfragen pro Zeitreihe	32,47
Median der positiven Nachfragehöhe	2
Geringste positive Nachfrage	1
Höchste positive Nachfrage	14
Median aller CV^2_{pos}	0,25
Maximaler CV^2_{pos}	0,41
Minimaler CV^2_{pos}	0,09
ϕ empirischer Erwartungswert aller Zeitreihen	2,18
ϕ empirische Varianz aller Zeitreihen	2,19
ϕ empirische Standardabweichung aller Zeitreihen	1,40

um eine in Abschnitt 5.3.2 beschriebene Aufteilung der Zeitreihen in zwei Segmente ($S1$ und $S2$) vornehmen zu können. Hierbei ist zu beachten, dass diese Zeitreihen länger sind als die üblicherweise in der Praxis zur Verfügung stehenden Zeitreihen. Nichtsdestotrotz wurde diese Länge gewählt, damit der im weiteren Verlauf dargestellte Ansatz zur Verfahrensauswahl möglichst ohne simulationssbedingte Zufallsschwankungen evaluiert werden kann.

Die Annahmen führen dazu, dass der simulierte Datensatz `pois150` insgesamt 200 Zeitreihen der Länge 150 beinhaltet. In Tabelle 5.2 sind für den Datensatz zusammenfassende Statistiken angegeben.

Ausgehend von dem simulierten Datensatz kann in einem nächsten Schritt eine Zeitreihenklassifikation entsprechend der in Abschnitt 2.4 beschriebenen Vorgehensweisen durchgeführt werden. Tabelle 5.3 zeigt das Klassifikationsergebnis des Ansatzes von Williams (1984). Für die Klassifikation wurden die in Abbildung 2.8 angegebenen kritischen Werte gewählt. Die Wiederbeschaffungszeit wurde mit $L = 4$ angenommen.

Aus Tabelle 5.3 wird ersichtlich, dass von den fünf unterschiedlichen Klassifikationsalternativen des Ansatzes von Williams (1984) nur zwei benötigt werden. Die Klassifikationsergebnisse des in Abbildung 2.9 skizzierten Verfahrens von Boylan et al. (2008)

Tabelle 5.3.: Ergebnisse der Zeitreihenklassifikation nach Williams (1984) für den Poisson-verteilten Datensatz bei einer angenommenen Wiederbeschaffungszeit von $L = 4$ und einer kritischen Grenze von $0,7$ für $1/\lambda\bar{L}$ und $0,5$ für $CV^2_{pos}/\lambda\bar{L}$

Eigenschaft	Langsamdreher	wenig sporadisch	erratisch	hoch sporadisch	höchst sporadisch
Häufigkeit	187	0	0	13	0

Tabelle 5.4.: Ergebnisse der Zeitreihenklassifikation nach Boylan et al. (2008) für den Poisson-verteilten Datensatz unter der Annahme einer kritischen Grenze von $0,28$ für CV^2_{pos} und $1,34$ für d

Eigenschaft	glatt	erratisch	geklumpt	sporadisch
Häufigkeit	77	50	13	60

sind in Tabelle 5.4 abgetragen. Es wurden die in der Abbildung 2.9 dargestellten kritischen Schranken bei der Klassifikation unterstellt.

Aus Tabelle 5.3 und Tabelle 5.4 wird ersichtlich, dass die jeweiligen Ergebnisse der Klassifikation nicht miteinander verglichen werden können. Es ist des Weiteren zu beachten, dass die Ergebnisse des Verfahrens von Williams (1984) zusätzlich noch von der unterstellten Länge der Wiederbeschaffungszeit, in diesem Fall 4 Perioden, abhängen.

5.2.1.2. Negative Binomialverteilung

Bei der Simulation des negativ binomialverteilten Datensatzes `negbin150` ist im Vergleich zu dem Poisson-verteilten Datensatz zu beachten, dass die negative Binomialverteilung von zwei Parametern α, θ mit dem daraus folgenden Erwartungswert $\lambda = \alpha\theta$ abhängt. Bei der negativen Binomialverteilung entspricht der Parameter λ ebenfalls dem Erwartungswert (vgl. hierzu auch Abschnitt 3.3.2).

Wie bei dem Poisson-verteilten Datensatz wurden die bei der Simulation unterstellten Erwartungswerte λ_i^s in Abhängigkeit von $\Delta^2_{i,i+1}$ und der jeweiligen Nullwahrscheinlichkeit $p(k = 0 \mid \lambda_i, \alpha_i, \theta)$ festgelegt. Es muss allerdings beachtet werden, dass die Poisson-Verteilung nicht in die negative Binomialverteilung überführt werden kann. Äquivalent zu Abbildung 5.1 zeigt Abbildung 5.2 die unterschiedlichen Entwicklungen der entscheidungsrelevanten Größen.

Da die negative Binomialverteilung nicht nur von einem Parameter abhängig ist, wurde im Rahmen der Simulation des Datensatzes der Überdispersionsparameter θ^s für insgesamt vier unterschiedliche Werte fixiert. Durch diese Fixierung können die für die Simulation zusätzlich benötigten Ausprägungen α_i^s gegeben der Erwartungswerte λ_i^s und des Überdispersionsparameters θ^s entsprechend durch

$$\alpha_i^s = \frac{\lambda_i^s}{\theta^s} \tag{5.2}$$

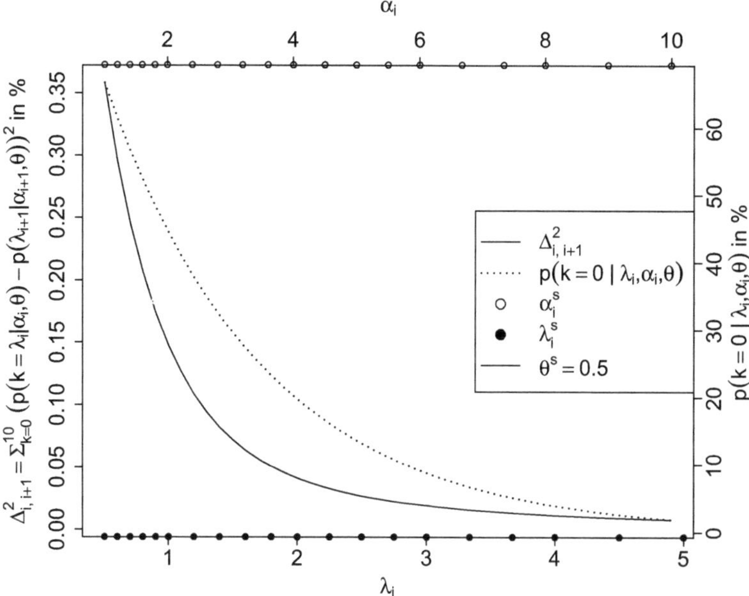

Abbildung 5.2.: Parameterauswahl für den auf Basis der negativen Binomialverteilung simulierten Datensatz bei einer Verankerung von $\theta = 0,5$

berechnet werden. Um im Rahmen der Simulationsstudie darüber hinaus die Auswirkungen der Variation des Überdispersionsparameters θ zu untersuchen, wurde dieser zusätzlich variiert.

Insgesamt wurden vier unterschiedliche Überdispersionsszenarien $\theta_j^s, j = 1,\ldots,4$ angenommen. Hierbei wurde für unterschiedliche Szenarien unterstellt, dass die prozentuale Varianz der negativen Binomialverteilung im Vergleich zur Poisson-Verteilung, bei der der empirische Erwartungswert und die empirische Varianz nahezu identisch sind, um ca. 22% (entspricht $\theta_1^s = 0,5$), 41% (entspricht $\theta_2^s = 1$), 73% (entspricht $\theta_3^s = 2$) und 124% (entspricht $\theta_4^s = 4$) größer ist. Da die einzelnen Erwartungswerte λ_i^s für jedes einzelne θ_j^s aus Gründen der Vergleichbarkeit zum Poisson-verteilten Datensatz identisch bleiben sollen, muss die Gleichung 5.2 durch

$$\alpha_{i,j}^s = \frac{\lambda_i^s}{\theta_j^s} \tag{5.3}$$

modifiziert werden. Es wird ersichtlich, dass bei Gleichung 5.3 im Vergleich zu Gleichung 5.2 die einzelnen α^s-Werte nicht mehr nur von λ_i^s abhängen, sondern nun auch zusätzlich noch von den vier θ_j^s-Werten abhängen. Um Zufallsschwankungen zu vermeiden, wurde, wie bereits auch schon bei dem Poisson-verteilten Datensatz, die entsprechende Simulation der jeweiligen Beobachtungen für eine Parameterkonstellation

Tabelle 5.5.: Kennzahlen des negativ binomialverteilten Datensatzes

	gesamt	$\theta_j^s = 0{,}5$	$\theta_j^s = 1$	$\theta_j^s = 2$	$\theta_j^s = 4$
Anzahl der simulierten Zeitreihen	800	200	200	200	200
Zeitreihen mit Nullbeobachtungen	799	200	199	200	200
ØAnzahl an Nullnachfragen pro Zeitreihe	53,59	40,03	46,73	56,73	70,89
Median der positiven Nachfragehöhe	3	2	2	3	3
Geringste positive Nachfrage	1	1	1	1	1
Höchste positive Nachfrage	45	20	24	35	45
Median aller CV_{pos}^2	0,51	0,36	0,45	0,61	0,84
Maximaler CV_{pos}^2	2,18	0,64	1,22	1,42	2,18
Minimaler CV_{pos}^2	0,18	0,18	0,21	0,31	0,49
$\emptyset$ empirischer Erwartungswert aller Zeitreihen	2,18	2,20	2,17	2,16	2,19
$\emptyset$ empirische Varianz aller Zeitreihen	6,21	3,29	4,28	6,41	10,87
$\emptyset$ empirische Standardabweichung aller Zeitreihen	2,30	1,72	1,96	2,40	3,11

zehn Mal wiederholt. Somit besteht der simulierte negativ binomialverteilte Datensatz aus insgesamt $20 \cdot 4 \cdot 10 = 800$ Zeitreihen mit einer jeweiligen Länge von 150.

Für die spätere Evaluation der simulierten Datensätze ist es unerheblich, dass der negativ binomialverteilte Datensatz sowie die im weiteren Verlauf beschriebenen mischverteilten Datensätze im Vergleich zum Poisson-verteilten Datensatz mehr Zeitreihen beinhalten. Da die Datensätze nicht gemeinsam, sondern einzeln evaluiert werden, ist die unterschiedliche Anzahl an Zeitreihen innerhalb der einzelnen Datensätze irrelevant.

In Tabelle 5.5 sind für den Datensatz zusammenfassende Statistiken in Abhängigkeit des Überdispersionsparameters θ_j^s dargestellt.

Tabelle 5.5 zeigt, dass es mithilfe der negativen Binomialverteilung möglich ist, eine deutlich größere Variation in den Daten abzubilden. Im Vergleich zur Poisson-Verteilung ist es hier auf der einen Seite möglich, mehr Nullbeobachtungen zu modellieren. Auf der anderen Seite ist es zusätzlich möglich, höhere einzelne Nachfragen zu generieren.

Die letzten beiden Zeilen von Tabelle 5.5 verdeutlichen die Überdispersionseigenschaft der negativen Binomialverteilung. Bei nahezu identischen durchschnittlichen empirischen Erwartungswerten variiert die durchschnittliche empirische Varianz (Standardabweichung) der negativen Binomialverteilung zwischen $3{,}29\ (1{,}72)$ und $10{,}87\ (3{,}11)$. Es lässt sich feststellen, dass die durchschnittliche empirische Varianz bzw. Standardabweichung mit zunehmender Anzahl an Nullbeobachtungen steigt. Die entsprechenden Klassifikationsergebnisse nach Williams (1984) sind in Tabelle 5.6 dargestellt.

Wie auch schon bei der Poisson-Verteilung ist hier auffällig, dass aus dieser Klassifikation eine Einteilung in abermals nur zwei unterschiedliche Klassifikationsalternativen resultiert. An dieser Stelle ist fraglich, ob die von Williams (1984) unterstellten Schwellenwerte überhaupt eine trennscharfe Klassifikation von sporadischen Zeitreihen ermöglichen.

Bei den in Tabelle 5.7 dargestellten Ergebnissen der Klassifikation nach dem Ansatz von Boylan et al. (2008) ist auffällig, dass die meisten Ergebnisse nicht als sporadisch klassifiziert werden, sondern vielmehr als geklumpt und erratisch. Dies ist bei

Tabelle 5.6.: Ergebnisse der Zeitreihenklassifikation nach Williams (1984) für den negativ binomialverteilten Datensatz bei einer angenommenen Wiederbeschaffungszeit von $L = 4$, einer kritischen Grenze von $0,7$ für $1/\lambda\overline{L}$ und $0,5$ für $CV_{pos}^2/\lambda\overline{L}$

Eigenschaft		Langsamdreher	wenig sporadisch	erratisch	hoch sporadisch	höchst sporadisch
Häufigkeit	gesamt	604	0	0	196	0
	$\theta_j = 0,5$	171	0	0	29	0
	$\theta_j = 1$	159	0	0	41	0
	$\theta_j = 2$	145	0	0	55	0
	$\theta_j = 4$	129	0	0	71	0

Tabelle 5.7.: Ergebnisse der Zeitreihenklassifikation nach Boylan et al. (2008) für den negativ binomialverteilten Datensatz unter der Annahme einer kritischen Grenze von $0,28$ für CV_{pos}^2 und $1,34$ für d

Eigenschaft		glatt	erratisch	geklumpt	sporadisch
Häufigkeit	gesamt	12	320	448	20
	$\theta_j = 0,5$	12	102	70	16
	$\theta_j = 1$	0	98	98	4
	$\theta_j = 2$	0	79	121	0
	$\theta_j = 4$	0	41	159	0

den in Tabelle 5.5 dargestellten Kennzahlen jedoch nicht überraschend, da mit zunehmendem Überdispersionsparameter θ_j^s die Anzahl der Nullnachfragen pro Periode und der durchschnittliche quadrierte Variationskoeffizient der positiven Beobachtungen steigen. Es handelt sich um die beiden entscheidenden Größen, die zu diesem Klassifikationsergebnis führen (vgl. Abbildung 2.9).

5.2.1.3. Nullinflationierte Poisson-Verteilung

Bei der Simulation des nullinflationiert Poisson-verteilten Datensatzes wird ebenfalls der im Rahmen der Simulation des Poisson-verteilten Datensatzes zugrunde liegende Parameterbereich des Intensitätsparameters λ verwendet (vgl. hierzu Tabelle 3.3.1). Allerdings muss bei der nullinflationierten Poisson-Verteilung berücksichtigt werden, dass es sich bei den einzelnen λ_i nicht mehr um die Erwartungswerte der gesamten Zeitreihe handelt, sondern um die Erwartungswerte der positiven Nachfragen. Um den Erwartungswert der nullinflationierten Poisson-Verteilung zu erhalten, muss der Erwartungswert der positiven Nachfragen zusätzlich noch entsprechend der Gleichung 3.84 mit $(1 - \omega)$ multipliziert werden.

Zur Simulation des Datensatzes werden die einzelnen λ_i^s mit den autonomen Nullwahrscheinlichkeiten $\omega_1^s = 0,1$, $\omega_2^s = 0,2$, $\omega_3^s = 0,3$ und $\omega_4^s = 0,4$ kombiniert. Da für jede einzelne Parameterkonstellation aus λ_i^s und ω_j^s erneut zehn Zeitreihen der Länge 150 simuliert werden, besteht der gesamte nullinflationiert Poisson-verteilte Datensatz `zip150` insgesamt aus 800 Zeitreihen der Länge 150.

Tabelle 5.8.: Kennzahlen des nullinflationiert Poisson-verteilten Datensatzes

	gesamt	$\omega_j^s = 0,1$	$\omega_j^s = 0,2$	$\omega_j^s = 0,3$	$\omega_j^s = 0,4$
Anzahl der simulierten Zeitreihen	800	200	200	200	200
Zeitreihen mit Nullbeobachtungen	800	200	200	200	200
ØAnzahl an Nullnachfragen pro Zeitreihe	61,66	44,39	55,77	67,69	78,78
Median der positiven Nachfragehöhe	2	2	2	2	2
Geringste positive Nachfrage	1	1	1	1	1
Höchste positive Nachfrage	14	14	14	14	14
Median aller CV_{pos}^2	0,26	0,25	0,26	0,25	0,26
Maximaler CV_{pos}^2	0,4	0,39	0,39	0,40	0,40
Minimaler CV_{pos}^2	0,09	0,09	0,10	0,11	0,09
ϕ empirischer Erwartungswert aller Zeitreihen	1,63	1,95	1,75	1,52	1,32
ϕ empirische Varianz aller Zeitreihen	2,78	2,50	2,78	2,88	2,93
ϕ empirische Standardabweichung aller Zeitreihen	1,72	1,48	1,54	1,55	1,55

Um ausgehend von einem einzelnen Parameter λ_i^s in Kombination mit der festgelegten Nullwahrscheinlichkeit ω_j^s insgesamt 150 nullinflationierte Poisson-verteilte Beobachtungen zu generieren, wird für jede einzelne Zeitreihe wie folgt vorgegangen:

1. Simuliere 150 Poisson-verteilte Zufallsvariablen y_i^s mit Intensitätsparameter λ_i^s und fasse diese in einem Vektor zusammen.

2. Simuliere 150 Bernoulli-verteilte Zufallsvariablen $x_i^s \in \{0; 1\}$, bei welchen die Wahrscheinlichkeit, dass $x_i^s = 0$ ist, ω_j^s beträgt, und fasse diese in einem Vektor zusammen.

3. Multipliziere die beiden Vektoren miteinander, um die nullinflationiert Poisson-verteilten Beobachtungen zu erhalten.

In Tabelle 5.8 sind für den simulierten Datensatz zusammenfassende Statistiken in Abhängigkeit von der autonomen Nullwahrscheinlichkeit ω_j^s abgetragen.

Aus Tabelle 5.8 wird ersichtlich, dass mithilfe der simulierten nullinflationierten Poisson-verteilten Zufallsvariablen eine erhebliche Anzahl von Nullbeobachtungen generiert werden kann. Auffällig ist, dass bei der nullinflationierten Poisson-Verteilung bei $\omega_j^s = 0,4$ die durchschnittliche Anzahl an Nullbeobachtungen $78,78\%$ beträgt, wobei die höchste positive Beobachtung 14 beträgt.

Betrachtet man hingegen die Zeitreihen, die einer negativen Binomialverteilung mit fixiertem $\theta_j^s = 4$ folgen, dann wird aus 5.5 ersichtlich, dass bei einer durchschnittlichen Anzahl von Nullbeobachtungen von $70,89\%$ die höchste positive Beobachtung 45 beträgt. Es können also mit der negativen Binomialverteilung deutlich größere Beobachtungsausprägungen modelliert werden.

Bezogen auf die durchschnittliche Varianz der nullinflationierten Poisson-Verteilung lässt sich feststellen, dass diese auch hier mit einer zunehmenden Anzahl an Nullbeobachtungen steigt. Im Vergleich zur negativen Binomialverteilung, bei der im Rahmen der Simulation die Erwartungswerte für einzelne Parameterkonstellationen fixiert sind, nimmt hier der Erwartungswert mit einem zunehmenden Anstieg der Nullbeobachtungen ab. Des Weiteren ist bei einer hohen Anzahl von Nullbeobachtungen die Differenz

Tabelle 5.9.: Ergebnisse der Zeitreihenklassifikation nach Williams (1984) für den nullinflationiert Poisson-verteilten Datensatz bei einer angenommenen Wiederbeschaffungszeit von $L = 4$, einer kritischen Grenze von $0,7$ für $1/\lambda \bar{L}$ und $0,5$ für $CV^2_{pos}/\lambda \bar{L}$

Eigenschaft		Langsamdreher	wenig sporadisch	erratisch	hoch sporadisch	höchst sporadisch
Häufigkeit	gesamt	623	0	21	156	0
	$\omega^s_j = 0,1$	176	0	1	23	0
	$\omega^s_j = 0,2$	160	0	5	35	0
	$\omega^s_j = 0,3$	152	0	4	44	0
	$\omega^s_j = 0,4$	135	0	11	54	0

Tabelle 5.10.: Ergebnisse der Zeitreihenklassifikation nach Boylan et al. (2008) für den nullinflationiert Poisson-verteilten Datensatz unter der Annahme einer kritischen Grenze von $0,28$ für CV^2_{pos} und $1,34$ für d

Eigenschaft		glatt	erratisch	geklumpt	sporadisch
Häufigkeit	gesamt	139	38	200	423
	$\omega^s_j = 0,1$	80	29	21	70
	$\omega^s_j = 0,2$	56	8	57	79
	$\omega^s_j = 0,3$	3	1	61	135
	$\omega^s_j = 0,4$	0	0	61	139

zwischen dem durchschnittlichen Erwartungswert und der durchschnittlichen Varianz deutlich geringer.

Die Klassifikationsergebnisse nach Williams (1984) sind in Tabelle 5.9 abgetragen. Im Vergleich zu den Ergebnissen bei der Poisson-Verteilung und der negativen Binomialverteilung werden hier einige simulierte Zeitreihen als erratisch eingestuft. Die Vielzahl der Zeitreihen wird aber auch hier als langsamdrehend klassifiziert.

Bei dem in Tabelle 5.10 dargestellten Klassifikationsergebnis nach Boylan et al. (2008) lässt sich feststellen, dass die überwiegende Menge der Zeitreihen als sporadisch eingestuft wird. Begründet werden kann dies durch die geringen quadrierten Variationskoeffizienten in Kombination mit einer hohen Nullwahrscheinlichkeit der nullinflationiert Poisson-verteilten Zeitreihen. Auffällig an dieser Stelle ist, dass das Klassifikationsergebnis für Nullwahrscheinlichkeiten von 30% $\left(\omega^s_j = 0,3\right)$ und 40% $\left(\omega^s_j = 0,4\right)$ nahezu identisch ist.

5.2.1.4. Hurdle-Poisson-Verteilung

Das Vorgehen bei der Simulation des Hurdle-Poisson-verteilten Datensatzes `hup150` ähnelt dem Vorgehen bei der Simulation des nullinflationiert Poisson-verteilten Datensatzes. Auch hier wird für den Parameter λ^s_i der zu den anderen Verteilungen identische Parameterbereich entsprechend der Tabelle 5.1 gewählt. An dieser Stelle muss allerdings beachtet werden, dass die einzelnen Werte für λ_i beim Vorliegen von mindestens einer Nullbeobachtung innerhalb der betrachteten Zeitreihe nicht mehr dem Erwartungswert der positiven Nachfragen entsprechen.

Grund hierfür ist, dass bei der Hurdle-Poisson-Verteilung der Wertebereich der Poissonverteilten Beobachtungen auf Ausprägungen gestutzt wird, die größer als Null sind. Diese positiven Beobachtungen werden dann mit einer Nullwahrscheinlichkeit ω_j^s kombiniert (vgl. hierzu Abschnitt 3.3.1). Hierdurch kommt es nicht mehr zu einer Mischung von der aus der Verteilung resultierenden Nullwahrscheinlichkeit $p(k=0 \mid \lambda_i)$ und der autonomen Nullwahrscheinlichkeit ω, wie es bei den nullinflationierten Verteilungen der Fall ist.

Auch bei der Simulation des Hurdle-Poisson-verteilten Datensatzes werden die 20 unterschiedlichen Ausprägungen des Parameters λ_i^s mit den Nullwahrscheinlichkeiten $\omega_1 = 0,1$, $\omega_2 = 0,2$, $\omega_3 = 0,3$ und $\omega_4 = 0,4$ kombiniert. Erneut wurden für jede einzelne Parameterkonstellation insgesamt 10 Zeitreihen der Länge 150 simuliert. Somit beinhaltet dieser Datensatz ebenfalls 800 Zeitreihen.

Um eine Hurdle-Poisson-verteilte Zeitreihe zu simulieren, kann wie folgt vorgegangen werden:

1. Simuliere 150 Poisson-verteilte Zufallsvariablen y_i^s mit Intensitätsparameter λ_i^s.

2. Ziehe für jede Nullbeobachtung innerhalb der Poisson-verteilten Beobachtungen zufällig eine Nichtnullbeobachtung aus den positiven Beobachtungen und ersetze damit die entsprechende Nullbeobachtung.

3. Simuliere 150 Bernoulli-verteilte Zufallsvariablen $x_i^s \in \{0;1\}$, bei welchen die Wahrscheinlichkeit, dass $x_i^s = 0$ ist, ω_j^s beträgt, und fasse sie in einem Vektor zusammen.

4. Multipliziere die beiden Vektoren miteinander, um die gewünschten Hurdle-Poisson-verteilten Beobachtungen zu erhalten.

Die zusammenfassenden Statistiken des Hurdle-Poisson-verteilten Datensatzes sind in Tabelle 5.11 abgetragen.

In Tabelle 5.11 lassen sich die Eigenschaften einer Hurdle-Poisson-Verteilung sehr gut erkennen. Bezogen auf die durchschnittliche Anzahl an Nullbeobachtungen pro Zeitreihe lässt sich beobachten, dass diese nahezu den vorgegebenen Wahrscheinlichkeiten ω_j^s entsprechen. Insgesamt ist die Anzahl der generierten Nullbeobachtungen geringer als bei der nullinflationierten Poisson-Verteilung und der negativen Binomialverteilung.

Im Vergleich zur nullinflationierten Poisson-Verteilung fällt auf, dass die Werte für die geringste bzw. höchste positive Nachfrage, der Median sowie der maximale und minimale CV_{pos}^2- Wert sehr nahe beieinander liegen. Unterschiede gibt es bei den durchschnittlichen Erwartungswerten und Varianzen. Bei $\omega_j^s = 0,1$ kann festgestellt werden, dass diese nahezu identisch sind und man von einer equidispersiven Verteilung ausgehen kann. Erst bei zunehmender Nullwahrscheinlichkeit entwickelt sich eine Überdispersion. Diese ist nicht so stark ausgeprägt wie bei der nullinflationierten Poisson-Verteilung und der negativen Binomialverteilung. Dies resultiert aus der geringeren

Tabelle 5.11.: Kennzahlen des Hurdle-Poisson-verteilten Datensatzes

	gesamt	$\omega_j^s = 0,1$	$\omega_j^s = 0,2$	$\omega_j^s = 0,3$	$\omega_j^s = 0,4$
Anzahl der simulierten Zeitreihen	800	200	200	200	200
Zeitreihen mit Nullbeobachtungen	800	200	200	200	200
ØAnzahl an Nullnachfragen pro Zeitreihe	37,56	14,91	30,48	44,94	59,88
Median der positiven Nachfragehöhe	2	2	2	2	2
Geringste positive Nachfrage	1	1	1	1	1
Höchste positive Nachfrage	15	14	15	13	14
Median aller CV_{pos}^2	0,25	0,24	0,25	0,25	0,25
Maximaler CV_{pos}^2	0,42	0,41	0,41	0,42	0,41
Minimaler CV_{pos}^2	0,09	0,09	0,11	0,09	0,11
Ø empirischer Erwartungswert aller Zeitreihen	1,89	2,28	2,03	1,76	1,52
Ø empirische Varianz aller Zeitreihen	2,70	2,29	2,76	2,87	2,90
Ø empirische Standardabweichung aller Zeitreihen	1,51	1,40	1,53	1,56	1,57

Tabelle 5.12.: Ergebnisse der Zeitreihenklassifikation nach Boylan et al. (2008) für den Hurdle-Poisson-verteilten Datensatz unter der Annahme einer kritischen Grenze von $0,28$ für CV_{pos}^2 und $1,34$ für d

Eigenschaft		glatt	erratisch	geklumpt	sporadisch
Häufigkeit	gesamt	299	116	96	289
	$\omega_j^s = 0,1$	143	57	0	0
	$\omega_j^s = 0,2$	137	54	4	5
	$\omega_j^s = 0,3$	19	5	46	130
	$\omega_j^s = 0,4$	0	0	46	154

Nullwahrscheinlichkeit im Vergleich zur nullinflationierten Poisson-Verteilung und aus der geringeren Nullwahrscheinlichkeit und den geringeren absoluten Höhen der generierten Beobachtungen im Vergleich zur negativen Binomialverteilung.

Im Rahmen des simulierten Datensatzes ist an dieser Stelle die Klassifikation der einzelnen Zeitreihen nach Williams (1984) nicht aussagekräftig, da alle Zeitreihen des Datensatzes als langsamdrehend klassifiziert werden.

Die Ergebnisse der Klassifikation nach Boylan et al. (2008) werden in Tabelle 5.7 wiedergegeben. Interessant bei diesen Klassifikationsergebnissen ist die Beobachtung, dass bei kleinen ω_j^s-Werten die Vielzahl der Zeitreihen als glatt klassifiziert wird, während bei größeren ω_j^s-Werten die Zeitreihen eher als sporadisch klassifiziert werden.

Im Vergleich zur nullinflationierten Poisson-Verteilung ist dies nicht verwunderlich, da bei einer geringeren Anzahl an Nullbeobachtungen die durchschnittliche Lauflänge d geringer ist. Da die quadrierten Variationskoeffizienten der positiven Nachfragen CV_{pos}^2 bei der Hurdle-Poisson-Verteilung und auch bei der nullinflationierten Poisson-Verteilung vergleichsweise klein sind, befindet man sich im Rahmen der Klassifikation überwiegend in den unteren beiden Feldern des in Abbildung 2.9 abgebildeten Klassifikationsschemas. Anders ist es bei der negativen Binomialverteilung: Hier befindet man sich aufgrund der eher hohen CV_{pos}^2-Werte im oberen Bereich des Klassifikationsschemas.

Tabelle 5.13.: Zusammenfassung der empirischen Datensätze

Bezeichnung		Anzahl der Zeitreihen		Eigenschaften			
Datensatz	Abkürzung	Rohdaten	Analysedaten	Länge	Frequenz	Start	Ende
Autoteile1	AT1	2674	2387	51	12	Januar 1998	März 2002
Autoteile2	AT2	3000	3000	24	12	unbekannt	
Flugzeugteile	FT1	753	753	72	12	Juli 1992	Juni 1998

5.2.2. Reale Datensätze

Im Rahmen des durchgeführten Verfahrensvergleichs wurden neben den simulierten Datensätzen zusätzlich noch drei auf realen Zeitreihen beruhende empirische Datensätze auf Monatsbasis verwendet. Hierbei handelt es sich um zwei Datensätze aus dem Bereich der Autoindustrie (AT1[2] und AT2[3]) und einen Datensatz aus der Flugzeugindustrie FT[4]. Informationen zu den Datensätzen sind in Tabelle 5.13 abgetragen.

Tabelle 5.13 zeigt, dass es zwischen der Anzahl der Zeitreihen der Rohdaten und der Anzahl der Zeitreihen der Analysedaten nur beim Datensatz AT1 zu Abweichungen kommt. Diese Abweichung hat zwei Ursachen: Innerhalb des Rohdatensatzes sind insgesamt 150 Zeitreihen vorhanden, die keine oder nur eine Beobachtung beinhalten. Es ist unmöglich, solche Zeitreihen für die Prognoseerstellung zu verwenden.

Die zweite Ursache, die zu Abweichungen führt, beruht darauf, dass nicht alle Zeitreihen in dem Datensatz die gleiche Anzahl an Beobachtungen aufweisen. Insgesamt weisen nach der ersten Bereinigung 137 Zeitreihen eine Länge auf, die kleiner oder gleich 14 ist. Da diese Anzahl an Beobachtungen für einen Verfahrensvergleich zu gering ist und zusätzlich noch 2387 Zeitreihen mit einer Länge von 51 Beobachtungen vorhanden sind, werden diese Zeitreihen nicht weiter berücksichtigt.

Insgesamt umfassen die 2387 verbleibenden Zeitreihen des Datensatzes AT1 vier ganze Zyklen. Die 3000 Zeitreihen des Datensatzes AT2 umfassen zwei volle Zyklen und mussten vor der Schätzung im Rahmen der Simulationsstudie nicht weiter transformiert werden. Auch die 753 Zeitreihen des Datensatzes FT1 mussten nicht transformiert werden und umfassen bei 72 Beobachtungen pro Zeitreihe sechs volle Zyklen. In Tabelle 5.14 werden zusammenfassende Statistiken zu den drei Datensätzen abgetragen.

Tabelle 5.14 zeigt, dass es auch bei den empirischen Datensätzen zu der für sporadische Nachfragen typischen Eigenschaft der Überdispersion kommt. Allerdings muss beachtet werden, dass der hohe Wert bei der Varianz bei dem Datensatz FT durch einzelne Ausreißer verursacht wird. Im Vergleich zu den simulierten Verteilungen variieren die Variationskoeffizienten bei den empirischen Verteilungen stärker. Dies ist nicht verwunderlich, da die Zeitreihen in diesen Datensätzen teilweise deutlich höhere positive

[2] Dieser Datensatz ist Teil der Publikation von Hyndman et al. (2008) und kann über den Link http://www.exponentialsmoothing.net/sites/default/files/carparts.csv heruntergeladen werden (zuletzt geprüft: 29.06.2016).

[3] Dieser Datensatz ist nicht mehr online verfügbar.Er wurde im Jahr 2012 auf der heute umgestalteten Seite http://forecasters.org/ijf heruntergeladen.

[4] Dieser Datensatz ist nicht mehr online verfügbar. Er wurde im Jahr 2010 auf der heute umgestalteten Seite http://www.salford.ac.uk/business-school/research/management-science-and-statistics heruntergeladen.

Tabelle 5.14.: Ausgewählte Kennzahlen der empirischen Datensätze

Datensatz	AT1	AT2	FT
Anzahl der Zeitreihen	2387	3000	753
Zeitreihen mit Nullbeobachtungen	2387	3000	753
ØAnzahl an Nullnachfragen pro Zeitreihe	37,64	5,29	43,92
Median der positiven Nachfragehöhe	1	3	4
Geringste positive Nachfrage	1	1	1
Höchste positive Nachfrage	52	416	10732
Median aller CV_{pos}^2	0,25	0,35	0,68
Maximaler CV_{pos}^2	4,32	14,07	16,94
Minimaler CV_{pos}^2	$\approx 0,00$	$\approx 0,00$	$\approx 0,00$
$\emptyset$ empirischer Erwartungswert aller Zeitreihen	0,53	4,45	8,85
$\emptyset$ empirische Varianz aller Zeitreihen	1,54	63,15	4592,62
$\emptyset$ empirische Standardabweichung aller Zeitreihen	1,00	3,95	17,91

Tabelle 5.15.: Ergebnisse der Zeitreihenklassifikation nach Williams (1984) für die empirischen Datensätze bei einer angenommenen Wiederbeschaffungszeit von $L = 4$, einer kritischen Grenze von $0,7$ für $1/\lambda\bar{L}$ und $0,5$ für $CV_{pos}^2/\lambda\bar{L}$

Eigenschaft		Langsamdreher	wenig sporadisch	erratisch	hoch sporadisch	höchst sporadisch
Häufigkeit	AT1	464	0	1050	873	0
	AT2	299	0	0	1	0
	FT	386	0	85	282	0

Beobachtungen aufweisen. Dies in Kombination mit den ansonsten eher geringeren Nachfragehöhen kann zu großen CV_{pos}^2-Werten führen.

Bei der Klassifikation der realen Datensätze entsprechend dem Verfahren von Williams (1984) sind die Ergebnisse, wie auch schon bei den simulierten Datensätzen, wenig trennscharf. Die Ergebnisse für die drei Datensätze sind in Tabelle 5.15 abgetragen. Es wird ersichtlich, dass hier zwei Klassifikationsklassen nicht besetzt sind.

Betrachtet man die in Tabelle 5.16 dargestellten Klassifikationsergebnisse nach Boylan et al. (2008), so wird ersichtlich, dass hier die Klassifikationsergebnisse eine größere Variation im Vergleich zu den simulierten Datensätzen aufweisen. Mit Ausnahme des Datensatzes AT1 lässt sich feststellen, dass bedingt durch die hohen CV_{pos}^2-Werte die Mehrheit der Zeitreihen als erratisch oder geklumpt eingestuft wird. Bei dem Datensatz AT1 sind die Zeitreihen hingegen weitestgehend sporadisch.

5.3. Simulationsdesign

5.3.1. Verwendete Methoden

Bevor auf die einzelnen im Rahmen des durchgeführten empirischen Verfahrensvergleichs getroffenen Annahmen eingegangen wird, wird das Vorgehen zur Erstellung

Tabelle 5.16.: Ergebnisse der Zeitreihenklassifikation nach Boylan et al. (2008) für die empirischen Datensätze unter der Annahme einer kritischen Grenze von $0,28$ für CV_{pos}^2 und $1,34$ für d

Eigenschaft		glatt	erratisch	geklumpt	sporadisch
Häufigkeit	AT1	11	22	1052	1302
	AT2	542	1512	585	361
	FT	2	102	541	108

der benötigten Prognosen näher beschrieben. Bei der Prognoseerstellung werden bis auf zwei Ausnahmen alle in Kapitel 3 vorgestellten Prognosemodelle und Prognoseverfahren verwendet. Bei den Ausnahmen handelt es sich um den von Snyder (2002) vorgestellten AVAR-Ansatz und um das von Teunter et al. (2011) vorgestellte Verfahren.

Empirische Überprüfungen haben ergeben, dass der AVAR-Ansatz von Snyder (2002) sehr stark von den gewählten Startwerten im Rahmen der Optimierung abhängt. So ist es nicht möglich, die von Snyder (2002) exemplarisch für drei Zeitreihen publizierten Ergebnisse vollständig zu reproduzieren. Für eine Reproduktion reichen die publizierten Informationen nicht aus. Da dieser Ansatz in nachfolgenden anderen Publikationen im Bereich der Prognose von sporadischen Zeitreihen nicht aufgegriffen oder weiter verfolgt wurde, wird dieses Verfahren im Rahmen der durchgeführten Simulationsstudie nicht weiter berücksichtigt.

Bei dem TSB-Verfahren von Teunter et al. (2011) in der ursprünglichen Form besteht das Problem darin, dass es sich um einen heuristischen Ansatz handelt, bei dem die Parameter g_0, z_0, α und β mit $0 \leq \alpha, \beta \leq 1$ und $\beta < \alpha$ gesetzt und nicht datengetriebenen geschätzt werden (vgl. hierzu 3.2.10). Da im Rahmen der Publikation von Teunter et al. (2011) keine Angaben zu sinnvoll gewählten Parameterbereichen veröffentlicht werden, kommt für einen sinnvollen und möglichst objektiven Vergleich im Rahmen der empirischen Studie jedoch nur eine datengetriebene Schätzung in Frage. Diese Schätzung erfordert aufgrund der Parameterrestriktionen einen erheblichen Rechenaufwand. Aus diesem Grund wurde entschieden, dass bei den entsprechenden Schätzungen des TSB-Verfahrens die von Teunter et al. (2011) heuristisch getroffene Annahme $\beta < \alpha$ vernachlässigt wird. Hierdurch konnte die Rechenzeit pro Zeitreihe ungefähr um 75% reduziert werden. Das angepasste Verfahren von Teunter et al. (2011) wird im weiteren Verlauf mit *TSB_1* bezeichnet.

Bei einigen Verfahren wurden außerdem zusätzliche Variationen der unterschiedlichen Schätzmöglichkeiten verwendet. Die dafür verwendeten Methoden und Verfahren einschließlich der im weiteren Verlauf verwendeten Abkürzungen sind in Tabelle 5.17 abgebildet.

Die letzte Spalte von Tabelle 5.17 beschreibt die bei den Quantilsprognosen zugrunde liegenden Verteilungsannahmen. Wenn die Verteilung der zukünftigen Nachfragen nicht empirisch ermittelt wird oder explizit vorgegeben ist, dann werden die Quantile zur Berechnung der über die Wiederbeschaffungszeit kumulierten Nachfrage einmal unter Zuhilfenahme der Poisson-Verteilung und einmal unter Zuhilfenahme der Normalverteilung berechnet.

Tabelle 5.17.: Zum Vergleich verwendete Verfahren und deren Abkürzungen

Verfahrens-klasse	Bezeichnung des Verfahrens	Beschrieben in Abschnitt	Verwendete Abkürzung	Parameter-schätzung ja	Parameter-schätzung nein	Heuristisch gesetzte Parameter	Zugrunde liegende Verteilungsannahme(n) zur Quantilsberechnung
Glättungs-verfahren	Einfache Exponentielle Glättung	3.2.2	Ses	•		–	Poisson und Normal
		3.2.1	Ses_01		•	$\alpha = 0,1 L_0 = y_1$	
			Ses_015		•	$\alpha = 0,15 L_0 = y_1$	
	Croston-Verfahren		Crost	•		–	Poisson und Normal
			Crost_01		•	$\alpha = 0,1 z_0 = y_1$	
			Crost_015		•	$\alpha = 0,15 z_0 = y_1$	
	Schultz-Verfahren	3.2.3	3Crost	•		–	Poisson
	Syntetos und Boylan Approximation	3.2.4	SBA	•		–	Poisson und Normal
			SBA_01		•	$\alpha = 0,1 z_0 = y_1$	
			SBA_015		•	$\alpha = 0,1 z_0 = y_1$	
	LS-Verfahren	3.2.8	LS	•		–	Poisson und Normal
	SBJ-Verfahren	3.2.9	SBJ	•		–	Poisson und Normal
			SBJ_01		•	$\alpha = 0,1 z_0 = y_1$	
			SBJ_015		•	$\alpha = 0,1 z_0 = y_1$	
	TSB-Verfahren	3.2.10	TSB_1	•		–	Poisson und Normal
Verteilungs-modelle	Poisson	3.3.1.1	POIS	•		–	Poisson
	Negativ Binomial	3.3.1.2	NEGBIN	•		–	Negativ Binomial
	Nullinflationiert Poisson	3.3.1.3	ZIP	•		–	Nullinflationiert Poisson
	Hurdle-Poisson	3.3.1.4	HURDLEP	•		–	Hurdle-Poisson
	Verteilungsauswahl	3.3.4	sDist	•		–	Auswahlabhängig
Resampling-Verfahren	Einfacher Bootstrap	3.4.2	SB	–	–	–	empirisch
	Snyder-Ses Ansatz	3.4.3	SesBoot	•		–	
	Snyder-MCROST Ansatz		Mcrost	•		–	
	Snyder-LSA Ansatz		LogSpace	•		–	
	Willemain-Verfahren	3.4.4	Willemain	•		–	
sonstige Verfahren	SBJ-MA-Verfahren	3.2.9	SBJMA		•	$k = 12$	Poisson und Normal
			SBJMA_8		•	$k = 8$	
			SBJMA_4		•	$k = 4$	
	BS-MA-Verfahren	3.2.9	BSMA		•	$k = 12$	Poisson und Normal
			BSMA_8		•	$k = 8$	
			BSMA_4		•	$k = 4$	

Bei den Verfahren SBJMA und BSMA erfolgt die Erstellung der benötigten Prognosen auf Basis einer gleitenden Durchschnittsberechnung. Es werden keine Informationen bzw. Angaben hinsichtlich einer möglichen Varianzschätzung publiziert. Aus diesem Grund wurden im Rahmen der Simulationsstudie die benötigten Varianzen analog zu dem in Küsters et al. (2015) ausführlich erläuterten Vorgehen der Varianzschätzung auf Basis einer rollierenden Prognosesimulation ermittelt.

Neben den 31 in Tabelle 5.17 beschriebenen Verfahren bzw. Verfahrensvarianten wird zusätzlich noch für jede Zeitreihe eine Random-Walk-Prognose und eine Mittelwertprognose (Mean) geschätzt. Bei der *RW*-Prognose wird der letzte zur Verfügung stehende Wert fortgeschrieben. Die RW-Prognose wird durch

$$\hat{y}_{T+h|T} = y_T \tag{5.4}$$

berechnet.

Bei der *MEAN*-Prognose wird der Mittelwert über alle bis zum Prognoseursprung zur Verfügung stehenden Beobachtungen durch

$$\hat{y}_{T+h|T} = \frac{1}{T}\sum_{t=1}^{T} y_t \tag{5.5}$$

gebildet und dann in die Zukunft fortgeschrieben (Hibon (1984)).

Für diese Prognoseverfahren werden die Varianzen ebenfalls auf Basis des in Küsters et al. (2015) beschriebenen Vorgehens geschätzt. Zur Berechnung der Quantilsprognosen wird von normalverteilten Nachfragen ausgegangen. Generell dienen beide Verfahren als Benchmarkverfahren im Rahmen der durchgeführten Simulationsstudie (vgl. hierzu Küsters und Bell (2001)).

Insgesamt erhöht sich so die Zahl der Verfahren bzw. Verfahrensvarianten auf insgesamt 33. Um im weiteren Verlauf eine übersichtlichere Darstellung zu erhalten, werden die 20 Verfahren bzw. Verfahrensvarianten, bei welchen keine expliziten Verteilungsannahmen getroffen und daher die Quantilsprognosen auf Basis der Poisson-Verteilung und der Normalverteilung erstellt werden, als jeweils unterschiedliche Verfahren aufgefasst. Diese Unterteilung führt dazu, dass die Gesamtzahl der im Rahmen der empirischen Studie verwendeten Verfahren bzw. Verfahrensvarianten $n_V = 53$ beträgt.

Werden zusätzlich noch die in Abschnitt 4.3.2 beschriebenen unterschiedlichen Methoden zur Quantilsberechnung berücksichtigt und wird auch hier jede Schätzmethode in Kombination mit einer Art der Quantilsberechnung als eigenständige Methode berücksichtigt, dann ergeben sich für eine Zeitreihe bei gegebenem Zielservicegrad und gegebener Wiederbeschaffungszeit insgesamt 212 unterschiedliche Schätzungen.

Allerdings ist zu berücksichtigen, dass die zu ermittelnden Punktschätzer unabhängig von den entsprechenden Verteilungsannahmen und der Art der Quantilsberechnung sind. Aus diesem Grund sind die statistischen Evaluationsmaße genauso wie die berechneten deskriptiven Kennzahlen bei unterschiedlichen Verteilungsannahmen, Zielservicegraden und Methoden der Quantilsberechnung identisch. Eine Zusammenfassung der ermittelten Kennzahlen und Ergebnisse sowie die dafür benötigten Rechnungen wird im weiteren Verlauf in Tabelle 5.18 und Tabelle 5.21 aufgeführt.

5.3.2. Durchführung und Ergebnisausgabe der Schätzung

Im Rahmen der durchgeführten Schätzungen werden für jedes einzelne Verfahren bzw. für jede einzelne Verfahrensvariante insgesamt 36 Werte ermittelt und geschätzt. Bei diesen Werten handelt es sich um Informationen, Kennzahlen und Evaluationsmaße, welche für eine bessere Übersicht in die fünf Bereiche unterteilt sind:

- Allgemeine bzw. zusätzliche Zeitreiheninformationen ($n_{info} = 6$ Werte)
- Deskriptive Kennzahlen ($n_{DK} = 13$ Kennzahlen)
- Statistische Evaluation ($n_{SE} = 8$ Evaluationsmaße)
- *MAQE*-Evaluation ($n_{MAQE} = 2$ Evaluationsmaße)
- Kostenevaluation ($n_{KE} = 7$ Kennzahlen und Ergebnisse).

Die einzelnen Ausgabewerte in Abhängigkeit des zugeordneten Bereichs sind in Tabelle 5.18 abgetragen und beschrieben.

Für jede der n zugrunde liegenden Zeitreihen innerhalb eines betrachteten Datensatzes werden die in Tabelle 5.18 erläuterten 36 Informationen, Kennzahlen und Maße für jede Kombination der n_V zur Verfügung stehenden Verfahren, der $n_q = 4$ betrachteten Möglichkeiten der Quantilsberechnung und der n_{α_z} Zielservicegrade berechnet.

Bei dem durchgeführten Verfahrensvergleich wurde die Anzahl der betrachteten n_{α_z} unterschiedlichen Zielservicegrade in Abhängigkeit des betrachteten Datensatzes gewählt. Bei den vier simulierten Datensätzen wurden $n_{\alpha_z} = 15$ Zielservicegrade gewählt, um möglichst genau abzugrenzen, welches Verfahren bei welchen charakteristischen Eigenschaften der Zeitreihe in Kombination mit dem angenommenen Servicegrad am besten abschneidet. Konkret wurde der Bereich von $\alpha_{z,i} = 0,3; 0,35; \ldots; 0,9; 0,95; 0,99$ gewählt.

Die Wiederbeschaffungszeit wurde bei den simulierten Datensätzen mit $L = 4$ angenommen. Das Überwachungsintervall r beträgt eine Periode, es wird also in jeder Periode überprüft, ob eine Bestellung ausgelöst werden muss.

Für die Analyse der empirischen Datensätze wurde die Anzahl der zugrunde liegenden Zielservicegrade reduziert. Begründet werden kann die Reduktion durch die Tatsache, dass aus praktischer Sicht viele der bei den simulierten Datensätzen angenommenen Servicegrade in der Regel keine Relevanz aufweisen. Bei den realen Datensätzen wurden die Berechnungen für die $n_{\alpha_z} = 4$ Zielservicegrade $0,5$, $0,8$, $0,9$ und $0,95$ durchgeführt. Der Zielservicegrad von $0,5$ wurde gewählt, um einen im späteren Verlauf erläuterten Zusammenhang zwischen der statistischen Evaluation der Punktschätzer und der zu einem spezifischen α_z-Servicegrad gehörenden kostenbasierten Evaluation überprüfen zu können. Die verbleibenden drei Servicegrade werden häufig als Zielservicegrade in realen Lagerhaltungssystemen verwendet.

Die zu Beginn angenommenen Wiederbeschaffungszeiten bei den empirischen Datensätzen wurden in Abhängigkeit der Länge der Zeitreihen innerhalb der Datensätze

Tabelle 5.18.: Für ein Verfahren ausgegebene Informationen, Kennzahlen und Ergebnisse

Bereich	Name	Ausprägung bzw. Ausgabe
Allgemeine Informationen	`TS`	Laufender Index der untersuchten Zeitreihe
	`Method`	Schätzmethode, ggf. ergänzt um die getroffene Verteilungsannahme (`pois` für die Poisson-Verteilung und `norm` für die Normalverteilung)
	`Parameter`	`est`, wenn die Parameter geschätzt wurden und `set`, wenn die Parameter den wahren, bei der Simulation verwendeten Parametern entsprechen
	`Quantile`	Methode der Quantilsberechnung mit den Ausprägungen `low`, `rand`, `up` und `int`
	`L`	Wiederbeschaffungszeit
	`AlphaSl`	Zielservicegrad α_z
Deskriptive Analyse	`mean`	Mittelwert der Zeitreihe
	`var`	Varianz der Zeitreihe
	`sd`	Standardabweichung der Zeitreihe
	`cv`	Variationskoeffizient der Zeitreihe
	`d`	durchschnittliche Lauflänge zwischen zwei positiven Beobachtungen
	`per.zero`	prozentualer Anteil an Nullbeobachtungen innerhalb der Zeitreihe
	`min`	geringste Ausprägung
	`pos.min`	geringste positive Ausprägung
	`pos.mean`	Mittelwert der positiven Beobachtungen
	`pos.var`	Varianz der positiven Beobachtungen
	`pos.sd`	Standardabweichung der positiven Beobachtungen
	`pos.cv`	Variationskoeffizient der positiven Beobachtungen
	`pos.cv2`	quadrierter Variationskoeffizient der positiven Beobachtungen
Statistische Evaluation	`ME`	Berechnetes Fehlermaß (siehe Tabelle 4.1)
	`MAE`	Berechnetes Fehlermaß (siehe Tabelle 4.1)
	`MSE`	Berechnetes Fehlermaß (siehe Tabelle 4.1)
	`RMSE`	Berechnetes Fehlermaß (siehe Tabelle 4.1)
	`MAPEs`	Berechnetes Fehlermaß *MAPEs* (siehe Gleichung 4.5)
	`MPEm`	Berechnetes Fehlermaß *MPEm* (siehe Gleichung 4.1)
	`MAPEm`	Berechnetes Fehlermaß *MAPEm* (siehe Gleichung 4.2)
	`MASE`	Berechnetes Fehlermaß *MASE* (siehe Gleichung 4.7)
MAQE-Evaluation	`MAQEA`	Berechnetes Fehlermaß *MAQE* mit α_z als Bezugsgröße (vgl. Abschnitt 4.4)
	`MAQEB`	Berechnetes Fehlermaß *MAQE* mit α_r als Bezugsgröße (vgl. Abschnitt 4.4)
Kostenevaluation	`stock.out`	Summe der Fehlmengen (siehe Tabelle 4.2)
	`stock.over`	Summe der Überschussmengen (siehe Tabelle 4.2)
	`cost.out`	Summe der Fehlmengenkosten (siehe Gleichung 4.15 sowie Tabelle 4.3)
	`cost.over`	Summe der Überschussmengenkosten (siehe Gleichung 4.16 sowie Tabelle 4.3)
	`cost.total`	Summe der Gesamtkosten (siehe Gleichung 4.18 sowie Tabelle 4.3)
	`emp.alpha`	Im Rahmen der Lagersimulation ex post ermittelter empirischer α-Servicegrad (siehe Gleichung 4.20)
	`emp.beta`	Im Rahmen der Lagersimulation ex post ermittelter empirischer β-Servicegrad (siehe Gleichung 4.22)

Tabelle 5.19.: Prognoseursprünge für die simulierten Datensätze

Zeitreihenlänge T	110	150
N	70	110
$T-N$	40	40
L bzw. H	4	4

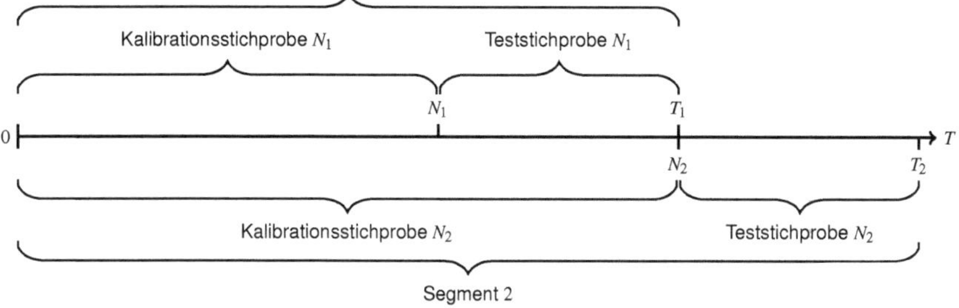

Abbildung 5.3.: Segmentation der simulierten Zeitreihen in zwei teilweise überlappende Bereiche

gewählt. Für die Datensätze AT1 und FT wurde ebenfalls von einer Wiederbeschaffungszeit von $L = 4$ ausgegangen. Für den Datensatz AT2 wurde aufgrund der geringen Länge von 24 Zeitpunkten der Horizont auf $L = 1$ gesetzt. Für alle Schätzungen auf Basis der empirischen Datensätze wurde eine Länge des Überwachungsintervalls r von Eins angenommen.

Um die benötigten Schätzungen, die wie beschrieben alle auf einer rollierenden *out of sample* Prognosesimulation basieren, durchführen zu können, müssen abschließend die Startprognoseursprünge festgelegt werden.

Für die simulierten Datensätze wurden in Abhängigkeit der Zeitreihenlänge die in Tabelle 5.19 dargestellten Evaluationskonfigurationen festgelegt.

Alle simulierten Datensätze basieren auf Zeitreihen der Länge $T = 150$. Diese Zeitreihenlänge hat den Vorteil, dass, wie in Abschnitt 5.3.3 bereits erwähnt, weitere Schätzmethoden aus bereits durchgeführten Schätzungen abgeleitet werden können. Hierfür werden die Zeitreihen innerhalb der ursprünglichen Datensätze in zwei sich teilweise überlappende Bereiche segmentiert. Wie in Tabelle 5.19 verdeutlicht, weisen die verkürzten Datensätze eine Länge von $T_1 = 110$ auf. Die Zeitreihen in dem ursprünglichen Datensatz haben die Länge $T_2 = 150$. Die Segmentation der Zeitreihen wird exemplarisch in Abbildung 5.3 dargestellt.

Im Folgenden werden die Schätzergebnisse, die ausgehend von der ersten Kalibrationsstichprobe $(1,\ldots,N_1)$ und Teststichprobe $(N_{1+1},\ldots,T_1)$ ermittelt werden, als Schätz- und Evaluationsergebnisse des Segments 1 bezeichnet. Dementsprechend werden die ausgehend von der Kalibrationsstichprobe $(1,\ldots,N_2)$ und der dazu korrespondie-

Tabelle 5.20.: Prognoseursprünge für die realen Datensätze

Datensatz	AT1	AT2	FT
Frequenz	12	12	12
T	51	24	72
N	39	20	60
$T-N$	12	4	12
L bzw. H	4	1	4

renden Teststichprobe $(N_{2+1},\ldots,T_2)$ ermittelten Schätz- und Evaluationsergebnisse als Ergebnisse des Segments 2 bezeichnet (vgl. Abbildung 5.3).

Die für die realen Datensätze im Rahmen der Prognosesimulation getroffenen Annahmen werden in Tabelle 5.20 dargestellt.

Bei den realen Datensätzen ist zu beachten, dass die aus den in Tabelle 5.20 angegebenen Prognoseursprüngen resultierenden Teststichproben im Vergleich zu den simulierten Datensätzen deutlich kürzer sind. Bei der auf Basis des Datensatzes AT2 durchgeführten Prognosesimulation beinhaltet die erste Teststichprobe lediglich vier Beobachtungen.

Wie bereits in Abschnitt 5.3.1 erwähnt, muss berücksichtigt werden, dass im Rahmen der Berechnung nicht jedes in Tabelle 5.18 angegebene Ergebnis für jede Kombination aus Verfahren, Methode der Quantilsberechnung und Servicegrad berechnet werden muss.

Auch wenn jede einzelne Kombination im Rahmen der Schätzung als einzelne Methode aufgefasst wird, so sind die deskriptiven Kennzahlen und die statistischen Evaluationsmaße unabhängig von der gewählten Methode der Quantilsberechnung und des angenommenen Zielservicegrades. Nichtsdestotrotz ist der benötigte Rechenaufwand, wie im weiteren Verlauf beschrieben, nicht unerheblich.

Die konkrete Anzahl der berechneten Ergebnisse und Kennzahlen für einzelne Zeitreihen und für alle Zeitreihen innerhalb der unterschiedlichen untersuchten elf Datensätze werden in Tabelle 5.18 exemplarisch für fünf Datensätze angegeben. Die Anzahl der Ergebnisse für die sechs nicht in Tabelle 5.18 berücksichtigten Datensätze ist äquivalent zu der Anzahl der Ergebnisse der dargestellten Datensätze. Der Grund hierfür ist, dass die Länge der Zeitreihen keinen Einfluss auf die Anzahl der ermittelten Schätzergebnisse hat. So ist die Anzahl der durchzuführenden Schätzungen des Datensatzes pois110 identisch zu denen des Datensatzes pois150. Die Anzahl der Schätzungen bei den Datensätzen zip110, hup110, negbin110, hup150 sowie negbin150 stimmt mit der in Tabelle 5.18 dargestellten Anzahl an Ergebnissen des Datensatzes zip150 überein.

Grundsätzlich ist zu berücksichtigen, dass im Rahmen der Schätzung bei bestimmten Verfahren numerische Probleme auftreten können (vgl. Abschnitt 3.2.12 auf Seite 37). Diese führen dazu, dass bestimmte Kennzahlen und Ergebnisse bei einer gegebenen Zeitreihe für manche Verfahren oder für Kombinationen aus Verfahren, Methoden der Quantilsberechnung und Servicegraden nicht berechnet werden können. In

Abhängigkeit des Zeitpunktes, an dem ein Fehler auftritt, führt dies zu einer Reduktion der tatsächlich berechneten Werte. Grundsätzlich lässt sich allerdings feststellen, dass die verwendeten Verfahren relativ robust sind. Aus diesem Grund ist die aus der Nichtschätzbarkeit resultierende Reduktion der ermittelten Ergebnisse vernachlässigbar gering.

Aus Tabelle 5.21 wird ersichtlich, dass die Anzahl an ermittelten Ergebnissen im Rahmen der deskriptiven Analyse und auch im Rahmen der statistischen Evaluation verhältnismäßig gering ist. Erst, wenn eine MAQE oder eine Kostenevaluation durchgeführt wird, steigt die Anzahl der zu berechnenden Werte und die daraus resultierende Anzahl auszuwertender Fälle erheblich an. Die in Tabelle 5.21 dargestellte Anzahl an durchzuführenden Rechnungen und der damit verbundene Bedarf an CPU-Stunden macht deutlich, dass diese nicht auf einem herkömmlichen Computer berechnet werden können. So würden die Schätzungen beispielsweise für den Datensatz `zip150` auf einem PC mit einem Dual-Core-Prozessor mehr als $2,5$ Jahre dauern.

Um die Schätzungen dennoch in einer angemessenen Zeit durchführen zu können, wurden diese auf dem *Linux-Cluster* des Leibniz-Rechenzentrums in München durchgeführt[5]. Auf dem *Linux-Cluster* wurden die benötigten Schätzungen auf bis zu 204 Prozessoren parallel berechnet. So konnte die Rechenzeit zur Ermittlung der für die Analyse benötigten Schätzergebnisse bei dem exemplarisch genannten nullinflationiert Poisson-verteilten Datensatz `zip150` auf etwas mehr als neun Tage reduziert werden.

Grundsätzlich könnte auf eine noch höhere Anzahl von Prozessoren zurückgegriffen werden. Hier hat sich allerdings gezeigt, dass eine Erhöhung der Anzahl an genutzten Prozessoren zu einer Verlängerung der Wartezeit zwischen Rechenauftragsübermittlung und Beginn der eigentlichen Berechnungen führt. Um die Schätzungen auf dem *Linux-Cluster* berechnen zu können, mussten zahlreiche Modifikationen, Anpassungen und Erweiterungen an dem zugrunde liegenden Programmcode vorgenommen werden. Grund hierfür ist das zugrunde liegende *Linux*-Betriebssystem. Die ursprünglich auf einem *Windows*-Betriebssystem entwickelten und auf einzelnen Rechnern parallelisierbaren Algorithmen konnten nicht auf dem *Linux-Cluster* ausgeführt werden. Hierfür musste zuerst gemeinsam mit Mitarbeitern des Leibniz-Rechenzentrums eine spezielle *.proflie*-Datei für den speziellen Anwendungsfall entwickelt werden.

5.3.3. Aus Schätzergebnissen abgeleitete Methoden

Wie bereits im vorherigen Abschnitt beschrieben und in Abbildung 5.3 dargestellt, wurden die Zeitreihen innerhalb der simulierten Datensätze in zwei Segmente $S1$ und $S2$ aufgeteilt. Dies ermöglicht, aus den Evaluationsergebnissen des ersten Bereichs Handlungsempfehlungen für die zukünftige Modell- bzw. Verfahrenswahl abzuleiten und diese umgehend im Rahmen der Analyse der Schätzergebnisse des zweiten Segments $S2$ zu evaluieren. So kann beispielsweise festgestellt werden, welche Kosten (ermittelt auf Basis der Schätzergebnisse des zweiten Bereichs) aus der Verfahrensauswahl anhand eines bestimmten Kriteriums (ermittelt auf Basis der Schätzergebnisse des ersten Bereichs) resultieren würden.

[5] Die genaue Hardwarebeschreibung des verwendeten *Linux-Clusters* ist auf der Internetseite des Leibniz-Rechenzentrums (http://www.lrz.de/) beschrieben.

Tabelle 5.21.: Darstellung der durchzuführenden Berechnungen pro Datensatz

Bestandteile der Berechnungen			Datensatzbezeichnung				
			pois150	zip150	AT1	AT2	FT
Kontextvariablen		n	200	800	2387	3000	753
		n_V	53	53	53	53	53
		n_{α_z}	15	15	4	4	4
		n_q	4	4	4	4	4
		n_{DK}	13	13	13	13	13
		n_{SE}	8	8	8	8	8
		n_{MAQE}	2	2	2	2	2
		n_{KE}	7	7	7	7	7
Anzahl der berechneten Ergebnisse	für eine Zeitreihe und ein Verfahren	n_{DK}	13	13	13	13	13
		n_{SE}	8	8	8	8	8
		$n_{MAQE} \cdot n_{\alpha_z} \cdot n_q$	120	120	32	32	32
		$n_{KE} \cdot n_{\alpha_z} \cdot n_q$	420	420	112	112	112
		Σ	561	561	165	165	165
	für eine Zeitreihe und alle Verfahren	$n_{DK} \cdot n_V$	689	689	689	689	689
		$n_{SE} \cdot n_V$	424	424	424	424	424
		$n_{MAQE} \cdot n_{\alpha_z} \cdot n_V \cdot n_q$	6.360	6.360	1.696	1.696	1.696
		$n_{KE} \cdot n_{\alpha_z} \cdot n_V \cdot n_q$	22.260	22.260	5.936	5.936	5.936
		Σ	29.733	29.733	8.745	8.745	8.745
	für alle Zeitreihen und alle Verfahren	$n \cdot n_{DK} \cdot n_V$	137.800	551.200	1.644.643	2.067.000	518.817
		$n \cdot n_{SE} \cdot n_V$	84.800	339.200	1.012.088	1.272.000	319.272
		$n \cdot n_{MAQE} \cdot n_{\alpha_z} \cdot n_V \cdot n_q$	1.272.000	5.088.000	4.048.352	5.088.000	1.277.088
		$n \cdot n_{KE} \cdot n_{\alpha_z} \cdot n_V \cdot n_q$	4.452.000	17.808.000	14.169.232	17.808.000	4.469.808
		Σ	5.946.600	23.786.400	20.874.315	26.235.000	6.584.985

Um diese Art der Verfahrensauswahl durchführen zu können, wurden aus den Schätz- bzw. Evaluationsergebnissen des ersten Bereichs weitere Methoden entwickelt. Diese im Rahmen der Evaluation in Segment $S1$ unter den jeweiligen Kriterien *ME*, *MAE*, *MSE*, *MAPSEs*, *MPEm*, *MAPEm*, *MASE*, *MAQEA*, *MAQEB* und *Costs* optimalen Verfahren werden im weiteren Verlauf als bME, bMAE, bMSE, bMAPEs, bMPEm, bMAPEm, bMASE, bMAQEA, bMAQEB und bCosts bezeichnet. Sie stellen jeweils das Verfahren für eine Zeitreihe dar, welches auf Basis der Schätzungen des ersten Bereichs den geringsten Wert des entsprechenden Fehlermaßes bzw. der Kosten im Vergleich zu den anderen Verfahren aufweist. Für eine spezifische Konstellation handelt es sich somit um das beste Modell.

Grundsätzlich besteht das Problem, dass die Evaluationsergebnisse des Bereichs T_1 nicht immer eindeutig sind. Hierbei kann es vorkommen, dass mehre Verfahren bzw. Verfahrensvarianten zu identischen Evaluationsmaßen führen. Exemplarisch wird dies in Tabelle 5.22 anhand des Datensatzes `pois110` und den Verteilungsschätzungen verdeutlicht.

Tabelle 5.3.3 zeigt, dass teilweise einzelne Ränge mehrfach vergeben werden. Dies lässt anhand der Spalte $\sum$ Rang 1 erkennen. Bei insgesamt 200 betrachteten Zeitreihen und einer eindeutigen Auswahl wird der erste Rangplatz 200 mal vergeben. Aus Tabelle 5.3.3 wird deutlich, dass die Summe der ersten Rangplätze teilweise deutlich größer als die Anzahl der zugrunde liegenden Zeitreihen ist. Dies zeigt, dass die Auswahlmethoden teilweise eine geringe Trennschärfe aufweisen. Wenn der erste Rangplatz mehrmals vergeben wird, dann wird das Verfahren ausgewählt, welches bezogen auf den gesamten Datensatz am häufigsten mit dem ersten Rangplatz bewertet worden ist.

5.4. Verwendete Software

Alle für diese Arbeit benötigten Berechnungen wurden alle mithilfe der Software *R* (Version *3.0.2*) durchgeführt. Bei der Software *R* handelt es sich um eine *Open Source* Statistik-Software, bei der die zur Verfügung gestellte Basisdistribution um eine Vielzahl zusätzlicher in Paketen zusammengefasster Funktionen erweitert werden kann (vgl. R Development Core Team (2013)). Die Entwicklung der Algorithmen wurde überwiegend auf Rechnern mit dem Betriebssystem *Windows 7* durchgeführt. Die Berechnungen wurden wie in Abschnitt 5.3.2 auf Seite 97 beschrieben, größtenteils auf einem Cluster des Leibnitz-Rechenzentrums mit *Linux*-Betriebssystem durchgeführt.

Neben den Standardbibliotheken an Funktionen wurde im Rahmen der Simulationsstudie auf weitere Funktionen aus den im Anhang A.4 in Tabelle A.15 dargestellten Paketen zurückgriffen.

Generell wurde die Anzahl der zusätzlich verwendeten Bibliotheken bewusst gering gehalten. Alle in Kapitel 3 dargestellten Prognosemethoden und -verfahren wurden eigenständig in Anlehnung an die Originalliteratur implementiert. Hierbei wurden nur teilweise Funktionen aus anderen Bibliotheken für einzelne Berechnungsschritte verwendet. Gleiches gilt auch für die entwickelten Algorithmen zur Prognoseevaluation und zur Verfahrensauswahl.

Tabelle 5.22.: Absolute Häufigkeiten der ersten Rangplätze für den Datensatz `pois110` mit $\alpha_z = 0,8$ und `quant=UP`

Auswahl	Verfahren					Σ Rang 1	Finale Auswahl				
	POIS	NEGBIN	ZIP	HURDLEP	sDist		POIS	NEGBIN	ZIP	HURDLEP	sDist
ME	11	**134**	19	16	32	212	10	**134**	18	10	28
MAE	20	**71**	66	26	34	217	19	**71**	66	15	29
MSE	22	**73**	60	28	32	215	21	**73**	60	18	28
MPEm	10	**136**	19	17	32	214	9	**136**	18	10	27
MAPEm	12	**131**	24	16	27	210	12	**131**	23	10	24
MAPEs	11	**109**	44	18	31	213	11	**109**	44	9	27
MASE	20	**70**	68	25	32	215	19	**70**	68	15	28
MAQEA	34	25	**123**	12	18	212	34	25	**123**	6	12
MAQEB	164	159	151	144	**166**	784	15	8	9	2	**166**
cost.total	10	**125**	88	106	74	403	8	**125**	18	33	16

6. Empirische Ergebnisse

6.1. Grundlagen

Die in diesem Abschnitt dargestellte Verfahrensauswahl beruht auf Regressionsschätzungen. Ziel hierbei ist die Darstellung einer Entscheidungsgrundlage, die es dem Anwender ermöglicht, bei gegebenem Datensatz und Zielservicegrad die optimale Kombination aus Verfahren und Alternative der Quantilsberechnung auszuwählen.

Um die Schätzergebnisse übersichtlich darstellen zu können, wird vor der eigentlichen Analyse die Anzahl der zu schätzenden Verfahren und Verfahrensvarianten reduziert.

Eine Verfahrensreduktion kann entweder manuell oder automatisiert erfolgen. Aufgrund der Anzahl an verwendeten Verfahren bzw. Verfahrensvarianten ist eine automatisierte Verfahrensauswahl sinnvoll. Im weiteren Verlauf werden die Verfahrensvorauswahl, die Regressionsrechnung und die Interpretation der Schätzergebnisse anhand eines Beispiels erläutert.

6.1.1. Manuelle Verfahrensvorauswahl

Im Rahmen der Verfahrensvorauswahl werden für jeden zu untersuchenden Datensatz diejenigen Verfahren und Verfahrensvarianten nicht weiter berücksichtigt, die den anderen Verfahren und Verfahrensvarianten im direkten Vergleich unterlegen sind. Hierfür wird für jede Zeitreihe innerhalb des Datensatzes ein Verfahrensranking durchgeführt. Das Verfahren, welches nach einem gewählten Evaluationsmaß (vgl. Kapitel 4 für zur Auswahl stehende Evaluationsmaße) dabei am besten abschneidet, bekommt den Rangplatz Eins zugeordnet (Küsters et al. (2015)).

Praktisch sollte ein Anwender bei einem gegebenen Lagerhaltungssystem das Prognoseverfahren auswählen, welches zu einer Kostenminimierung der Lagerhaltungskosten führt. Aus diesem Grund erfolgt die finale Bewertung der kombinierten Prognose- und Lagerhaltungssystemgüte mithilfe des Evaluationsmaßes *cost.toal* (vgl. Tabelle 5.18).

Bei der Bewertung muss berücksichtigt werden, dass die Schätzergebnisse von dem gewählten Zielservicegrad α_z abhängig sind. Diese Abhängigkeit hat zur Folge, dass die Ergebnisse und die daraus abgeleiteten Handlungsempfehlungen nur für den jeweils spezifisch gewählten Zielservicegrad α_z gelten und für andere Zielservicegrade unter Umständen anders ausfallen können.

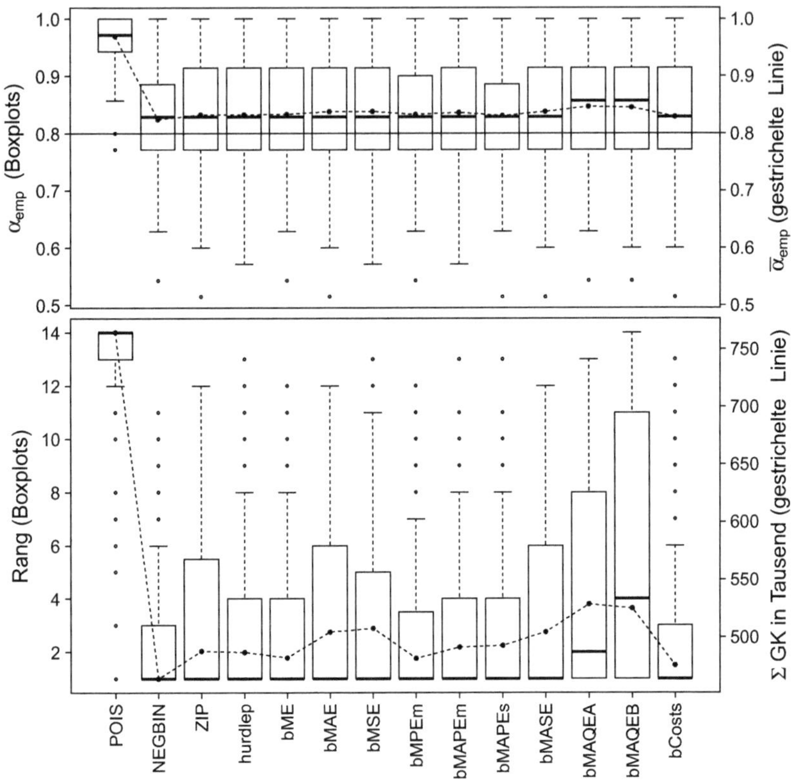

Abbildung 6.1.: Darstellung der Ränge und der empirischen Servicegrade ausgewählter Methoden für den Datensatz POIS150 ($\alpha_z = 0,8$; Alternative der Quantilsberechnung: *UP*)

Nachfolgend wird die entwickelte Methodologie zur Verfahrensvorauswahl anhand der Verteilungsschätzungen für den Poisson-verteilten Datensatz pois150 und einen Zielservicegrad von $\alpha_z = 0,8$ exemplarisch verdeutlicht. Die Ergebnisse für alle Verfahren und alle Datensätze werden im Anschluss in den Abschnitten 6.2 und 6.2.3 ausführlich dargestellt. Das Vorgehen für die exemplarisch verwendeten Schätzergebnisse, bei denen die Verfahren bzw. Verfahrensvarianten bereits um die Schätzergebnisse der in Abschnitt 5.3.3 beschriebenen Methoden erweitert sind, kann wie folgt beschrieben werden:

1. Auswahl einer Quantilsberechnungmethode $quant \in \{LOW, RAND, UP, INT\}$.

2. Extraktion der geschätzten Gesamtkosten für alle Verfahren und Verfahrensvarianten und Durchführung des Methodenrankings.

Tabelle 6.1.: Grafisch ausgewählte Methoden für den Datensatz `pois150` für $\alpha_z = 0,8$

Quantilsberechnung	Ausgewählte Verfahren
LOW	NEGBIN, bME, bMAQEB
RAND	NEGBIN, bME, bMPEm
UP	NEGBIN, bCosts
INT	NEGBIN, bME, bMPEm

3. Die Ergebnisse des Methodenrankings werden mithilfe von Box-Whisker-Plots (siehe unterer Teil von Abbildung 6.1) dargestellt. Zusätzlich werden die ex post über die gesamte Teststichprobe ermittelten empirischen Servicegrade α_{emp} mithilfe von Boxplots dargestellt (siehe oberer Teil von Abbildung 6.1). Die beiden über alle Box-Whisker-Plots durchgehenden Linien stellen im oberen Bereich der Grafik die durchschnittlichen α_{emp}-Servicegrade für alle Zeitreihen pro Datensatz dar und im unteren Bereich die Gesamtkosten pro Verfahren und Datensatz. Bei der gepunkteten Linie im oberen Teil der Grafik handelt es sich um den a priori gesetzten Zielservicegrad α_z. Die Whisker-Grenzen der Box-Whisker-Plots betragen $1,5$.

4. Ausgehend von Abbildung 6.1 kann mit der Selektion geeigneter Verfahren begonnen werden. Aufgrund der Tatsache, dass Rangplätze auch mehrfach vergeben werden können, ist die Auswahl nicht eindeutig. So führen alle bis auf drei Verfahren im vorliegenden Beispiel in mindestens 50% der Fälle zu geringeren oder gleichen Kosten im Vergleich zu allen anderen Verfahren und damit zum ersten Rang.
Unterschiede ergeben sich erst bei der Verteilung der hinteren Rangplätze einzelner Verfahren. Betrachtet man die durch das $3.$ Quartil determinierte Grenze, dann fällt auf, dass die Methoden NEGBIN und bCosts am besten abschneiden. Sie belegen in 75% der Fälle mindestens den dritten Rang. Diese Beobachtung spiegelt sich auch in den im unteren Teil der Grafik dargestellten geringsten Gesamtkosten wider. Sie sind für die Methode NEGBIN etwas geringer als für die Methode bCosts.
Für eine genauere Analyse werden jetzt die Verfahren ausgewählt, die bei guten Platzierungen und geringen Gesamtkosten eine möglichst geringe Streuung des empirischen Servicegrades aufweisen und möglichst in der Nähe des a priori gesetzten Zielservicegrads liegen; im vorliegenden Fall wären das die Verfahren NEGBIN und bCosts.

5. Durchführung der Schritte 1-4 für die drei weiteren Alternativen der Quantilsberechnung, um auch für diese die optimalen Schätzverfahren zu erhalten.

In Tabelle 6.1 sind für alle vier möglichen Varianten der Quantilsberechnung die im Voraus ausgewählten Verfahren aufgeführt. Die insgesamt $J = 5$ ausgewählten Verfahren werden im weiteren Verlauf unter Berücksichtigung der Methode der Quantilsberechnung und weiteren Zeitreiheneigenschaften mithilfe von Regressionsmodellen miteinander verglichen, um abschließend Empfehlungen für die datensatzspezifische Wahl eines Prognoseverfahrens ableiten zu können.

6.1.2. Automatisierte Verfahrensvorauswahl

Bei dem im vorherigen Abschnitt beschriebenen manuellen Verfahren zur Verfahrensreduktion für die spätere genauere Analyse besteht grundsätzlich das Problem, dass diese sehr aufwendig ist. Dies ist der Fall, wenn grundsätzlich eine Vielzahl von Verfahren a priori zur Verfügung steht und die Alternativen nicht nur für einen, sondern für mehrere unterschiedliche Zielservicegrade genauer analysiert werden sollen.

Abbildung 6.2 verdeutlicht diese Schwierigkeiten, indem äquivalent zu Abbildung 6.1 die Ergebnisse des Methodenrankings für den Datensatz `pois150` dargestellt werden. Es wird erneut ein Zielservicegrad von $\alpha_z = 0,8$ angenommen. Die Quantile resultieren aus einer Quantilsberechnung basierend auf der Variante *UP*.

Die in Abbildung 6.2 dargestellte Grundlage für den grafischen Verfahrensvergleich beinhaltet alle in dieser Arbeit zur Verfügung stehenden Schätzverfahren und deren Varianten. Es zeigt sich, dass eine rein grafische Verfahrensauswahl sehr aufwendig und nahezu unmöglich ist. An dieser Stelle ist zusätzlich zu beachten, dass Abbildung 6.2 lediglich eine Kombination aus einem Zielservicegrad und einer spezifischen Alternative der Quantilsberechnung visualisiert. Bei vier unterschiedlichen Zielservicegraden und vier alternativen Möglichkeiten der Quantilsberechnung müssen für jeden zu untersuchenden Datensatz insgesamt 16 Grafiken zur Verfahrensauswahl herangezogen werden. Dies ist visuell nicht mehr leistbar.

Um den Auswahlprozess zu vereinfachen und praktikabler zu gestalten, wird in dieser Arbeit auf eine neu entwickelte und automatisierbare Verfahrensvorauswahl zurückgegriffen. Bei dem entwickelten Vorgehen stehen aus der praktischen Sicht des Anwenders drei Entscheidungskriterien im Vordergrund. Das Vorgehen kann wie folgt beschrieben werden:

1. Wähle einen Datensatz aus und definiere die zu verwendenden Zielservicegrade α_z.
2. Definiere die Verfahren und Verfahrensvarianten, die miteinander verglichen werden sollen.
3. Definiere, welche Möglichkeiten zur Quantilsberechnung miteinander verglichen werden sollen.
4. Führe für das im vorherigen Abschnitt beschriebene Vorgehen ein Methodenranking durch (vgl. Abbildung 6.1) und extrahiere aus den Ergebnissen folgende Informationen:
   a) Durchschnittliche Ränge der einzelnen Verfahren.
   b) Kosten jedes Verfahrens über den gesamten Datensatz.
   c) Absolute durchschnittliche Abweichung zwischen α_{emp} und α_z.
5. Wähle ausgehend von den berechneten Kennzahlen die jeweils besten drei Verfahren für jede Möglichkeit der Quantilsberechnung aus.

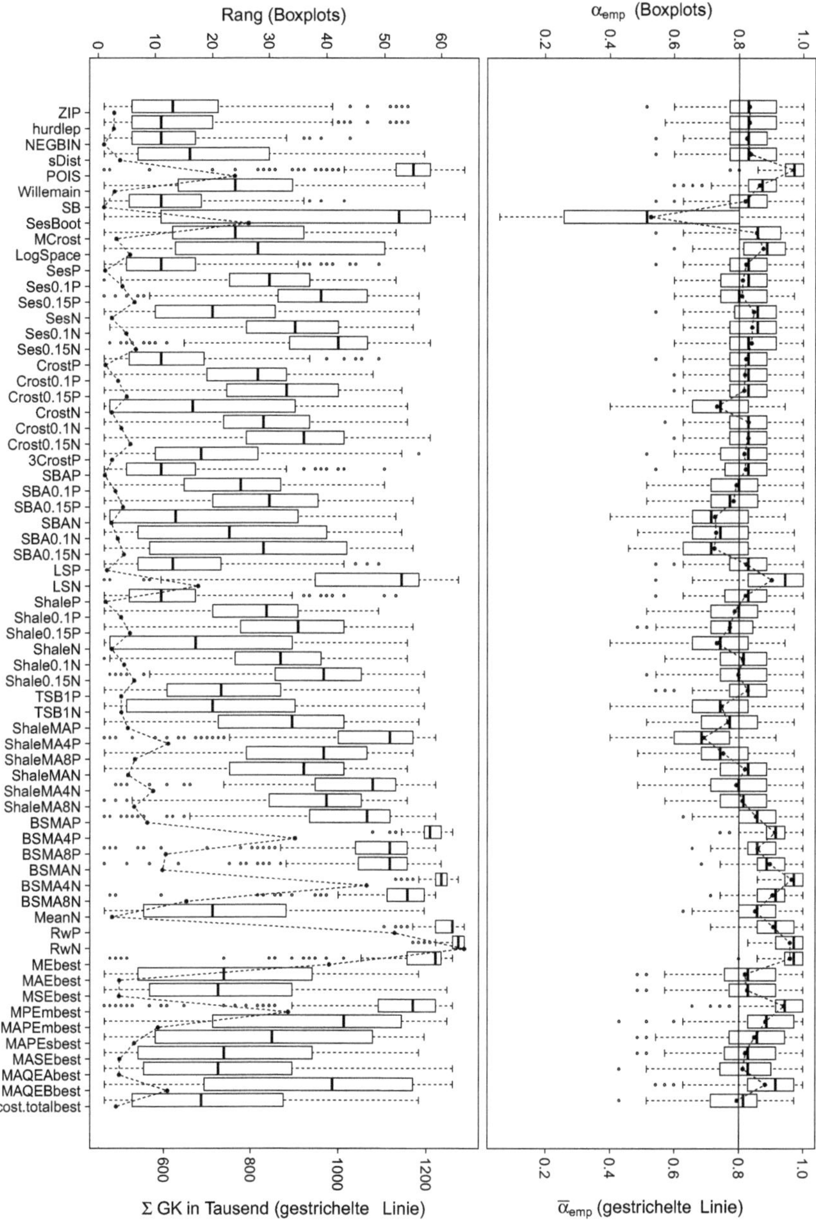

Abbildung 6.2.: Darstellung des Methodenrankings auf Grundlage aller Verfahren für den Datensatz POIS150 ($\alpha_z = 0,8$; Alternative der Quantilsberechnung: *UP*)

Aus dem hier beschriebenen Vorgehen zur Verfahrensauswahl ergibt sich bei den insgesamt vier unterschiedlichen Möglichkeiten der Quantilsberechnung eine maximale Anzahl an ausgewählten Verfahren pro Zielservicegrad von 36 $(4 \cdot (3+3+3))$. Die Erfahrungen zeigen jedoch, dass diese Zahl praktisch nie erreicht wird, da viele Verfahren mehrmals als optimal vorausgewählt werden und daher nur einmal berücksichtigt werden müssen (vgl. hierzu auch Abschnitt 6.2).

Um die automatisierte Verfahrensreduktion überprüfen zu können, werden zusätzlich zu den reduzierten Schätzungen auch noch Schätzungen für diverse Verfahren bzw. Verfahrensvarianten durchgeführt (vgl. Tabelle 5.17).Wurde ein nach einer bestimmten Verfahrensauswahl optimales Verfahren nicht a priori ausgewählt, dann wird dieses dennoch bei der Darstellung der Schätzergebnisse mitberücksichtigt.

6.1.3. Kostenmodelle und Regressionsschätzungen

Die zu analysierenden Datensätze beinhalten neben den statistischen und betriebswirtschaftlichen Evaluationsmaßen, dem zugrunde liegenden Zielservicegrad, der Alternative der Quantilsberechnung und dem verwendeten Schätzverfahren zusätzlich deskriptive Kennzahlen, die im Rahmen der Regressionschätzungen mitverwendet werden können. Ziel ist es, ein Modell aufzustellen, mit dessen Hilfe die Wirksamkeit einzelner Kombinationen aus Verfahren und Alternative der Quantilsberechnung unter Berücksichtigung zeitreihenspezifischer Rahmenbedingungen quantifiziert werden kann.

Hierfür wird zunächst überprüft, ob bzw. welche Zeitreiheneigenschaften dazu beitragen, dass die Verwendung eines bestimmten Verfahrens zu vergleichsweise geringeren oder höheren Kosten führt. Es ist möglich, dass die aus Verfahren A resultierenden Kosten der Lagerhaltung bei einer Zeitreihe mit wenig Nullbesetzungen geringer ausfallen als die aus der Verwendung von Verfahren B. Weist eine Zeitreihe hingegen einen höheren Anteil an Nullbeobachtungen auf, so könnten die aus Verfahren B resultierenden Kosten im Vergleich zu denen aus Verfahren A geringer ausfallen.

Um solche Abhängigkeiten zu überprüfen, wird auf die zusätzlich ermittelten deskriptiven Kennzahlen der einzelnen Zeitreihen im Datensatz zurückgegriffen. Außerdem kann mit diesen Kennzahlen überprüft werden, welche weiteren Faktoren signifikant zur Erklärung der Gesamtkosten beitragen und damit bei der abschließenden Analyse berücksichtigt werden sollten.

Um die Einflüsse der unterschiedlichen deskriptiven Kennzahlen auf die aus einem Verfahren resultierenden Gesamtkosten quantifizieren zu können, wird für jede zur Verfügung stehende deskriptive Kennzahl und jedes Verfahren ein bivariates Regressionsmodell geschätzt. Bei diesem Modell stellt die deskriptive Kennzahl die exogene Variable dar.

Bei den jeweiligen Gesamtkosten wird für alle im weiteren Verlauf folgende Regressionsschätzungen die Annahme getroffen, dass diese in einer fiktiven, nicht weiter bestimmten Einheit gemessen werden.

Zusätzlich muss bei den Gesamtkosten berücksichtigt werden, dass im weiteren Verlauf eine multiplikatives Regressionsmodell durch Logarithmierung in ein additives Regeressionsmodell umgewandelt wird. Dies hat zur Folge, dass die verwendete Modellformulierung nur dann verwendbar ist, wenn das gewählte Prognoseverfahren nicht exakt die Nachfrage prognostiziert. Aus einer exakten Prognose der Nachfrage resultieren keine Kosten. In diesem Fall ist der Logarithmus nicht definiert und das Modell kann nicht geschätzt werden. Zur Problemvermeidung wird die Annahme getroffen, dass für jede zu prognostizierende Zeitreihe, unabhängig von dem gewählten Prognoseverfahren, pauschal Fixkosten in Höhe von zehn Einheiten anfallen. Diese in der Höhe vernachlässigbaren Fixkosten sind Bestandteil der Gesamtkosten $cost_i^{\alpha_z}$.

Durch die Verwendung von Dummy-Variablen, die für die unterschiedlichen Verfahren kontrollieren, lassen sich die einzelnen Regressionsgleichungen in dem nachfolgend dargestellten Regressionsmodell ohne Konstante zusammenfassen

$$cost_i^{\alpha_z} = \prod_{j=1}^{J} e^{\beta_j \cdot d_{i,j}^V} \cdot \prod_{j=1}^{J} e^{\gamma_j \cdot \left(d_{i,j}^V \cdot x_i\right)} \cdot e^{\varepsilon_i}. \tag{6.1}$$

Bei der Variablen $d_{i,j}^V$ handelt es sich um eine Dummy-Variable, die für Verfahren j $(j = 1, \ldots, J)$ angewandt, auf Zeitreihe i $(i = 1, \ldots, n)$ den Wert Eins und den Wert Null für die anderen Verfahren annimmt. Bei der Variablen x_i handelt es sich um einen Platzhalter für die unterschiedlichen deskriptiven Kennzahlen der Zeitreihe i. Es wird dementsprechend ersichtlich, dass Gleichung 6.1 für jede deskriptive Kennzahl einmal geschätzt werden muss. Bei ε_i handelt es sich um den unabhängig und identisch normalverteilten Fehlerterm des Regressionsmodells mit $E(e_i) = 0$ und $V(e_i) = \sigma_\varepsilon^2$.

Für die Modellschätzung mithilfe der Methode der kleinsten Quadrate wird das in Gleichung 6.1 dargestellte multiplikative Modell durch Logarithmierung in ein additives Modell umgewandelt. Die Regressionsgleichung des zugrunde liegenden Modells ist durch

$$ln\left(cost_i^{\alpha_z}\right) = \sum_{j=1}^{J} \beta_j \cdot d_{i,j}^V + \sum_{j=1}^{J} \gamma_j \cdot \left(d_{i,j}^V \cdot x_i\right) + \varepsilon_i. \tag{6.2}$$

gegeben.

Abbildung 6.3 stellt exemplarisch den Einfluss der Variable $pos.mean$ $(x_i = pos.mean_i)$ in Abhängigkeit zu den zu untersuchenden Verfahren für das bereits in Abschnitt 6.1.1 beschriebene Beispiel mit den in Tabelle 6.1 ausgewählten Verfahren dar. Es ist nicht von entscheidender Bedeutung, welcher der dargestellten Graphen zu einem Verfahren korrespondiert, sondern vielmehr die Tatsache, dass alle Graphen den gleichen Verlauf aufweisen.

Abbildung 6.3 verdeutlicht, dass die Variable $pos.mean$ einen Einfluss auf die Kosten hat, dieser aber für alle Verfahren bezüglich der Richtung für jede Variablenausprägung von $pos.mean$ nahezu identisch ist. Äquivalent zu Abbildung 6.3 sind in Abbildung A.1 im Anhang A.5 die Einflüsse unterschiedlicher Kennzahlen auf die Gesamtkosten abgetragen.

Abbildung A.1 zeigt, dass jede der möglichen exogenen Variablen Einfluss auf die Kosten hat. Da der Verlauf bei vielen fast identisch ist, müssen bzw. können nicht alle

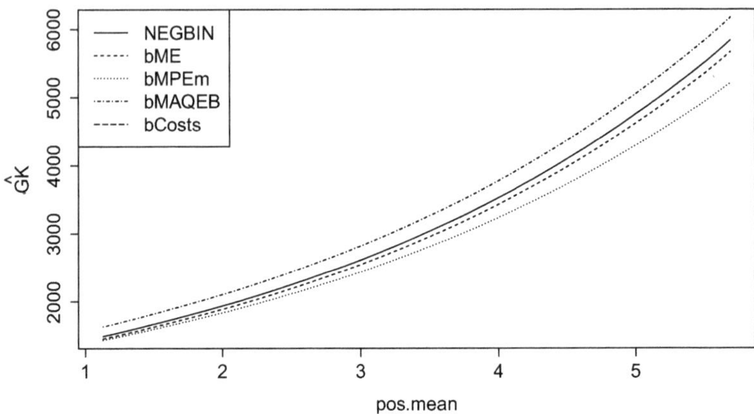

Abbildung 6.3.: Einfluss der Variablen $pos.mean$ auf die Gesamtkosten in Abhängigkeit von unterschiedlichen Verfahren für $\alpha_z = 0,8$ und die Quantilsberechnung *UP*

Variablen bei der finalen Analyse in dem nachfolgend dargestellten Regressionsmodell berücksichtigt werden.

Um Multikollinearität zu vermeiden, können nicht alle deskriptiven Kennzahlen in das finale Regressionsmodell aufgenommen werden. Betrachtet man mögliche Kennzahlen, so wird deutlich, dass diese teilweise den gleichen Verlauf aufweisen.

Beispielsweise ist nur eine Variable notwendig, um für den Anteil der Nullbeobachtungen innerhalb einer Zeitreihe zu kontrollieren (d oder $per.zero$). Der Einfluss der durchschnittlichen (positiven) Nachfragehöhen kann durch die Kennzahlen $mean$ oder $pos.mean$ berücksichtigt werden. Da aber auch diese beiden Kennzahlen den gleichen Verlauf aufweisen (vgl. Abbildung 5.17), wird auch hier nur eine Variable mit aufgenommen. Die Streuung der Zeitreihe im Allgemeinen kann durch die Aufnahme der Variablen sd oder $pos.sd$ berücksichtigt werden. Soll hingegen die relative Streuung der einzelnen Zeitreihen zum Erwartungswert berücksichtigt werden, dann kann dies durch die Aufnahme von einer der drei Kennzahlen cv, $pos.cv$ oder $pos.cv2$ geschehen.

Fraglich ist an dieser Stelle, welche Kennzahlen mit aufgenommen werden sollten. Hierfür wurden Regressionsschätzungen für die unterschiedlichsten Kennzahlenkombinationen durchgeführt und die resultierenden Werte der verschiedenen Bestimmtheitsmaße miteinander verglichen.

Es hat sich gezeigt, dass die Anpassung des Regressionsmodells am größten ist, wenn die Variablen $per.zero$, $pos.mean$ und $pos.cv$ in das Regressionsmodell aufgenommen werden. Die Differenz der Bestimmtheitsmaße bei anderen Variablenkonstellationen ist generell relativ gering. Aus diesem Grund werden auch bei den weiteren Regressionsschätzungen jeweils die drei Variablen $per.zero$, $pos.mean$ und $pos.cv$ mit im Modell berücksichtigt.

Unter Berücksichtigung dieser Informationen kann mithilfe des nachfolgenden Modells die Wirksamkeit von einzelnen Verfahren und Verfahrensvarianten unter der Berücksichtigung von zeitreihenspezifischen Rahmenbedingungen quantifiziert werden. Das für den Verfahrensvergleich zugrunde liegende Modell ist durch

$$\begin{aligned} cost_i^{\alpha_z} &= e^{\beta_0} \cdot e^{\beta_1 \cdot per.zero} \cdot e^{\beta_2 \cdot pos.mean} \\ &\cdot e^{\beta_3 \cdot pos.cv} \cdot \prod_{j=2}^{J} e^{\psi_j \cdot d_{i,,j}^V} \\ &\cdot \prod_{k=2}^{K} e^{\delta_k \cdot d_{i,k}^Q} \cdot \prod_{j=2}^{J} \prod_{k=2}^{K} e^{\gamma_{j,k} \cdot \left(d_{i,k}^Q \cdot d_{i,,j}^V\right)} \cdot e^{\varepsilon_i} \end{aligned} \tag{6.3}$$

definiert. Das Modell beinhaltet neben den drei Variablen $per.zero$, $pos.mean$ und $pos.cv$ eine Dummy-Variable $d_{i,,j}^V$, die für die einzelnen Verfahren kontrolliert, sowie eine weitere Dummy-Variable $d_{i,,j}^Q$, die für die unterschiedlichen Möglichkeiten der Quantilsberechnung kontrolliert. Des Weiteren wird der Interaktionseffekt zwischen den beiden Dummy-Variablen in dem Modell mitberücksichtigt. An dieser Stelle ist zu beachten, dass es sich sowohl bei den unterschiedlichen Verfahren als auch bei den unterschiedlichen Möglichkeiten der Quantilsberechnung um nominal skalierte Designvariablen handelt. Die entsprechenden Auswirkungen dieser Variablen werden mithilfe von $J-1$ Dummy-Variablen (Kontrolle für die einzelnen Verfahren) und $K-1$ Dummy-Variablen (Kontrolle für die einzelnen Möglichkeiten der Quantilsberechnungen) modelliert. Diese Art der Modellierung hat zur Folge, dass in Gleichung 6.3 eine Konstante mit aufgenommen werden kann. Bei ε_i handelt es sich um den unabhängig und identisch normalverteilten Fehlerterm des Regressionsmodells mit $E(e_i) = 0$ und $V(e_i) = \sigma_\varepsilon^2$.

Aus der hier gewählten Modellformulierung folgt, dass die ermittelten Schätzergebnisse immer in Relation zu der gewählten Referenzkombination aus Verfahren bzw. Verfahrensvariante und Alternative der Quantilsberechnung zu interpretieren sind. Für die Modellschätzung wird wie beim vorherigen Modell die Gleichung 6.3 logarithmiert. Final wird die nachfolgend dargestellte Regressionsgleichung mithilfe der Methode der kleinsten Quadrate geschätzt

$$\begin{aligned} ln\left(cost_i^{\alpha_z}\right) &= \beta_0 + \beta_1 \cdot per.zero + \beta_2 \cdot pos.mean \\ &+ \beta_3 \cdot pos.cv + \sum_{j=2}^{J} \psi_j \cdot d_{i,,j}^V \\ &+ \sum_{k=1}^{K-1} \delta_k \cdot d_{i,k}^Q + \sum_{j=2}^{J} \sum_{k=2}^{K} \gamma_{j,k} \cdot \left(d_{i,k}^Q \cdot d_{i,,j}^V\right) + \varepsilon_i. \end{aligned} \tag{6.4}$$

Die Ergebnisse der Modellschätzung für das vorliegende Beispiel (vgl. 6.1.1) sind in Tabelle 6.2 abgetragen. Es muss beachtet werden, dass die Ergebnisse nur teilweise denen entsprechen, die aus der Schätzung der Regressionsgleichung 6.4 resultieren.

Da die Variablen *Verfahren* und *Quantil* nominal skaliert sind, müssen die geschätzten Koeffizienten ψ_j, δ_k und $\gamma_{j,k}$ entsprechend der univariaten δ-Methode transformiert werden (vgl. hierzu Greene (2012), S. 1123 f.). Die Transformation für den beispielhaft mithilfe von Gleichung 6.4 ausgewählten geschätzten Koeffizienten $\hat{\psi}_j$ mit der entsprechenden Standardabweichung $\hat{\sigma}_{\psi_j}$ erfolgt in zwei Schritten: Zunächst wird der geschätzte Koeffizient selbst durch

$$\hat{\psi}_j^* = e^{\hat{\psi}_j} \tag{6.5}$$

transformiert. Um Aussagen über die Signifikanz des Koeffizienten treffen zu können, muss zusätzlich die Standardabweichung des Schätzers durch

$$\hat{\sigma}_{\psi_j^*} = e^{\hat{\psi}_j} \cdot \hat{\sigma}_{\hat{\psi}_j}$$

transformiert werden (Hilbe (2011), S. 23). Diese Transformation wird für alle Schätzer ψ_j, δ_k und $\gamma_{j,k}$ durchgeführt.

Zusätzlich muss berücksichtigt werden, dass aufgrund des unterstellten multiplikativen Basismodells 6.3 im Rahmen des Signifikanztests für diese Parameter nicht überprüft wird, ob sie sich signifikant von Null unterscheiden, sondern vielmehr, ob sich die geschätzten Koeffizienten signifikant von Eins unterscheiden.

Die entsprechend geschätzten Koeffizienten können im weiteren Verlauf als Stauchungsparameter (geschätzter Koeffizient ist signifikant kleiner als Eins) bzw. als Streckungsparameter (geschätzter Koeffizient ist signifikant größer als Eins) interpretiert werden. Hierbei wird die Signifikanz mithilfe eines t-Tests überprüft. Die zu testenden Hypothesen für den exemplarisch ausgewählten Parameter ψ_j^* sind durch

$$\begin{aligned} H_0 &: \psi_j^* = 1 \\ H_1 &: \psi_j^* \neq 1 \end{aligned} \tag{6.6}$$

gegeben. Wird die Hypothese H_0 bei gegebener Irrtumswahrscheinlichkeit nicht verworfen, dann ist der geschätzte Koeffizient nicht signifikant. Im weiteren Verlauf wird dann davon ausgegangen, dass der entsprechende Koeffizient gleich Eins ist. Er hat in dem multiplikativen Modell somit keinen Einfluss auf die Kosten.

Bei den in Tabelle 6.2 dargestellten vier Schätzergebnissen für die Konstante und die Variablen *per.zero*, *pos.mean* sowie *pos.cv* wird überprüft, ob sich diese signifikant von Null unterscheiden. Die für die Überprüfung verwendeten Hypothesen sind durch

$$H_0 : \beta_j = 0 \tag{6.7}$$

$$H_1 : \beta_j \neq 0 \tag{6.8}$$

gegeben. Bei vorhandener Signifikanz, also wenn die Hypothese H_0 verworfen wird, kann dann (ausgenommen bei der Konstante β_0) davon ausgegangen werden, dass eine Erhöhung der entsprechenden endogenen Variablen um eine Einheit zu einer Erhöhung der exogenen Variablen um β_j-Prozent führt. Hinweise zu der Signifikanz der einzelnen Parameter werden durch die gegebenenfalls hinter den geschätzten Koeffizienten vorhandenen Sternen gegeben. Diese Sterne korrespondieren zu dem impliziten Signifikanzniveau der durchgeführten t-Tests. Die unterschiedlichen Grenzen für die impliziten Signifikanzniveaus sind unter den entsprechenden Tabellen aufgeführt.

Um die geschätzten Ergebnisse einfacher interpretieren zu können, werden sie im nächsten Schritt entsprechend der Tabelle 6.3 dargestellt.

Tabelle 6.2.: Univariate Verteilungsmodelle für den Datensatz `pois150` für $\alpha_z = 0,8$ mit Referenzmethode POIS und Referenzquantil *UP*

	$ln(GK)$
	$\alpha = 0.8$
Konstante	7,3631*** (0,0576)
per.zero	−0,8913*** (0,0398)
pos.mean	0,1697*** (0,0064)
pos.cv	1,1662*** (0,0724)
RAND	0,7574*** (0,0145)
LOW	0,6398*** (0,0123)
INT	0,6972*** (0,0134)
NEGBIN	0,6012*** (0,0115)
bME	0,6182*** (0,0118)
bMPEm	0,6180*** (0,0118)
bMAQEB	0,6696*** (0,0128)
bCosts	0,6107*** (0,0117)
RAND:NEGBIN	1,3141*** (0,0356)
LOW:NEGBIN	1,5107*** (0,0409)
INT:NEGBIN	1,4145*** (0,0383)
RAND:bME	1,2951*** (0,0351)
LOW:bME	1,4767*** (0,0400)
INT:bME	1,3876*** (0,0376)
RAND:bMPEm	1,2943*** (0,0351)
LOW:bMPEm	1,4785*** (0,0400)
INT:bMPEm	1,3873*** (0,0376)
RAND:bMAQEB	1,2723*** (0,0345)
LOW:bMAQEB	1,3569*** (0,0367)
INT:bMAQEB	1,2974*** (0,0351)
RAND:bCosts	1,3235*** (0,0358)
LOW:bCosts	1,5081*** (0,0408)
INT:bCosts	1,4346*** (0,0389)
Beobachtungen	4,800
R^2	0,7970
Adjustiertes R^2	0,7959
Std. Fehler der Residuen	0,1915
F Statistik	720,6115***
Hinweis:	*p<0.1; **p<0.05; ***p<0.01

Tabelle 6.3.: Zusammengefasste Schätzergebnisse der ausgewählten Methoden (Univariate Verteilungsmodelle) für den Datensatz `pois150` für $\alpha_z = 0,8$ mit Referenzmethode POIS, Referenzquantil *UP* und bei einer Irrtumswahrscheinlichkeit von 5%

Quantil / Verfahren	U	R	L	I
	$\alpha_z = 0.8$			
POIS	$1,000$	$0,757$	$0,640$	$0,697$
bCosts	$0,611$	$0,612$	$0,589$	$0,611$
bMAQEB	$0,670$	$0,645$	$0,581$	$0,606$
bME	$0,618$	$0,606$	$0,584$	$0,598$
bMPEm	$0,618$	$0,606$	$0,585$	$0,598$
NEGBIN	$0,601$	$0,598$	**$0,581$**	$0,593$

6.1.4. Interpretation

Die in Tabelle 6.3 dargestellten Ergebnisse des verwendeten Beispiels (vgl. Abschnitt 6.1.1 und 6.1.3) beruhen auf einer Zusammenfassung der im Modell aufgenommenen Dummy-Variablen und deren Interaktionseffekten. Konkret werden für jede Verfahrens- und Quantilskombination die beiden Haupteffekte und der gemeinsame Interaktionseffekt multiplikativ miteinander verknüpft. Beispielsweise liegt dem Wert $0,612$ (Verfahren: *bCosts*; Quantil: *RAND*) in der zweiten Zeile der zweiten Spalte von Tabelle 6.3 die folgende Rechnung zugrunde:

$$\begin{aligned} 0,612 &= bCosts \cdot RAND \cdot RAND : bCosts \\ &= 0,6107 \cdot 0,7574 \cdot 1,3235 \end{aligned} \tag{6.9}$$

Tabelle 6.3 verdeutlicht, dass die Methode POIS in Kombination mit der Quantilsberechnungsvariante *UP* als Benchmarkkategorie im Rahmen der Modellerstellung ausgewählt wurde. Bei dieser Kombination beträgt der zusammengesetzte Effekt Eins.

Mithilfe der in Tabelle 6.3 dargestellten Ergebnisse können alle unterschiedlichen Kombinationen aus Verfahren und Möglichkeit der Quantilsberechnung miteinander verglichen werden. Ist der entsprechend ermittelte Effekt kleiner als Eins, dann ist die dazugehörige Kombination aus Verfahren und Alternative der Quantilsberechnung bezogen auf die erwarteten Gesamtkosten der Vergleichskombination überlegen und vorzuziehen. Für Werte, die größer als Eins sind, ist es genau andersherum: An dieser Stelle ist die Vergleichskombination aus Verfahren und Quantilsberechnung überlegen.

Aus Sicht des Anwenders sollte diejenige Kombination aus Verfahren und Quantil gewählt werden, die zu den geringsten erwarteten Gesamtkosten führt. Das ist genau die Kombination aus Verfahren und Quantilsberechnung, die in Tabelle 6.3 den kleinsten Wert aufweist und hervorgehoben wird.

Im Rahmen des vorliegenden Beispiels bedeutet dies, dass der Anwender Kosten einsparen kann, wenn er die Schätzungen nicht mithilfe einer Verteilungsschätzung auf Basis der Poisson-Verteilung durchführt, sondern auf Basis der negativen Binomialverteilung. Des Weiteren können bei dem angenommenen Zielservicegrad von $\alpha_z = 0,8$

Kosten eingespart werden, wenn die Quantile nicht entsprechend der Methode *UP* ermittelt werden, sondern auf Basis der Methode *LOW*.

Die Handlungsempfehlung für diesen Datensatz bei gegebenem Zielservicegrad von $\alpha_z = 0,8$ wäre die Verwendung einer Verteilungsschätzung auf Basis der negativen Binomialverteilung in Kombination mit der Quantilsberechnungsvariante *LOW*.

6.2. Verfahrensevaluation und -auswahl

6.2.1. Annahmen

In diesem Abschnitt sind die Ergebnisse nicht für alle nach den Schätzungen zur Verfügung stehenden α_z-Servicegrade dargestellt. Da eine Berechnung und eine spätere Verfahrensauswahl grundsätzlich an die Rahmenbedingungen des Unternehmens angepasst werden müssen und dies jedes Mal eine neue spezifische Berechnung erfordert, beschränken sich die nachfolgenden Ergebnisdarstellungen auf die Zielservicegrade $0,5; 0,8; 0,9$ und $0,95$.

Die Darstellung der Schätz- und Evaluationsergebnisse für einen Datensatz erfolgt im weiteren Verlauf immer unter Zuhilfenahme von den in Abschnitt 6.1 eingeführten zwei Tabellen 6.2 und 6.3. In der ersten Tabelle werden die Schätzer der metrischen Variablen sowie die Anzahl der Beobachtungen, das Bestimmtheitsmaß, das adjustierte Bestimmtheitsmaß, der Standardfehler der Residuen und die F-Statistik angegeben.

Im Vergleich zu 6.2 werden die Schätzer für die Koeffizienten α_j, δ_k und $\gamma_{j,k}$ im weiteren Verlauf nicht mehr einzeln aufgeführt, sondern direkt in Analogie zu Tabelle 6.3 multiplikativ miteinander verknüpft und in einer zweiten Ergebnistabelle, der Evaluationstabelle, dargestellt. Da die Schätzergebnisse der Koeffizienten α_j, δ_k und $\gamma_{j,k}$ nicht gesondert ausgewiesen werden, wird dies durch die drei vertikalen Punkte $\left(\vdots\right)$ bei der jeweiligen tabellarischen Schätzerdarstellung verdeutlicht.

Für die Darstellungen der Evaluationsergebnisse, also der multiplikativen Verknüpfung der Haupt- und Interaktionseffekte, wird auf die in Tabelle 6.3 beschriebene Ergebnisdarstellung zurückgegriffen. Im Rahmen der Verknüpfung wird für den Test, ob sich die geschätzen Koeffizienten signifikant von 1 unterscheiden, ein Signifikanzniveau von 1% unterstellt (vgl. die in Gleichung 6.6 dargestellten Hypothesen des Signifikanztests).

Des Weiteren werden noch zusätzliche Informationen in den Evaluationstabellen angegeben (vgl. stellvertretend Tabelle 6.6). Die Ergebnisse der automatisierten Verfahrensvorauswahl werden in der ersten Spalte der jeweiligen Evaluationstabellen nach den entsprechenden Methodennamen angegeben. Hierdurch wird ersichtlich, wie viele Male ein Verfahren ausgewählt wurde. Die erste Ziffer gibt an, wie oft ein Verfahren auf Basis der geringsten Gesamtkosten ausgewählt wurde. Die zweite Ziffer gibt an, wie häufig ein Verfahren auf Basis der höchsten durchschnittlichen Platzierung ausgewählt wurde. Schließlich gibt die dritte Ziffer an, wie oft ein Verfahren auf Basis der geringsten absoluten Differenz zwischen den Servicegraden α_z und α_{emp} vor ausgewählt wurde.

Die grau hinterlegten Felder in den Evaluationstabellen stellen die jeweils ausgewählten Kombinationen aus Verfahren und Methode der Quantilsberechnung dar. Ist ein Verfahren keinmal grau hinterlegt, dann wurde dieses Verfahren nicht vorselektiert. Es wurde dennoch mit aufgenommen, da es für mindestens eine Konstellation ein optimales Ergebnis liefert (vgl. hierzu Abschnitt 6.2.2).

Die Verfahrens- und Quantilskombination, welche für einen Zielservicegrad die geringste Kostenstruktur aufweist, wird hervorgehoben. Führt die Quantilsberechnung mithilfe der Variante *INT* zu den geringsten Kosten, dann besteht das Problem, dass es sich bei dieser Möglichkeit der Quantilsberechnung nur um eine theoretische, in der Praxis nicht anwendbare Möglichkeit handelt. Aus diesem Grund wird dann diejenige Verfahrens- und Quantilskombination hervorgehoben, die am kostengünstigsten ist, wenn die Quantile nicht mithilfe der Variante *INT* berechnet werden können.

6.2.2. Simulierte Datensätze

Grundsätzlich stellt sich die Frage, wie die aus den Ergebnistabellen und Evaluationstabellen gewonnenen Erkenntnisse im Rahmen des betriebswirtschaftlichen Prognoseprozesses genutzt werden können, um diesen zu optimieren. Der Anwender ist daran interessiert, die im Rahmen der Prognosesimulation erhaltenen Erkenntnisse für zukünftige Prognosen zu nutzen.

Typischerweise kann dies geschehen, indem anhand eines geeigneten Fehlermaßes ein Prognoseverfahren a priori für eine Zeitreihe ausgewählt wird, um damit in die Zukunft zu prognostizieren (vgl. Abschnitt 5.3.3). Alternativ kann auch dasjenige Verfahren für die Prognose ausgewählt werden, welches bezogen auf den gesamten Datensatz am besten abschneidet. In diesem Fall wird also mithilfe von einer a priori erstellten Evaluationstabelle (vgl. beispielsweise Tabelle 6.3) die Kombination aus Verfahren und Alternative der Quantilsberechnung ermittelt, welche die geringsten Kosten für den gesamten Datensatz aufweist.

Bei der Darstellung der Evaluationsergebnisse im Rahmen dieser Arbeit besteht der Vorteil, dass beide Herangehensweisen direkt evaluiert werden können. Grund hierfür ist die Länge der simulierten Zeitreihen. Diese ermöglicht die in Abbildung 5.3 dargestellte Aufteilung der Zeitreihen in zwei Segmente. Hierdurch können die basierend auf den Schätzergebnissen des Segments 1 $(S1)$ mit der ersten Kalibarationsstichprobe mit der Länge $(1,\ldots,N_1 = 70)$ und der ersten Teststichprobe mit der Länge $(N_1+1,\ldots,T_1 = 110)$ getroffenen Entscheidungen im Rahmen der Ergebnisanalyse der Schätzergebnisse des Segments 2 $(S2)$ mit der ersten Kalibarationsstichprobe der Länge $(1,\ldots,N_2 = 110)$ und der ersten Teststichprobe mit der Länge $(N_2+1,\ldots,T_2 = 150)$ unmittelbar evaluiert werden (vgl. hierzu Abbildung 5.3).

Es wird ersichtlich, dass in Abhängigkeit des betrachteten Segments der zugrunde liegenden Zeitreihe unterschiedliche Ergebnisse für einen Verfahrensvergleich extrahiert bzw. ausgewählt werden können. Betrachtet man die Schätz- und Evaluationsergebnisse für die Segmente $S1$ und $S2$ unabhängig voneinander, dann können jeweils zwei Auswahlkriterien zur Ergebnisextraktion für einen späteren Verfahrensvergleich angewendet werden. Diese Kriterien sind nachfolgend aufgeführt:

- Kriterium **A**: Auswahl der der Simulation zugrunde liegenden Verteilungsschätzung als Benchmarkverfahren. Berechnung der Quantile durch Aufrunden entsprechend der weit verbreiteten Berechnungsmethode *UP*. Anschließend erfolgt die Ergebnisevaluation, bei der die aus der Verwendung dieser Kombination aus Verfahren und Alternative der Quantilsberechnung resultierenden Kosten ermittelt werden. Es muss beachtet werden, dass dieses Verfahren nur aufgrund der simulierten Datensätze bekannt ist und dass das Auswahlkriterium dementsprechend auch nur bei den simulierten Datensätzen angewendet werden kann.

- Kriterium **B:** Auswahl der kostenoptimalen Kombinationen aus Verfahren und Alternative der Quantilsberechnung für einen gegebenen Zielservicegrad. Es wird das Verfahren ausgewählt, welches in der aus der Verknüpfung der entsprechenden Haupt- und Nebeneffekte resultierenden Evaluationstabelle den geringsten Wert ausweist. Bei diesem Verfahren handelt es sich um das kostenoptimale Verfahren pro Datensatz.

Im weiteren Verlauf werden für den Verfahrensvergleich zwei weitere Auswahlkriterien definiert. Diese können nicht einzeln auf jedes Segment $S1$ oder $S2$ angewendet werden, da diese Auswahlstrategien Erkenntnisse aus den Schätzungen für den Bereich $S1$ bei der Schätzung bzw. Evaluation für den Bereich $S2$ berücksichtigen. Diese Möglichkeiten der Ergebnisextraktion für den späteren Verfahrensvergleich sind nachfolgend aufgeführt:

- Kriterium **C:** Verfahrensauswahl auf Basis des Ergebnisses der Kostenevaluation für die Schätzungen des ersten Segments $S1$. Hierfür erfolgt zuerst die Durchführung der Schätzung und die betriebswirtschaftlichen Kostenevaluation für das erste Segment $S1$. Das für das Segment $S1$ entsprechend des Auswahlkriterium **B** kostenoptimale Verfahren wird im Rahmen der Analyse der Schätzergebnisse für das Segment $S2$ evaluiert, indem die aus dem kostenoptimalen Verfahren in Segment $S1$ resultierenden Kosten für das Segment $S2$ ermittelt und für den Verfahrensvergleich herangezogen werden.

- Kriterium **D**: Verfahrensauswahl auf Basis von Evaluationsmaßen. Durchführung der Schätzung und statistischen Evaluation für das erste Segment $S1$. Ausgehend von statistischen Evaluationsergebnissen kann dann für jede Zeitreihe und jedes Evaluationsmaß das optimale Verfahren ausgewählt werden. Anschließend wird das für eine entsprechende Zeitreihe in $S1$ ausgewählte Verfahren auf die gleiche, jetzt aber mehr Beobachtungen beinhaltende Zeitreihe des zweiten Segments $S2$ angewendet. Für den Kostenvergleich werden abschließend die aus dieser Strategie resultierenden Kosten im Rahmen der Ergebnisevaluation ermittelt. An dieser Stelle muss beachtet werden, dass für jedes zur Verfügung stehende Evaluationsmaß und für jede Zeitreihe jeweils ein Verfahren ausgewählt wird.

Aus den dargestellten Möglichkeiten der Ergebnisauswahl für die Verfahrensauswahl wird der Vorteil der simulierten Datensätze sichtbar. Läge nur ein Segment vor, wä-

Tabelle 6.4.: Darstellung der für den Verfahrensvergleich herangezogen Ergebnisauswahlkriterien bei den simulierten Datensätzen

Kriterium	benötigte Informationen			Anwendbar auf	
	DGP	$S1$	$S2$	$S1$	$S2$
A	•	–	–	•	•
B	–	–	–	•	•
C	–	•	–	–	•
D	–	•	–	–	•
E	–	–	–	•	•

re eine ganzheitliche Evaluation unterschiedlicher Verfahrensalternativen a priori nicht möglich.

Zusätzlich zu den vier vorgestellten Auswahlmöglichkeiten wird noch ein weiteres Ergebnis für den Verfahrensvergleich definiert und extrahiert. Hierbei muss jedoch beachtet werden, dass diese Ergebnisauswahl in der betriebswirtschaftlichen Praxis erst a posteriori möglich ist. Das Auswahlkriterium kann wie folgt beschrieben werden:

- Kriterium **E**: Auswahl des Verfahrens pro Zeitreihe mit den im Rahmen der Kostenevaluation ermittelten geringsten Kosten. Hierdurch kann im Rahmen der Darstellung der Evaluationsergebnisse das Kostenoptimum für das jeweils betrachtete Segment dargestellt ermittelt werden.

Es wird ersichtlich, dass das Kriterium **E** ebenfalls ein Benchmarkergebnis darstellt. Mithilfe dieser a posteriori durchführbaren Ergebnisextraktion kann evaluiert werden, wie weit die a priori durchführbaren Strategien der Verfahrensauswahl vom Kostenoptimum abweichen. Im weiteren Verlauf wird das hinter Kriterium **E** stehende Verfahren im Rahmen des Verfahrensvergleichs als MIN bezeichnet.

Tabelle 6.4 fasst abschließend die für den Verfahrensvergleich benötigten Ergebnisauswahlkriterien zusammen. Zusätzlich wird nochmals dargestellt, wann ein Kriterium angewendet werden kann und welche zusätzlichen Informationen dafür gegebenenfalls noch benötigt werden.

Ausgehend von den ausführlich erläuterten Schätzergebnissen für den Poisson-verteilten Datensatz werden im weiteren Verlauf die Schätzergebnisse für die weiteren drei simulierten Datensätze dargestellt. Grundsätzlich muss beachtet werden, dass aus jeder einzelnen Auswahlstrategie eine Zahl resultiert. Diese werden für die Analysen im weiteren Verlauf für die betrachteten α_z-Servicegrade tabellarisch zusammengefasst.

Neben den einzelnen Ergebnissen der ausgewählten Verfahren werden in den Tabellen auch die Differenzen zwischen den Ergebnissen der einzelnen Auswahlkriterien dargestellt. Hierdurch können die Auswirkungen jeder Alternative der Verfahrensauswahl vom Leser unmittelbar beurteilt werden.Wesentliche Erkenntnisse und Auffälligkeiten werden für jeden Datensatz mithilfe von stichpunktartigen Aufzählungen zusammengefasst. Allerdings ist zu beachten, dass die Auswahl stark von den zugrunde liegenden Daten und den getroffenen Annahmen abhängig ist. Aus diesem Grund sollten die beschriebenen Auffälligkeiten nicht als allgemeingültig betrachtet werden.

Tabelle 6.5.: Regressionsergebnisse (ohne faktorielle Variablen) für den Datensatz pois150 bei einer a priori durchgeführten automatisierten Verfahrensreduktion

	$ln(GK)$			
	$\alpha = 0.5$	$\alpha = 0.8$	$\alpha = 0.9$	$\alpha = 0.95$
Konstante	6,83***	7,17***	7,12***	6,78***
	(0,03)	(0,03)	(0,03)	(0,04)
per.zero	−0,72***	−0,69***	−0,76***	−0,85***
	(0,02)	(0,02)	(0,02)	(0,03)
pos.mean	0,20***	0,19***	0,20***	0,20***
	(0,003)	(0,003)	(0,003)	(0,004)
pos.cv	1,36***	1,36***	1,44***	1,52***
	(0,04)	(0,03)	(0,04)	(0,05)
⋮	⋮	⋮	⋮	⋮
Beobachtungen	25.600	25.600	25.600	25.600
R^2	0,78	0,79	0,76	0,71
Adjustiertes R^2	0,78	0,79	0,76	0,71
Std. Fehler der Residuen (df = 25469)	0,24	0,21	0,24	0,30
F Statistik (df = 130; 25469)	702,62***	745,83***	621,25***	487,14***
Hinweis:	*p<0.1; **p<0.05; ***p<0.01			

6.2.2.1. Poisson-Verteilung

Die Tabellen 6.5 und 6.6 stellen die Schätz- und Evaluationsergebnisse des Segments $S2$ (vgl. Abbildung 5.3) für den Datensatz pois150 ausgehend von der Kalibrationsstichprobe $(1,\ldots,N_2)$ und der ersten Teststichprobe $(N_{2+1},\ldots,T_2)$ dar.

Betrachtet man die in Tabelle 6.5 dargestellten Schätzergebnisse, dann lässt sich erkennen, dass alle in dem Modell berücksichtigten metrischen Variablen signifikant zur Erklärung der Gesamtkosten beitragen. Es zeigt sich, dass eine Erhöhung der Nullbeobachtungen innerhalb der Zeitreihen ceteris paribus zu einer Reduzierung der Kosten führt.

Des Weiteren führt eine Erhöhung des Erwartungswertes der positiven Nachfragen ceteris paribus zu einer Erhöhung der Gesamtkosten. Gleiches gilt für den Variationskoeffizienten der positiven Nachfragen. Eine generelle Erhöhung der Streuung führt zu einer Erhöhung der Gesamtkosten. Die Anpassungsgüte der geschätzten Modelle liegt zwischen 71% und 79%, wobei die Anpassungsgüte mit zunehmendem Zielservicegrad α_z geringer wird.

Aus Sicht des Anwenders sind hauptsächlich die Ergebnisse aus der Evaluationstabelle 6.6 von Bedeutung, bei welcher die beiden Haupteffekte und die entsprechenden Interaktionseffekte multiplikativ miteinander verknüpft sind.

Betrachtet man zu Beginn die Resultate der automatisierten Verfahrensvorauswahl (vgl. Abschnitt 6.1.2), so lässt sich feststellen, dass die Verteilungsschätzung auf Basis der Poisson-Verteilung nur insgesamt vier Mal ausgewählt wurde: Zweimal auf Basis der geringsten Gesamtkosten und je einmal auf Basis der durchschnittlichen Platzierung und der Differenz zwischen α_z und α_{emp}. An dieser Stelle ist zu beachten, dass die

Tabelle 6.6.: Multiplikativ verknüpfte Haupt- und Nebeneffekte der faktoriellen Variablen für den Datensatz `pois150` bei einer a priori durchgeführten automatisierten Verfahrensreduktion

Verfahren \ Quantil	U	R	L	I	U	R	L	I	U	R	L	I	U	R	L	I
	$\alpha_z = 0.5$				$\alpha_z = 0.8$				$\alpha_z = 0.9$				$\alpha_z = 0.95$			
POIS (2,1,1)	1,000	**0,936**	1,000	**0,887**	1,000	0,758	0,641	0,698	1,000	0,769	0,529	0,742	1,000	0,837	0,590	0,814
NEGBIN (9,13,0)	1,000	**0,936**	1,000	**0,887**	0,602	0,600	**0,582**	0,594	0,430	0,432	0,436	0,431	0,378	0,388	0,400	0,386
MeanN (8,6,2)	1,124	1,052	1,009	0,997	0,634	0,620	0,597	0,611	0,436	0,436	0,431	0,432	0,380	0,387	0,396	0,384
SBAP (5,8,1)	1,000	**0,936**	1,000	**0,887**	0,604	0,602	0,586	0,597	0,431	0,436	0,441	0,434	0,382	0,396	0,407	0,391
Willemain (4,4,4)	1,000	**0,936**	1,000	**0,887**	0,643	0,620	0,598	0,619	0,454	0,446	**0,428**	0,441	0,399	0,389	**0,372**	0,385
SesN (4,5,1)	1,133	1,061	1,016	1,006	0,634	0,620	0,598	0,610	0,434	0,435	0,432	0,433	0,379	0,386	0,399	0,387
LogSpace (3,1,3)	1,387	1,298	1,235	1,231	0,708	0,691	0,643	0,679	0,473	0,464	0,444	0,460	0,398	0,394	0,382	0,390
LSN (2,0,5)	1,000	**0,936**	1,000	**0,887**	0,893	0,741	0,672	0,694	0,812	0,684	0,540	0,668	0,804	0,673	0,577	0,655
SB (5,2,0)	1,000	**0,936**	1,000	**0,887**	0,603	0,596	0,586	0,593	0,433	0,441	0,441	0,434	0,385	0,395	0,410	0,395
SBJP (2,3,0)	1,000	**0,936**	1,000	**0,887**	0,606	0,601	0,588	0,597	0,432	0,439	0,442	0,435	0,383	0,392	0,409	0,392
cost.totalbest (1,0,3)	1,000	**0,936**	1,000	**0,887**	0,628	0,636	0,626	0,628	0,455	0,455	0,457	0,459	0,413	0,414	0,410	0,406
SBJMA4P (0,0,4)	1,144	1,071	1,144	1,015	0,768	0,773	0,785	0,771	0,618	0,632	0,663	0,631	0,639	0,666	0,713	0,662
CrostP (0,2,1)	1,000	**0,936**	1,000	**0,887**	0,606	0,604	0,588	0,597	0,432	0,437	0,441	0,434	0,382	0,392	0,407	0,391
MAPEmbest (0,0,3)	1,516	1,419	1,344	1,345	0,769	0,740	0,695	0,736	0,518	0,504	0,480	0,500	0,441	0,434	0,420	0,432
ZIP (2,1,0)	1,000	**0,936**	1,000	**0,887**	0,620	0,614	0,587	0,602	0,444	0,450	0,443	0,444	0,398	0,405	0,412	0,401
BSMA4P (0,0,2)	2,409	2,255	2,164	2,137	1,172	1,119	1,067	1,122	0,750	0,726	0,701	0,728	0,615	0,601	0,586	0,603
BSMA8N (0,0,2)	1,590	1,488	1,438	1,411	0,858	0,816	0,770	0,812	0,565	0,542	0,521	0,541	0,464	0,450	0,440	0,452
BSMA8P (0,0,2)	1,433	1,342	1,276	1,272	0,791	0,765	0,732	0,758	0,543	0,536	0,525	0,534	0,474	0,474	0,475	0,473
BSMAN (0,0,2)	1,444	1,352	1,303	1,281	0,788	0,754	0,710	0,747	0,522	0,509	0,488	0,504	0,436	0,428	0,420	0,426
BSMAP (0,0,2)	1,286	1,204	1,156	1,142	0,736	0,713	0,687	0,708	0,510	0,502	0,498	0,502	0,448	0,452	0,456	0,449
RwP (0,0,2)	3,507	3,283	3,507	3,112	1,500	1,435	1,391	1,456	1,000	0,968	0,946	0,966	0,774	0,751	0,744	0,757
SesP (0,2,0)	1,000	**0,936**	1,000	**0,887**	0,605	0,604	0,587	0,597	0,433	0,437	0,442	0,434	0,383	0,394	0,408	0,392
HURDLEP (1,0,0)	1,000	**0,936**	1,000	**0,887**	0,618	0,608	0,588	0,602	0,446	0,444	0,444	0,445	0,397	0,404	0,415	0,403
LSP (0,0,1)	1,000	**0,936**	1,000	**0,887**	0,612	0,609	0,591	0,601	0,433	0,440	0,442	0,436	0,383	0,393	0,406	0,391
MAPEsbest (0,0,1)	1,314	1,230	1,183	1,166	0,709	0,689	0,655	0,682	0,500	0,494	0,474	0,490	0,455	0,449	0,446	0,450
MAQEBbest (0,0,1)	1,000	**0,936**	1,000	0,983	0,786	0,596	0,648	0,627	0,687	0,528	0,492	0,457	0,593	0,442	0,456	0,426
MCrost (0,0,1)	1,198	1,122	1,062	1,063	0,653	0,636	0,606	0,628	0,445	0,444	0,434	0,438	0,384	0,392	0,392	0,389
SesBoot (0,0,1)	1,109	1,038	1,109	1,088	0,856	0,875	0,899	0,876	0,740	0,767	0,814	0,772	0,810	0,858	0,925	0,861
SBJ0.15N (0,0,1)	1,184	1,108	1,082	1,051	0,698	0,688	0,673	0,683	0,509	0,514	0,520	0,514	0,481	0,494	0,520	0,496
SBJMA4N (0,0,1)	1,197	1,121	1,197	1,063	0,749	0,742	0,719	0,735	0,529	0,530	0,531	0,530	0,463	0,470	0,486	0,472
SBJMA8P (0,0,1)	1,084	1,015	1,084	0,962	0,690	0,692	0,690	0,687	0,530	0,542	0,558	0,539	0,511	0,539	0,568	0,536
ALLmin	0,841	0,787	0,841	0,821	0,538	0,519	0,528	0,545	0,377	0,371	0,377	0,389	0,319	0,315	0,322	0,331

Auswahl nur bei einem Zielservicegrad von 50% erfolgte. Dies wird durch die beiden grau hinterlegten Felder in der ersten Zeile von Tabelle 6.6 ersichtlich. Da hier nur zwei Ergebnisse grau hinterlegt sind, kann daraus geschlossen werden, dass mindestens zwei Auswahlkriterien erfüllt wurden und es daher zu der entsprechenden Auswahl kam. Am häufigsten wurde die Verteilungsschätzung auf Basis der negativen Binomialverteilung ausgewählt. Insgesamt neun Verfahren wurden jeweils nur für eine spezifische Konstellation aus Verfahren und Methode der Quantilsberechnung ausgewählt. Insgesamt wurden 31 Verfahren automatisch vorausgewählt.

In Tabelle 6.6 sind die Kombinationen aus Verfahren und Quantilsberechnungsalternative die zu den geringsten Kosten führen, durch gefettete Ziffern hervorgehoben. Betrachtet man die kostenoptimalen Kombinationen in Tabelle 6.6, dann wird ersichtlich, dass das optimale Verfahren abhängig ist von dem unterstellten Zielservicegrad α_z. Bei einem Zielservicegrad von $\alpha_z = 0,5$ kann die Poisson-Schätzung als ein vergleichsweise optimales Verfahren angesehen werden. An dieser Stelle sollten die Quantile der über die Wiederbeschaffungszeit kumulierten Nachfrage allerdings nicht entsprechend der Vergleichsvariante im Rahmen der Eckpunktkodierung *UP*, sondern mithilfe der Variante *RAND* berechnet werden, da dies bezogen auf den gesamten Datensatz zu geringeren Kosten führt. Deutlich wird dies durch das geringere Ergebnis von $0,936$ bei der Berechnungsalternative *RAND* im Vergleich zu dem Ergebnis von $1,000$ bei der Berechnungsalternative *UP*.

An dieser Stelle sei nochmals darauf hingewiesen, dass das kostenoptimale Ergebnis von $0,887$ bei der Quantilsberechnungsalternative *INT* keine Relevanz für die betriebswirtschaftliche Praxis aufweist, da man dort auf ganzzahlige Prognosen angewiesen ist (vgl. 4.3.2). Aus diesem Grund wird im weiteren Verlauf nicht weiter auf die Evaluationsergebnisse dieser Möglichkeit der Quantilsberechnung eingegangen.

Bei einem Zielservicegrad von 50% wird aus Tabelle 6.6 ersichtlich, dass nicht nur die Poisson-Schätzung, sondern auch noch weitere 13 Verfahren als optimal für die spezifische Situation angesehen werden können. Die Tatsache, dass bei den 14 optimalen Methoden die Ergebnisse für die Quantilsberechnungsalternativen *UP* und *LOW* identisch sind, kann mit der Signifikanz der Haupteffekte der Variablen $d^Q_{i,,j}$ begründet werden. Diese sind nur signifikant, wenn die Quantile mithilfe der Methode *RAND* und *INT* berechnet werden.

Die weiteren drei in Tabelle 6.6 aufgeführten Evaluationsergebnisse für die Servicegrade $80\%, 90\%$ und 95% sind eindeutiger. Hier ist bei einer gegebenen Irrtumswahrscheinlichkeit von 1% die Quantilsberechnungsvariante *UP* optimal, da die verknüpften Haupt- und Nebeneffekte hier den geringsten Wert aufweisen. Die besten Verfahren zur Prognose der über die Wiederbeschaffungszeit kumulierten Nachfrage sind NEGBIN ($\alpha_z = 0,8$) und Willemain ($\alpha_z = 0,9$ und $\alpha_z = 0,95$). Die Verwendung dieser Methoden führt zu einer erheblichen Reduktion der Gesamtkosten im Vergleich zur Vergleichskategorie im Rahmen der Eckpunktkodierung. Dies ist interessant, da der Datensatz auf Basis der Poisson-Verteilung simuliert wurde.

Auffällig in Tabelle 6.6 ist, dass die zeitreihenspezifische Verfahrensauswahl anhand eines statistischen Evaluationskriteriums zu höheren Kosten führt. Die geringste Kostensteigerung tritt bei der Verwendung des symmetrischen *MAPE* ein. Betrachtet man die betiebswirtschaftliche Evaluation, dann führt die Verfahrensauswahl anhand des

Tabelle 6.7.: Ergebnisse der Verfahrensauswahl für den Poisson-verteilten Datensatz für unterschiedliche α_z- Werte

		$\alpha_z = 0,5$		$\alpha_z = 0,8$	
		$S1$	$S2$	$S1$	$S2$
Verfahren	**A**	POIS/*UP*		POIS/*UP*	
	B	SB/*LOW*	POIS/*RAND*	NEGBIN/*LOW*	NEGBIN/*LOW*
	C	SB/*LOW* $(S1) \Rightarrow S2$		NEGBIN/*LOW* $(S1) \Rightarrow S2$	
	D	bCosts/*RAND* $(S1) \Rightarrow S2$		bMAQEB/*RAND* $(S1) \Rightarrow S2$	
	E	*MIN*/*RAND*	MIN/*RAND*	*MIN*/*RAND*	*MIN*/*RAND*
Ergebnisse	**A**	1,000	1,000	1,000	1,000
	B	0,924	0,936	0,610	0,582
	C	•	1,000	•	0,582
	D	•	0,936	•	0,593
	E	0,803	0,787	0,537	0,518
Differenz	**B – A**	−0,076	−0,064	−0,390	−0,418
	C – A	•	0,000	•	−0,418
	B – C	•	−0,064	•	0,000
	D – A	•	−0,064	•	−0,407
	B – E	0,121	0,149	0,073	0,064
	C – E	•	0,213	•	0,064
	D – E	•	0,149	•	0,075

		$\alpha_z = 0,9$		$\alpha_z = 0,95$	
		$S1$	$S2$	$S1$	$S2$
Verfahren	**A**	POIS/*UP*		POIS/*UP*	
	B	Willemain/*LOW*	Willemain/*LOW*	Willemain/*LOW*	Willemain/*LOW*
	C	Willemain/*LOW* $(S1) \Rightarrow S2$		Willemain/*LOW* $(S1) \Rightarrow S2$	
	D	bCosts/*RAND* $(S1) \Rightarrow S2$		bCosts/*LOW* $(S1) \Rightarrow S2$	
	E	*MIN*/*RAND*	MIN/*RAND*	*MIN*/*RAND*	*MIN*/*RAND*
Ergebnisse	**A**	1,000	1,000	1,000	1,000
	B	0,449	0,428	0,398	0,372
	C	•	0,428	•	0,372
	D	•	0,455	•	0,410
	E	0,388	0,371	0,333	0,315
Differenz	**B – A**	−0,551	−0,572	−0,602	−0,628
	C – A	•	−0,572	•	−0,628
	B – C	•	0,000	•	0,000
	D – A	•	−0.545	•	−0,590
	B – E	0,061	0,057	0,065	0,057
	C – E	•	0,057	•	0,057
	D – E	•	0,084	•	0,095

Zur Erläuterung der Abkürzungen vgl. Tabelle 6.4

Kriteriums *cost.total* (berücksichtigt in der Methode *bCosts*) zu einer deutlichen Verbesserung im Vergleich zur Referenzkategorie. Auch durch die Verwendung des neu entwickelten Maßes *MAQEB* kann eine Kostenreduktion im Vergleich zur Referenzkategorie realisiert werden.

Die aus den unterschiedlichen Möglichkeiten der Verfahrensauswahl resultierenden Ergebnisse sind in Tabelle 6.7 für den Poisson-verteilten Datensatz dargestellt.

Die für die Ergebnisdarstellung in Tabelle 6.7 benötigten Schätzergebnisse des Segments 1 (vgl. Abbildung 5.3), ausgehend von der Kalibrationsstichprobe $(1,\ldots,N_1)$ und der dazugehörenden Teststichprobe $(N_{1+1},\ldots,T_2)$, sind in Anhang A.5 in den Tabellen A.16 und A.17 dargestellt.

Bezüglich der in Tabelle 6.7 dargestellten Schätzergebnisse können die folgenden Beobachtungen zusammengefasst werden:

1. Generell führt die Benchmarkkombination aus Verfahren und Möglichkeit der Quantilsberechnung (Auswahlkriterium **A** in Tabelle 6.4) bei keinem der dargestellten Szenarien im Vergleich zu Alternativkombinationen aus Verfahren und Quantilsberechnungsmethode zu den geringsten Kosten. Soll aus Sicht des Entscheiders beispielsweise aus unternehmenspolitischen Gründen dennoch auf das Benchmarkverfahren zurückgegriffen werden, dann führt der Wechsel der Quantilsberechnungsvariante zu einer Kostenreduktion. Bei einem α_z von 50% sollten sie entsprechend der Alternative *RAND* berechnet werden. Für höhere Zielservicegrade sollten die Quantile durch die Variante *LOW* berechnet werden, um die Gesamtkosten zu verringern (vgl. Tabelle 6.6). Bezogen auf die betriebliche Praxis bedeutet dies, dass bei den üblicherweise verwendeten hohen Servicegraden die genaue Analyse besonders wichtig ist.

2. Das für den Datensatz kostenoptimale Verfahren für die Segmente $S1$ und $S2$ ist nur für den Zielservicegrad von $\alpha_z = 0,5$ unterschiedlich (Auswahlkriterium **B** in Tabelle 6.4). Hier beträgt die Differenz zwischen den extrahierten Ergebnissen **B** und **C** insgesamt $0,064$ $(B-C)$. Wird die für alle Zeitreihen mit der Länge T_1 (Segment $S1$) optimale Verfahrens- und Quantilskombination SB/LOW für alle Zeitreihen der Länge T_2 (Segment $S2$) zur Prognose verwendet, dann sind die Gesamtkosten im Vergleich zum optimalen Verfahren für alle Zeitreihen des Segments $S2$ um $6,4\%$ höher.

3. Werden die Evaluationsergebnisse des Segments $S1$ bei den Schätzungen des zweiten Segments $S2$ mitberücksichtigt, dann kann mit Ausnahme eines Zielservicegrades von $\alpha_z = 0,5$ festgestellt werden, dass die datensatzbasierte Verfahrensauswahl (Auswahlkriterium **C** in Tabelle 6.4) der zeitreihenbasierten Verfahrensauswahl (Auswahlkriterium **D** in Tabelle 6.4) vorzuziehen ist. Hierdurch wird eine größere Kostenreduktion bezogen auf den gesamten Datensatz realisiert. Grundsätzlich ist davon auszugehen, dass auch der Berechnungsaufwand bei einer datensatzbasierten Verfahrensauswahl geringer ist. Für den Fall $\alpha_z = 0,5$ führen beide Alternativen zu identischen Ergebnissen.

4. Erfolgt die Auswahl anhand von Evaluationskriterien in $S1$ und werden die ausgewählten Verfahren in Kombination mit der Quantilsberechnung auf $S2$ angewendet (Auswahlkriterium **D** in Tabelle 6.4), so ist mit einer Ausnahme die Auswahl anhand des Kriteriums *cost.total* – also die Methode *bCosts* – im Vergleich zu den anderen zur Auswahl stehenden Kriterien überlegen. Die auf Punktevaluationsmaßen basierenden statistischen Evaluationsmaße schneiden bei der zeitreihenbasierten Verfahrensauswahl insgesamt schlecht ab. Das neu entwickelte Maß $MAQEB$ führt ebenfalls bei allen Servicegraden zu einer Kostenreduktion.

5. Je höher der Zielservicegrad, desto größer werden die Einsparpotentiale, die durch einen Verfahrenswechsel entstehen. Dies wird durch die insgesamt abnehmenden Ergebnisse in der Evaluationstabelle ersichtlich. Ab einem Zielservicegrad von 90% ist jede aufgeführte Kombination aus Verfahren und Quantilsberechnungsalternative dem Benchmarkverfahren überlegen. Zusätzlich lässt sich

beobachten, dass die Abweichungen zum absoluten Kostenoptimum (Auswahlkriterium **E** in Tabelle 6.4) mit steigendem Zielservicegrad geringer werden. Man nähert sich also dem bestmöglichen Optimum an.

6. Auffällig ist, dass bei dem Poisson-verteilten Datensatz nur einmal die Verteilungsmodellierung auf Basis der Poisson-Verteilung als kostenoptimales Verfahren resultiert. Dies ist bei einem Zielservicegrad von 50% und einer Quantilsberechnung entsprechend der Variante *RAND* der Fall.

7. Bezogen auf die in Abschnitt 6.1.2 vorgestellte automatische Verfahrensreduktion zur Einschränkung des Prognoseportfolios lässt sich feststellen, dass alle im Rahmen von Tabelle 6.7 als optimal identifizierte Kombinationen aus Verfahren und Quantilsberechnung auch a priori mindestens einmal ausgewählt wurden (vgl. hierzu die Tabellen A.17 und 6.6). Dies wird deutlich, da jeweils mindestens ein als optimal ausgewähltes und hervorgehobenes Verfahren pro Servicegrad in Tabelle 6.7 ebenfalls grau hinterlegt ist. Dementsprechend lässt sich durch eine a priori durchgeführte automatisierte Verfahrensauswahl der Analyseaufwand reduzieren, ohne für den Anwender relevante Verfahren auszuschließen.

Bereits jetzt lässt sich beobachten, dass die gezogenen Schlüsse – wie bereits erwähnt – stark von den getroffenen Annahmen und von den zugrunde liegenden Daten abhängen. Daher erfolgt der weitere Vergleich, nachdem die Schätzergebnisse für die anderen Datensätze dargestellt worden sind, in Abschnitt 6.2.2.5.

6.2.2.2. Negative Binomialverteilung

Tabelle 6.8 fasst die Evaluationsergebnisse für die beiden Segmente $S1$ und $S2$ des negativ binomialverteilten Datensatzes zusammen. Die korrespondierenden Schätzergebnisse sind im Anhang A.5 in den Tabellen A.18 bis A.21 dargestellt.

Bei allen in den Tabellen A.18 und A.19 dargestellten Schätzergebnissen kann die in Gleichung 6.7 aufgeführte Nullhypothese des t-Tests bei einer Irrtumswahrscheinlichkeit von unter 1% verworfen werden.

Die Schätzergebnisse der metrischen Variablen ähneln denen des Poisson-verteilten Datensatzes. Auch hier führt eine Erhöhung der Nullbeobachtungen innerhalb der einzelnen Zeitreihen der jeweiligen Datensätze zu einer Reduktion der Gesamtkosten. Eine Erhöhung der durchschnittlichen positiven Nachfragehöhe sowie eine Erhöhung der relativen Streuung führt zu einer Steigerung der Gesamtkosten. Im Vergleich zu den Schätzergebnissen des Poisson-verteilten Datensatzes ist die Anpassungsgüte bei dem negativ binomialverteilten Datensatz etwas geringer.

Die weitere Analyse beschränkt sich überwiegend auf die in den Tabellen A.20 und A.21 dargestellten Evaluationsergebnisse. In Tabelle 6.8 werden die entscheidungsrelevanten Ergebnisse unterschiedlicher Auswahlkriterien zur Verfahrensauswahl extrahiert und miteinander verglichen (vgl. 6.4).

Ausgehend von den in Tabelle 6.8 dargestellten Schätzergebnissen für den negativ binomialverteilten Datensatz lassen sich die nachfolgend dargestellten Eigenschaften beobachten:

Tabelle 6.8.: Ergebnisse der Verfahrensauswahl für den negativ binomialverteilten Datensatz für unterschiedliche α_z-Werte

		$\alpha_z = 0,5$		$\alpha_z = 0,8$	
		$S1$	$S2$	$S1$	$S2$
Verfahren	**A**	NEGBIN/*UP*		NEGBIN/*UP*	
	B	POIS/*LOW*	POIS/*LOW*	SBAN/*LOW*	ShaleN/*LOW*
	C	POIS/*LOW* $(S1) \Rightarrow S2$		SBAN/*LOW* $(S1) \Rightarrow S2$	
	D	bCosts/*LOW* $(S1) \Rightarrow S2$		bMAQEA/*LOW* $(S1) \Rightarrow S2$	
	E	*MIN*/*LOW*	*MIN*/*LOW*	*MIN*/*LOW*	*MIN*/*LOW*
Ergebnisse	**A**	1,000	1,000	1,000	1,000
	B	0,753	0,766	0,900	0,883
	C	•	0,766	•	0,921
	D	•	0,831	•	0,929
	E	0,723	0,725	0,814	0,806
Differenz	**B** − **A**	−0,277	−0,234	−0,100	−0,117
	C − **A**	•	−0,234	•	−0,079
	B − C	•	0,000	•	−0,038
	D − **A**	•	−0,169	•	−0,071
	B − **E**	0,030	0,041	0,086	0,077
	C − **E**	•	0,041	•	0,115
	D − **E**	•	0,106	•	0,123

		$\alpha_z = 0,9$		$\alpha_z = 0,95$	
		$S1$	$S2$	$S1$	$S2$
Verfahren	**A**	NEGBIN/*UP*		NEGBIN/*UP*	
	B	sDist/R*AND*	ShaleP/*LOW*	SB/*RAND*	sDist/*RAND*
	C	sDist/*RAND* $(S1) \Rightarrow S2$		SB/*RAND* $(S1) \Rightarrow S2$	
	D	bCosts/*LOW* $(S1) \Rightarrow S2$		bCosts/*RAND* $(S1) \Rightarrow S2$	
	E	*MIN*/*RAND*	*MIN*/*LOW*	*MIN*/*RAND*	*MIN*/*RAND*
Ergebnisse	**A**	1,000	1,000	1,000	1,000
	B	0,985	0,929	0,996	0,990
	C	•	0,987	•	0,997
	D	•	0,965	•	1,070
	E	0,839	0,810	0,826	0,812
Differenz	**B** − **A**	−0,150	−0,071	−0,004	−0,01
	C − **A**	•	−0,013	•	−0,003
	B − C	•	−0,058	•	−0,007
	D − **A**	•	−0,035	•	0,070
	B − **E**	0,146	0,119	0,170	0,178
	C − **E**	•	0,177	•	0,185
	D − **E**	•	0,155	•	0,258

Zur Erläuterung der Abkürzungen vgl. Tabelle 6.4

1. Bei höheren Servicegraden schneidet das Benchmarkverfahren (Auswahlkriterium **A** in Tabelle 6.4) überwiegend gut ab. So liegt beispielsweise bei $\alpha_z = 0,95$ pro Datensatz jeweils nur eine Kombination aus Verfahren und Möglichkeit der Quantilsberechnung vor, die besser abschneidet als das Benchmarkverfahren. Die Abstände sind dabei (beide Male) vernachlässigbar gering. Bezogen auf die Benchmarkkombination aus Verfahren und Quantilsberechnung kann des Weiteren festgehalten werden, dass die Quantile nicht entsprechend der Variante *UP* berechnet werden sollten. Um die Gesamtkosten zu minimieren, wäre es sinnvoll, die Quantile entsprechend der Variante *LOW* zu berechnen. Dies führt zwar nur teilweise zu einer Reduzierung der Gesamtkosten, aber nicht zu deren Erhöhung (vgl. hierzu auch Tabelle A.20 und A.21).

2. Nur bei einem Zielservicegrad von $\alpha_z = 0,5$ ist das kostenoptimale Verfahren für den gesamten Datensatz (Auswahlkriterium **B** in Tabelle 6.4) für beide Segmente identisch. Hier wird beide Male die Verteilungsschätzung auf Basis der Poisson-Verteilung in Kombination mit der Quantilsberechnungsalternative LOW ermittelt. Bei den anderen Servicegraden kann allerdings festgestellt werden, dass die Differenzen zwischen den beiden kostenoptimalen Verfahren aus den Segmenten $S1$ und $S2$ $(B-C)$ im Absolutbetrag maximal $0,058$ betragen und daher als gering eingestuft werden können.

3. Bei den vorliegenden Datensätzen der Segmente $S1$ und $S2$ führt eine zeitreihenbasierte Verfahrensauswahl (Auswahlkriterium **C** in Tabelle 6.4) im Vergleich zu einer datensatzbasierten Verfahrensauswahl (Auswahlkriterium **D** in Tabelle 6.4) nur bei $\alpha_z = 0,9$ zu geringeren Kosten. Die Differenz zwischen beiden Varianten ist mit $-0,022$ allerdings vernachlässigbar gering. Deshalb ist die datensatzbasierte Verfahrensauswahl auf Basis der geringsten Kosten pro Datensatz den anderen Alternativen vorzuziehen.

4. Erfolgt die Auswahl anhand von Evaluationskriterien in $S1$ und werden die ausgewählten Verfahren in Kombination mit der Quantilsberechnung auf $S2$ angewendet (Auswahlkriterium **D** in Tabelle 6.4), ergibt sich bei diesem Datensatz die Problematik, dass das am besten geeignete Evaluationskriterium zur Auswahl im Rahmen der Analyse des Segments $S1$ bei $\alpha_z = 0,8$ der $MAQEA$ ist. Diese hieraus resultierende Methode *bMAQEA* wurde im Rahmen der Verfahrensreduktion für die Schätzungen des zweiten Segments $S2$ nicht vorselektiert und musste nachträglich hinzugefügt werden. Allerdings muss beachtet werden, dass die Verwendung dieser Methode bei $\alpha_z = 0,95$ zu einer Erhöhung der Kosten im Vergleich zum Benchmarkverfahren führt. Deshalb wurde auch dieses Verfahren nicht automatisiert ausgewählt. Des Weiteren kann der Abstand zur ausgewählten Methode *bCosts* als vernachlässigbar gering eingestuft werden. Bei den anderen Zielservicegraden ist die auf dem Evaluationskriterium *cost.total* in $S1$ beruhende Methode *bCosts* im Vergleich zu den anderen auf Evaluationskriterien basierenden Methoden am besten geeignet.

5. Die Differenzen der einzelnen Schätzergebnisse zum Kostenoptimum (Auswahlkriterium **E** in Tabelle 6.4) steigen mit zunehmendem Zielservicegrad. Dementsprechend muss sich der Anwender bewusst sein, dass beim Vorliegen von negativ binomialverteilten Daten und hohen Zielservicegraden durchaus eine Kostenreduktion möglich, diese aber noch ausbaufähig ist. An dieser Stelle sollten die verwendeten Standardverfahren an unter Umständen vorhandene besondere Datencharakteristika angepasst werden. Diese Anpassung ist allerdings sehr stark kontextabhängig.

6. Die größten durch einen Methodenwechsel bedingten Einsparpotenziale lassen sich bei diesem der negativen Binomialverteilung folgenden Datensatz bei eher geringen Servicegraden erreichen.

7. Allgemein betrachtet lässt sich feststellen, dass die a priori durchgeführte Verfahrensreduktion bei diesem Datensatz nicht optimal funktioniert. Dies zeigt sich daran, dass viele optimale Kostenreduktionen bei den Schätzungen nicht grau hinterlegt sind und daher nicht a priori ausgewählt wurden. Die Differenzen der

optimalen Verfahren bzw. Verfahrensvarianten zu den ausgewählten sind allerdings relativ gering.

Weitere Vergleiche und Analysen erfolgen gemeinsam für alle Datensätze in Abschnitt 6.2.2.5, nachdem die Schätzergebnisse einzeln erläutert worden sind.

6.2.2.3. Nullinflationierte Poisson-Verteilung

Die entsprechend der in Tabelle 6.4 angegebenen Auswahlkriterien extrahierten Evaluationsergebnisse für die Segmente $S1$ und $S2$ des nullinflationiert Poisson-verteilten Datensatzes sind in Tabelle 6.9 dargestellt. Die zugrunde liegenden Schätzergebnisse sind im Anhang A.5 in den beiden Tabellen A.22 und A.23 abgebildet. Bei den Tabellen A.24 und A.25 im Anhang handelt es sich um die entsprechenden Evaluationstabellen. Auch hier liegt der Schwerpunkt der Analyse auf diesen Tabellen.

Im Rahmen der Analyse der in den Tabellen A.22 und A.23 dargestellten Schätzergebnisse lässt sich beobachten, dass diese Ähnlichkeiten zu den vorherigen Schätzergebnissen aufweisen. Eine Erhöhung des prozentualen Anteils an Nullbeobachtungen innerhalb der Zeitreihen führt zu einer Verringerung der Gesamtkosten. Sowohl eine Erhöhung der durchschnittlichen positiven Nachfragehöhe als auch eine Erhöhung der relativen Streuung der Nachfragehöhe gehen mit Kostensteigerungen einher. Die ermittelten Bestimmtheitsmaße liegen zwischen $0,74$ und $0,82$.

Bei der Überprüfung der Signifikanz der einzelnen geschätzten Koeffizienten kann die in Gleichung 6.7 aufgeführte Nullhypothese des t-Tests bei einer Irrtumswahrscheinlichkeit von unter 1% zu jeder Zeit verworfen werden. Dementsprechend sind alle geschätzten Koeffizienten der metrischen Variablen sowie die Konstante des Regressionsmodells signifikant von Null verschieden.

Ausgehend von den in Tabelle 6.9 dargestellten ausgewählten und zusammengefassten Evaluationsergebnissen können folgende Aussagen getroffen werden:

1. Mit Ausnahme von $\alpha_z = 0,5$ gehört das Benchmarkverfahren (Auswahlkriterium **A** in Tabelle 6.4) zu den besten Verfahren. Bei $\alpha_z = 0,5$ schneidet sowohl bei den Schätzungen für Segment $S1$ als auch für Segment $S2$ die Verteilungsschätzung auf Basis der Poisson-Verteilung in Kombination mit nach unten abgerundeten Quantilen am besten ab. Allerdings kann festgestellt werden, dass die absolute Differenz zwischen dem Benchmarkverfahren und dem kostenoptimalen Verfahren mit $0,081$ ($S1$) und $0,067$ ($S2$) in beiden Fällen gering ist. Bezogen auf die Benchmarkkombination aus Verfahren und Quantilsberechnung kann des Weiteren festgehalten werden, dass die Berechnung der Quantile entsprechend der Variante *LOW* teilweise zu einer Reduktion der Gesamtkosten führt. Wie schon bei der negativen Binomialverteilung werden die Gesamtkosten dabei nicht bei jedem Zielservicegrad reduziert, aber eben auch nicht erhöht (vgl. hierzu auch Tabellen A.24 und A.25).

2. Wird das in Tabelle 6.4 dargestellte Auswahlkriterium **B** zur Verfahrensauswahl herangezogen, dann kann für alle Zielservicegrade festgestellt werden, dass die

Tabelle 6.9.: Ergebnisse der Verfahrensauswahl für den nullinflationiert Poisson-verteilten Datensatz für unterschiedliche α_z- Werte

		$\alpha_z = 0,5$		$\alpha_z = 0,8$	
		$S1$	$S2$	$S1$	$S2$
Verfahren	**A**	ZIP/UP		ZIP/*UP*	
	B	POIS/*LOW*	POIS/*LOW*	ZIP/*LOW*	ZIP/*LOW*
	C	POIS/*LOW* $(S1) \Rightarrow S2$		ZIP/*LOW* $(S1) \Rightarrow S2$	
	D	bCosts/*LOW* $(S1) \Rightarrow S2$		bCosts/*LOW* $(S1) \Rightarrow S2$	
	E	*MIN/LOW*	*MIN/LOW*	*MIN/LOW*	*MIN/LOW*
Ergebnisse	**A**	1,000	1,000	1,000	1,000
	B	0,761	0,786	0,989	0,941
	C	•	0,786	•	0,941
	D	•	0,831	•	0,984
	E	0,683	0,656	0,813	0,819
Differenz	**B − A**	−0,239	−0,214	0,110	−0,590
	C − A	•	−0,214	•	−0,590
	B − C	•	0,000	•	0,000
	D − A	•	−0,169	•	−0,016
	B − E	0,078	0,130	0,176	0,122
	C − E	•	0,130	•	0,122
	D − E	•	0,175	•	0,165
		$\alpha_z = 0,9$		$\alpha_z = 0,95$	
		$S1$	$S2$	$S1$	$S2$
Verfahren	**A**	ZIP/*UP*		ZIP/*UP*	
	B	ZIP/*URL*	ZIP/*URL*	ZIP/*URL*	ZIP/*URL*
	C	ZIP/*URL* $(S1) \Rightarrow S2$		ZIP/*URL* $(S1) \Rightarrow S2$	
	D	bCosts/*URL* $(S1) \Rightarrow S2$		bMAQEB/*LOW* $(S1) \Rightarrow S2$	
	E	*MIN/URL*	*MIN/URL*	*MIN/URL*	*MIN/URL*
Ergebnisse	**A**	1,000	1,000	1,000	1,000
	B	1,000	1,000	1,000	1,000
	C	•	1,000	•	1,000
	D	•	1,059	•	1,073
	E	0,873	0,869	0,854	0,848
Differenz	**B − A**	0,000	0,000	0,000	0,000
	C − A	•	0,000	•	0,000
	B − C	•	0,000	•	0,000
	D − A	•	0,059	•	0,073
	B − E	0,127	0,131	0,146	0,152
	C − E	•	0,131	•	0,152
	D − E	•	0,190	•	0,225
Zur Erläuterung der Abkürzungen vgl. Tabelle 6.4					

kostenoptimalen Verfahren für die Segmente $S1$ und $S2$ bei allen untersuchten Zielservicegraden identisch sind. Die Abkürzung *URL* hinter den entsprechenden Verfahren bei den Zielservicegraden $\alpha_z = 0,9$ und $\alpha_z = 0,95$ bedeutet, dass die Art der Quantilsberechnung irrelevant ist. Daher kann eine der drei Möglichkeiten *UP*, *RAND* oder *LOW* für die Berechnung verwendet werden. Irrelevant an dieser Stelle bedeutet, dass der geschätzte Einfluss der in Gleichung 6.4 dargestellten Dummy-Variablen $d_{i,k}^{Q}$ bei einem angenommenen Signifikanzniveau von 1% keinen Einfluss hat.

3. Bei einer Berücksichtigung der Evaluationsergebnisse für das Segment $S1$ bei den Schätzungen für das Segment $S2$ kann festgestellt werden, dass eine daten-

satzbasierte Verfahrensauswahl (Auswahlkriterium **C** in Tabelle 6.4) einer zeitreihenbasierten (Auswahlkriterium **D** in Tabelle 6.4) zu jeder Zeit überlegen ist.

4. Bezogen auf das in Tabelle 6.4 dargestellte Auswahlkriterium **D** lässt sich unabhängig vom vorherigen Punkt feststellen, dass für die Zielservicegrade 50%, 80% und 90% als Evaluationskriterium für eine zeitreihenbasierte Verfahrensauswahl das Maß $cost.total$ verwendet werden sollte. Bei einem Zielservicegrad von 90% sollte das neu entwickelte Maß $MAQEB$ zur Verfahrensauswahl herangezogen werden. Von den statistischen Evaluationsmaßen schneidet das Maß $MAPE_S$ am besten ab. Allerdings kommt es durch die Verwendung dieses Maßes bei allen Zielservicegraden zu einer Kostensteigerung.

5. Die Differenzen der einzelnen Schätzergebnisse zum Kostenoptimum (Auswahlkriterium **E** in Tabelle 6.4) sind bei beiden Schätzungen bei einem Zielservicegrad von 50% am größten. Für die restlichen Servicegrade sind die Abweichungen geringer.

6. Da die Ergebnisse entsprechend der Verfahrensauswahl des kostenoptimalen Verfahrens pro Datensatz (Auswahlkriterium **B** in Tabelle 6.4) für beide Segmente identisch sind, sind dementsprechend auch die die nach den Kriterien ausgewählten Ergebnisse **B** und **C** identisch für das Segment $S2$.

7. Wie bei dem negativ binomialverteilten Datensatz lassen sich auch hier die Einsparpotenziale durch einen Methodenwechsel bei eher geringen Servicegraden erreichen.

8. Die a priori durchgeführte Verfahrensauswahl funktioniert bei dem vorliegenden Datensatz optimal. Es wurde jede als optimal eingestufte Kombination aus Verfahren und Quantil a priori ausgewählt. Liegen dementsprechend nullinflationiert Poisson-verteilte Zeitreihen vor, dann kann die Komplexität der Analyse durch eine a priori durchgeführte Verfahrensauswahl reduziert werden.

6.2.2.4. Hurdle-Poisson-Verteilung

Abschließend sind in Tabelle 6.10 die für beide Segmente des Hurdle-Poisson-verteilten Datensatzes zusammengefassten Evaluationsergebnisse dargestellt. Die zugrunde liegenden Schätzergebnisse sind im Anhang A.5 in den Tabellen A.26 und A.27 aufgeführt. Die für Tabelle 6.10 benötigten Evaluationsergebnisse sind in den Tabellen A.28 und A.29 aufgeführt.

Bei allen in den Tabellen A.26 und A.27 dargestellten Koeffizienten kann die in Gleichung 6.7 dargestellte Nullhypothese des t-Tests bei einer Irrtumswahrscheinlichkeit von unter 1% verworfen werden. Eine Erhöhung der durchschnittlichen positiven Nachfragehöhe sowie eine Erhöhung der relativen Streuung der Nachfragehöhe gehen mit Kostensteigerungen einher. Eine Verringerung der Gesamtkosten tritt ein, wenn sich der prozentuale Anteil an Nullbeobachtungen innerhalb der Zeitreihen erhöht. Allgemein kann festgestellt werden, dass die Ergebnisse den Erwartungen entsprechen und mit den vorherigen Ergebnissen vergleichbar sind.

Tabelle 6.10.: Ergebnisse der Verfahrensauswahl für den Hurdle-Poisson-verteilten Datensatz für unterschiedliche α_z- Werte

		$\alpha_z = 0,5$		$\alpha_z = 0,8$	
		$S1$	$S2$	$S1$	$S2$
Verfahren	**A**	HURDLEP/UP		HURDLEP/*UP*	
	B	HURDLEP/*LOW*	bCosts/*LOW*	HURDLEP/*URL*	HURDLEP/*URL*
	C	HURDLEP/*LOW* $(S1) \Rightarrow S2$		HURDLEP/*URL* $(S1) \Rightarrow S2$	
	D	bCosts/*LOW* $(S1) \Rightarrow S2$		bCosts/*URL* $(S1) \Rightarrow S2$	
	E	*MIN/LOW*	*MIN/LOW*	*MIN/URL*	*MIN/URL*
Ergebnisse	**A**	1,000	1,000	1,000	1,000
	B	0,921	0,887	1,000	1,000
	C	•	0,919	•	1,000
	D	•	0,887	•	1,042
	E	0,755	0,752	0,886	0,890
Differenz	**B** – **A**	−0,079	−0,113	0,000	0,000
	C – **A**	•	−0,081	•	0,000
	B – C	•	−0,032	•	0,000
	D – **A**	•	−0,113	•	0,042
	B – **E**	0,166	0,135	0,114	0,110
	C – **E**	•	0,167	•	0,110
	D – **E**	•	0,135	•	0,152

		$\alpha_z = 0,9$		$\alpha_z = 0,95$	
		$S1$	$S2$	$S1$	$S2$
Verfahren	**A**	HURDLEP/*UP*		HURDLEP/*UP*	
	B	HURDLEP/*URL*	Willemain/*LOW*	HURDLEP/*UR*	HURDLEP/*UR*
	C	HURDLEP/*URL* $(S1) \Rightarrow S2$		HURDLEP/*UR* $(S1) \Rightarrow S2$	
	D	bMAQEB/*LOW*$(S1) \Rightarrow S2$		bMAQEB/*LOW* $(S1) \Rightarrow S2$	
	E	*MIN/URL*	*MIN/URL*	*MIN/UR*	*MIN/UR*
Ergebnisse	**A**	1,000	1,000	1,000	1,000
	B	1,000	0,994	1,000	1,000
	C	•	1,000	•	1,000
	D	•	1,027	•	1,083
	E	0,894	0,893	0,869	0,858
Differenz	**B** – **A**	0,000	−0,006	0,000	0,000
	C – **A**	•	0,000	•	0,000
	B – C	•	−0,006	•	0,000
	D – **A**	•	0,027	•	0,083
	B – **E**	0,106	0,101	0,131	0,142
	C – **E**	•	0,107	•	0,142
	D – **E**	•	0,134	•	0,225
Zur Erläuterung der Abkürzungen vgl. Tabelle 6.4					

Die einzelnen Bestimmtheitsmaße variieren zwischen $0,72$ und $0,83$. Im Vergleich zu den anderen Schätzergebnissen lässt sich hier beobachten, dass die Anpassungsgüte bei hohen Zielservicegraden geringer ist als bei niedrigeren.

Ausgehend von den in Tabelle 6.9 dargestellten ausgewählten und zusammengefassten Evaluationsergebnissen können die folgenden Aussagen getroffen werden:

1. Das zugrunde liegende Benchmarkverfahren (Auswahlkriterium **A** in Tabelle 6.4) gehört – bis auf eine Ausnahme – immer zu den kostenoptimalen Verfahren. Lediglich im Rahmen der Evaluation der Schätzergebnisse des ersten Segments $S2$ und $\alpha_z = 0,5$ wird das Benchmarkverfahren nicht als kostenoptimal identifiziert. Die Differenz zum kostenoptimalen Verfahren $bCosts$ ist mit $0,032$ jedoch vernach-

lässigbar gering. Wird neben dem optimalen Verfahren auch noch die Quantilsberechnung mitberücksichtigt, dann führt hier ein Wechsel auf die Variante *LOW* im Vergleich zur Benchmarkkategorie bei den Zielservicgraden von 50%, 80% und 90% zu geringeren Kosten. Bei einem Zielservicegrad von 95% führt die Berechnung entsprechend der Variante *LOW* zu höheren Kosten und sollte daher nicht angewendet werden. An dieser Stelle wäre es besser, die Quantile entsprechnd der Variante *UP* weiter zu berechnen (vgl. hierzu auch die Tabellen A.28 und A.29).

2. Die kostenoptimalen Verfahren für die Segmente $S1$ und $S2$ (Auswahlkriterium **B** in Tabelle 6.4) sind nur bei den Zielservicegraden 80% und 95% identisch. Bei den anderen Zielservicegraden betragen die Differenzen $0,032$ $(\alpha_z = 0,5)$ und $0,006$ $(\alpha_z = 0,9)$. Die Differenzen können auch hier als gering eingestuft werden. Die Abkürzung *URL* bzw. UR hinter den entsprechenden Verfahren bei den Zielservicegraden $\alpha_z = 0,8$ und $\alpha_z = 0,9$ bzw. $\alpha_z = 0,95$ bedeutet, dass die Art der Quantilsberechnung irrelevant ist. Daher kann eine der drei bzw. zwei Möglichkeiten *UP, RAND, LOW* bzw. *UP, RAND* für die Berechnung verwendet werden.

3. Werden die Evaluationsergebnisse des Segments $S1$ bei den Schätzungen des zweiten Segments $S2$ mitberücksichtigt, dann kann mit Ausnahme eines Zielservicegrades von $\alpha_z = 0,5$ festgestellt werden, dass die datensatzbasierte Verfahrensauswahl (Auswahlkriterium **C** in Tabelle 6.4) der zeitreihenbasierten Verfahrensauswahl (Auswahlkriterium **D** in Tabelle 6.4) vorzuziehen ist. Lediglich bei α_z ist die zeitreihenbasierte Verfahrensauswahl der datensatzbasierten vorzuziehen. Aber auch hier sind die Einsparpotenziale eher gering. Die Differenz zwischen beiden beträgt $0,032$.

4. Interessant bei dem in Tabelle 6.4 dargestellten Auswahlkriterium **D** ist die Tatsache, dass dies bei den Zielservicegraden von 80%, 90% und 95% zu einer Kostensteigerung im Vergleich zum Benchmarkverfahren führt. Eine Erhöhung der Kosten im Vergleich zum Benchmarkverfahren konnte bei den anderen Datensätzen nicht beobachtet werden. Die geringste Kostensteigerung bei diesen Zielservicegraden kann durch die Maße $best.cost$ und *MAQEB* erreicht werden. Die statistischen Evaluationsmaße als Auswahlkriterium führen zu einer noch größeren Kostensteigerung.

5. Ähnlich wie beim nulliflationiert Poisson-verteilten Datensatz sind die Differenzen der einzelnen Schätzergebnisse zum Kostenoptimum (Auswahlkriterium **E** in Tabelle 6.4) bei beiden Schätzungen (Segement $S1$ und $S2$) bei einem Zielservicegrad von 50% am größten. Für die restlichen Servicegrade sind die Abweichungen geringer.

6. Wie bei den beiden vorherigen Datensätzen lassen sich auch hier die Einsparpotenziale durch einen Methodenwechsel bei eher geringen Servicegraden erreichen. Bei dem Hurdle-Poisson-verteilten Datensatz ist im Vergleich zu den vorherigen Datensätzen die Quantilsberechnungsalternative *LOW* bei hohen Zielservicegraden nicht bedingungslos zu empfehlen.

7. Die a priori durchgeführte Verfahrensauswahl selektiert auch bei diesem Datensatz a priori die richtigen Verfahren und Verfahrensvarianten.

Nachdem die Schätz- und Evaluationsergebnisse für die unterschiedlichen Datensätze dargestellt worden sind, werden die Beobachtungen und die daraus gewonnenen Erkenntnisse im nächsten Schritt miteinander verglichen.

6.2.2.5. Vergleich der Analyseergebnisse

Allgemein lässt sich bei den gesamten Schätz- und Evaluationsergebnissen für die simulierten Datensätze beobachten, dass die Verfahrensauswahl unabhängig von dem zugrunde liegenden DGP nicht eindeutig ist. Dennoch können aus den ermittelten Analyseergebnissen wichtige Erkenntnisse für den Prognoseprozess gewonnen werden. Aufgrund der Tatsache, dass es sich um simulierte Daten handelt, eine bestimmte Lagerhaltungspolitik $\left(1-S_L^{\alpha_z}\right)$ und damit eine bestimmte Kostenstruktur unterstellt wird, handelt sich dabei allerdings nicht um allgemeingültige Handlungsempfehlungen.

Es kann festgestellt werden, dass die datensatzbasierte Verfahrensauswahl (Auswahlkriterium **C** in Tabelle 6.4) der zeitreihenbasierten Verfahrensauswahl (Auswahlkriterium **D** in Tabelle 6.4) in fast allen Fällen überlegen ist und zu einer Reduktion der Kosten führt. In denjenigen Fällen, in welchen die zeitreihenbasierte Verfahrensauswahl der datensatzbasierten Verfahrensauswahl überlegen ist, sind die Kostenersparnisse vernachlässigbar gering.

Aus den basierend auf den Evaluationsergebnissen durchgeführten Vergleichen kann geschlossen werden, dass es grundsätzlich ausreicht, ein Prognoseverfahren für alle Zeitreihen innerhalb eines Datensatzes zu verwenden. Dieses Vorgehen führt zu geringeren Kosten als die Verwendung von basierend auf Evaluationskriterien ausgewählten unterschiedlichen Prognoseverfahren für einzelne Zeitreihen innerhalb eines Datensatzes. Das gute Abschneiden der Methode der datensatzbasierten Verfahrensauswahl **C** hat aus praktischer Sicht zusätzlich den Vorteil, dass hierdurch der Prognoseaufwand deutlich reduziert werden kann.

Die Ergebnisse der zeitreihenbasierten Verfahrensauswahl **D** lassen den Schluss zu, dass die statistischen Evaluationsmaße zur Verfahrensauswahl beim Vorliegen von sporadischen Nachfragezeitreihen nicht geeignet sind. In den vorliegenden Fällen führt keine auf statistischen Evaluationskriterien basierende Methode (vgl. Abschnitt 5.3.3) zur größten Kostenreduktion im Vergleich zu den anderen Methoden. Sehr häufig verursachen diese Methoden eine Kostensteigerung. Erfolgt die Auswahl auf Basis betriebswirtschaftlicher Evaluationskriterien oder mithilfe des neu entwickelten Maßes *MAQE*, so kann unter gewissen Umständen eine Kostenreduktion realisiert werden.

Datensatzübergreifend kann beobachtet werden, dass die Art der Quantilsberechnung erheblichen Einfluss auf die Gesamtkosten nimmt. Die in Theorie und Praxis häufig verwendete Möglichkeit der Quantilsberechnung entsprechend der Variante *UP* führt häufig zu höheren Kosten im Vergleich zu den in dieser Arbeit vorgestellten Alternativen der Quantilsberechnung *LOW* und *RAND*.

Bei keinem der hier vorgestellten Analyseergebnisse wurde die Quantilsberechnung entsprechend der Variante *UP* als alleinige beste Alternative ermittelt. Lediglich bei den Evaluationsergbnissen für die nullinflationiert Poisson- und Hurdle-Poisson-verteilten

Datensätze in Kombination mit hohen Zielservicegraden wird die Variante *UP* der Quantilsberechnung – neben weiteren Varianten – als kostenoptimal identifiziert. Grund hierfür ist, dass sich bei diesen Verteilungen bei hohen Zielservicegraden die Haupteffekte der Quantilsberechnung nicht signifikant von Eins unterscheiden. Datensatzübergreifend schneidet die Variante *LOW* am besten ab.

Des Weiteren kann festgestellt werden, dass mit Ausnahme des Poisson-verteilten Datensatzes die Verteilungsmodellierung basierend auf dem bekannten DGP des zugrunde liegenden Datensatzes bei hohen Zielservicegraden zu nahezu optimalen Ergebnissen führt.

Bei dem Poisson-verteilten Datensatz ist es genau andersherum: Hier können die Gesamtkosten durch einen Verfahrenswechsel bei hohen Zielservicegraden deutlich reduziert werden. Dementsprechend könnten an dieser Stelle Verteilungstests zur Identifikation des zugrunde liegenden DGP bei der Verfahrensauswahl helfen. Kann die Verteilung des DGP identifiziert werden und handelt es sich dabei um einen nicht Poissonverteilten DGP, so können kostenoptimale Prognosen durch eine direkte Modellierung des DGP erstellt werden.

Abschließend lässt sich festhalten, dass die Standardverfahren zur Prognose von sporadischen Nachfragen aus der Familie der Glättungsmodelle nicht gut abschneiden. Nur jeweils einmal werden die Methoden SBAN, ShaleN und ShaleP als kostenoptimales Verfahren ausgewählt. Das in der Praxis gängige Verfahren CrostN wurde kein einziges Mal als alleiniges kostenoptimales Verfahren ausgewählt. Lediglich bei den in Tabelle 6.6 und A.29 dargestellten Schätzergebnissen gehört das Verfahren CrostP bei $\alpha_z = 0,5$ bzw. $\alpha_z = 0,8$ zu einer Vielzahl von kostenoptimalen Verfahren. Allerdings wird hier von Poisson-verteilten Nachfragen ausgegangen.

6.2.3. Reale Datensätze

Nachdem im vorherigen Abschnitt die simulierten Datensätze analysiert wurden, erfolgt nun die Analyse der realen Datensätze. Aufgrund der Länge der Zeitreihen innerhalb der Datensätze ist deren Aufteilung in zwei Segmente mit zwei unterschiedlichen Kalibrations- und Teststichproben nicht praktikabel. Die jeweiligen Segmente wären für eine aussagekräftige Analyse zu kurz. Aus diesem Grund muss im weiteren Verlauf auf die Aufteilung verzichtet werden. Hierdurch reduzieren sich auch die Möglichkeiten der Verfahrensauswahlevaluation, da die Auswahlkriterien **C** und **D** nicht mehr aus den Evaluationsergebnissen extrahiert und somit nicht für einen Verfahrensvergleich herangezogen werden (vgl. Abbildung 5.3).

Zusätzlich muss beachtet werden, dass sich das Benchmarkverfahren bei den realen Datensätzen im Vergleich zu den simulierten Datensätzen ändert. Aus diesem Grund wird das zum Benchmarkverfahren gehörende Auswahlkriterium im weiteren Verlauf nicht mehr als **A**, sondern als $\mathbf{A}^{\mathrm{r}}$ bezeichnet. Als Benchmarkverfahren wurde aufgrund der Verbreitung in der betriebswirtschaftlichen Praxis das Verfahren von Croston (1972) gewählt. Die Parameterschätzung erfolgt dabei datengetrieben auf Basis der jeweils zugrunde liegenden Kalibrationsstichprobe (vgl. Abschnitt 3.2.12). Die

Quantile der über die Wiederbeschaffungszeit kumulierten Nachfrage werden bei dem Benchmarkverfahren mithilfe der Normalverteilungsannahme und der Quantilsberechnungsmethode *UP* geschätzt. (vgl. Tabelle 6.4).

Die basierend auf den Auswahlkriterien $\mathbf{A}^{\mathrm{r}}$, **B** und ***E*** extrahierten Evaluationsergebnisse können weiter für einen Verfahrensvergleich verwendet werden. In der Praxis kann eine Evaluation der Auswahlmöglichkeiten **C** und **D** nur ex ante erfolgen, und zwar nachdem mehr Beobachtungspunkte vorhanden sind. Genau dies wurde mit der Aufteilung der zugrunde liegenden simulierten Datensätze erreicht (vgl. Abbildung 5.3).

Des Weiteren entspricht das für den Verfahrensvergleich durchgeführte Vorgehen dem bei den simulierten Datensätzen (vgl. Abschnitt 6.2.2). Es wird das in Abschnitt 6.1.3 beschriebene multiplikative Modell 6.3 als Grundlage der Analyse unterstellt. Gleichung 6.4 stellt die zur Schätzung verwendete Regressionsgleichung dar. Für jeden Datensatz werden Regressionsmodelle für die Zielservicegrade von $50\%, 80\%, 90\%$ und 95% geschätzt und genau analysiert. Als Analysegrundlage dienen die in den Abschnitten 6.1.3 und 6.1.4 beschriebenen Schätz- und Evaluationstabellen pro Datensatz und Schätzung. Das bei der multiplikativen Verknüpfung der beiden Haupt- und Nebeneffekte angenommene Signifikanzniveau beträgt 1%. Auch hier wird die Signifikanz der einzelnen geschätzten Parameter mithilfe des t-Tests überprüft. Kann die in Gleichung 6.6 beschriebene Nullhypothese bei gegebener Irrtumswahrscheinlichkeit nicht verworfen werden, dann wird der entsprechende Koeffizient gleich Eins gesetzt.

Um die Anzahl der potenziell zu vergleichenden Verfahren zu reduzieren, wurde auch bei jedem realen Datensatz eine automatische Verfahrensvorauswahl entsprechend des in Abschnitt 6.1.2 beschriebenen Vorgehens durchgeführt. Die Häufigkeit der Auswahl einzelner Verfahren nach einzelnen Kriterien wird in den entsprechenden Evaluationstabellen der zusammengefassten Haupt- und Interaktionseffekte nach dem Methodennamen in Klammern aufgelistet.

In Tabelle 6.11 sind die entscheidungsrelevanten Evaluationsergebnisse für die drei in Abschnitt 5.2.2 beschriebenen realen Datensätze zusammengefasst. Die jeweiligen Schätzergebnisse sind im Anhang in den Tabellen A.30 bis A.32 dargestellt. In den Tabellen A.33 bis A.35 befinden sich die zu den Schätzungen korrespondierenden Evaluationstabellen.

Betrachtet man die im Anhang dargestellten Schätzergebnisse in den Tabellen A.30, A.31 und A.32, so lässt sich feststellen, dass die Bestimmtheitsmaße der einzelnen Regressionsmodelle im Vergleich zu den simulierten Datensätzen abgenommen haben. Bei den simulierten Datensätzen liegen die Bestimmtheitsmaße zwischen $0{,}65$ und $0{,}83$, während die Bestimmtheitsmaße bei den realen Datensätzen zwischen $0{,}35$ und $0{,}51$ liegen. Unabhängig von dem jeweiligen Datensatz und dem angenommenen Zielservicegrad sind alle geschätzten Koeffizienten der metrischen Variablen sowie der Konstanten bei einer Irrtumswahrscheinlichkeit von kleiner als 1% verschieden.

Bei allen drei Datensätzen führt eine Erhöhung der Nullbeobachtungen innerhalb der einzelnen Zeitreihen zu einer Kostenreduktion. Eine Erhöhung der durchschnittlichen positiven Nachfragehöhe, sowie auch eine Erhöhung der relativen Streuung, führt zu einem Anstieg der Gesamtkosten.

Tabelle 6.11.: Ergebnisse der Verfahrensauswahl bei den realen Datensätzen für unterschiedliche α_z- Werte

		$\alpha_z = 0,5$			$\alpha_z = 0,8$		
Datensatz		FT	AT1	AT2	FT	AT1	AT2
Verfahren	$\mathbf{A}^r$		CrostN/*UP*			CrostN/*UP*	
	B	POIS/*LOW*	CrostN/*URL*	POIS/*LOW*	ShaleMA4P/*URL*	BSMAP/*UR*	POIS/*LOW*
	E	*MIN/LOW*	*MIN/RAND*	*MIN/RAND*	*MIN/URL*	*MIN/UR*	*MIN/LOW*
Ergebnisse	$\mathbf{A}^r$	1,000	1,000	1,000	1,000	1,000	1,000
	B	0,375	1,000	0,130	0,666	0,920	0,394
	E	0,157	0,436	0,095	0,342	0,369	0,192
Differenz	$\mathbf{B} - \mathbf{A}^r$	−0,625	0,000	−0,87	−0,334	−0,08	−0,606
	$\mathbf{B} - \mathbf{E}$	0,218	0,564	0,035	0,324	0,551	0,202
		$\alpha_z = 0,9$			$\alpha_z = 0,95$		
Datensatz		FT	AT1	AT2	FT	AT1	AT2
Verfahren	$\mathbf{A}^r$		CrostN/*UP*			CrostN/*UP*	
	B	ShaleMA4P/*URL*	Willemain/*UR*	SBAN/*LOW*	ShaleMA4P/*URL*	BSMA4N/*UR*	SBAN/*LOW*
	E	*MIN/URL*	*MIN/UR*	*MIN/LOW*	*MIN/URL*	*MIN/UR*	*MIN/LOW*
Ergebnisse	$\mathbf{A}^r$	1,000	1,000	1,000	1,000	1,000	1,000
	B	0,764	0,757	0,607	0,827	0,592	0,740
	E	0,325	0,272	0,244	0,291	0,208	0,317
Differenz	$\mathbf{B} - \mathbf{A}^r$	−0,236	−0,243	−0,393	−0,173	−0,408	−0,260
	$\mathbf{B} - \mathbf{E}$	0,439	0,485	0,363	0,536	0,384	0,423
Zur Erläuterung der Abkürzungen vgl. Tabelle 6.4							

Vergleicht man die in Tabelle 6.11 nach den entsprechenden Auswahlkriterien extrahierten Evaluationsergebnisse, so fällt auf, dass das Benchmarkverfahren *CrostN* mit der Quantilsberechnungvariante *UP* nur bei dem Datensatz AT1 und einem Zielservicegrad von 50% das kostenoptimale Verfahren darstellt. In allen anderen Fällen führt ein Verfahrenswechsel zu einer teilweise erheblichen Kostenreduktion. Die größte Kostenreduktion lässt sich bei $\alpha_z = 0,5$ und dem Datensatz AT2 beobachten.

Betrachtet man die als kostenoptimal identifizierten Verfahren (Auswahlkriterium **B** in Tabelle 6.4), dann unterscheiden sich diese im Vergleich zu den bei den simulierten Datensätzen identifizierten Verfahren bis auf wenige Ausnahmen. Bei den hier untersuchten realen Datensätzen schneiden, mit Ausnahme eines Zielservicegrads von $\alpha_z = 0,5$, die auf einer gleitenden Durchschnittsberechnung basierenden und für die Prognose von sporadischen Zeitreihen angepassten naiven Prognoseverfahren gut ab. Die Verteilungsmodellierung auf Basis der Poisson-Verteilung führt bei Zielservicegraden von 50% und 80% in drei Fällen zu den geringsten Kosten.

Des Weiteren lässt sich beobachten, dass die Art der Quantilsberechnung bezogen auf die daraus resultierenden Kosten in vier Fällen nicht relevant ist. Dies ist immer dann der Fall, wenn hinter dem ausgewählten Verfahren die Buchstaben *URL* stehen. Das bedeutet, dass alle drei Quantilsberechnungsvarianten zu identischen Evaluationsergebnissen führen. In zwei Fällen führen die Quantilsberechnungsvarianten *UP* und *RAND* zu signifikant anderen Ergebnissen. In diesen Fällen steht hinter der ausgewählten Methode die Abkürzung *UR*.

Wenn es signifikante Unterschiede bezüglich der Alternative der Quantilsberechnung gibt, dann ist die Alternative *LOW* den anderen Varianten überlegen und führt zu geringeren Gesamtkosten. Da die Alternative der Quantilsberechnung *LOW* bei den entscheidungsrelevanten Schätzergebnissen aber in keinem Fall zu höheren Kosten im Vergleich zur Benchmarkvariante *UP* führt, sollten die Quantile grundsätzlich entsprechend der Variante *LOW* berechnet werden.

Betrachtet man die ex ante auf Zeitreihenebene ermittelten und zusammengefassten kostenoptimalen Ergebnisse entsprechend des in Tabelle 6.4 beschriebenen Auswahlkriteriums **E**, so lässt sich feststellen, dass die Differenz zu dem auf Datensatzbasis ausgewählten kostenoptimalen Verfahren (Kriterium **B** in Tabelle 6.4) teilweise erheblich ist. Die Abweichungen liegen zwischen 0,035 und 0,564 und sind stark abhängig von dem zugrunde liegenden Zielservicegrad. Beispielsweise beträgt bei dem Datensatz FT die Differenz zwischen den nach den Kriterien **B** und **E** extrahierten Evaluationsergebnissen 0,218 bei einem Zielservicegrad von 50%, während eine Differenz von 0,536 bei einem Zielservicegrad von 95% beobachtet werden kann. Betrachtet man hingegen den Datensatz AT1, dann ist eine Differenz von 0,564 bei einem Zielservicegrad von 50% und 0,384 bei einem Zielservicegrad von 95% beobachtbar. Es wird ersichtlich, dass beim Datensatz FT eine Zunahme der Differenzen zum Kostenminimum vorherrscht, während beim Datensatz AT1 eine Abnahme beobachtet werden kann. Beim Datensatz AT2 lässt sich auch eine Zunahme beobachten.

Die geringste Differenz liegt beim Datensatz AT2 mit $\alpha_z = 0,5$ vor. Ein allgemeines Muster in den Abweichungen ist nicht erkennbar. Es wird nicht ersichtlich, dass die Abweichungen bei höheren bzw. niedrigeren Zielservicegraden besonders hoch bzw.

gering ausfallen. Die durchschnittliche Höhe der Abweichungen ist bei den simulierten Datensätzen nicht so groß wie bei den realen Datensätzen. Es wird deutlich, wie stark die getroffenen Ergebnisse von den Datensätzen und den unterstellten Zielservicegraden abhängen. Es sollte grundsätzlich überlegt werden, ob zur Steigerung der Prognosegüte noch weitere unternehmensspezifische Daten und Informationen mitberücksichtigt werden können.

Wie auch schon bei den simulierten Datensätzen beobachtet, ist das Abschneiden der Glättungsverfahren auch bei den empirischen Datensätzen nicht optimal. In nur drei Fällen wird ein auf der exponentiellen Glättung beruhendes Verfahren als kostenoptimales Verfahren ausgewählt.

Die in Tabelle 6.11 dargestellten Ergebnisse machen deutlich, dass gerade bei den realen Datensätzen eine allgemeine vordefinierte Verfahrensauswahl nicht ohne Weiteres möglich ist.

Auffällig bei den Datensätzen ist, dass relativ häufig Verfahren gut abschneiden, bei denen die Prognose mithilfe der letzten (vier bis zwölf) Beobachtungen vor dem Prognoseursprung erstellt wird. Dies könnte ein Indiz dafür sein, dass die zugrunde liegenden Zeitreihen nicht stationär sind (vgl. Teunter et al. (2011)).

Diese Vermutung wird durch die Abbildungen 6.5 und 6.4, welche die aggregierten Zeitreihen für jeden Datensatz darstellen, bestätigt. Abbildung 6.5 stellt dabei die Aggregate der realen Datensätze dar. Für die in Abbildung 6.5 dargestellten Aggregate der simulierten Datensätze wurden jeweils die Aggregate der gesamten Zeitreihen mit einer Länge von $T = 150$ verwendet.

Betrachtet man die Abbildungen 6.4 und 6.5 dann fällt auf, dass die Aggregate der realen Datensätze im Vergleich zu den simulierten Datensätzen Strukturen aufweisen. Dies wird besonders deutlich bei den Datensätzen `AT1` und `AT2`. Es ist davon auszugehen, dass das Aggregat des Datensatzes `AT1` einen negativen Trend aufweist und damit mindestens einzelne Zeitreihen des Datensatzes nicht stationär sind. Der Datensatz `AT2` könnte eine saisonale Komponente aufweisen. Diese ist bei insgesamt 24 Beobachtungen mit einer zugrunde liegenden Frequenz von 12 jedoch nicht ohne weitere Informationen identifizierbar[6].

Auffällig bei den Schätzergebnissen dieses Datensatzes ist, dass für die Zielservicegrade von 50% und 80% die Verteilungsschätzung auf Basis der Poisson-Verteilung als kostenoptimal identifiziert wird. Für die anderen beiden Servicegrade wird das Verfahren SBAN als kostenoptimal identifiziert. Bei diesem Verfahren handelt es sich um ein Verfahren, welches implizit einen instationären DGP unterstellt (vgl. Küsters und Speckenbach (2012) und Abschnitt 3.2.11).

Eine Struktur in dem Aggregat des Datensatzes `FT` ist im Vergleich zu den anderen Datensätzen nicht ohne Weiteres erkennbar. Vermutlich führt die relativ starke Schwankung der einzelnen absoluten Nachfragehöhen dazu, dass auch hier Verfahren, die

6 Verfahren für die im Rahmen dieser Arbeit nicht weiter durchgeführten genaueren Analyse der charakteristischen Eigenschaften einer aggregierten Zeitreihe lassen sich beispielsweise in Box et al. (2008) und Nieberle (2016) finden.

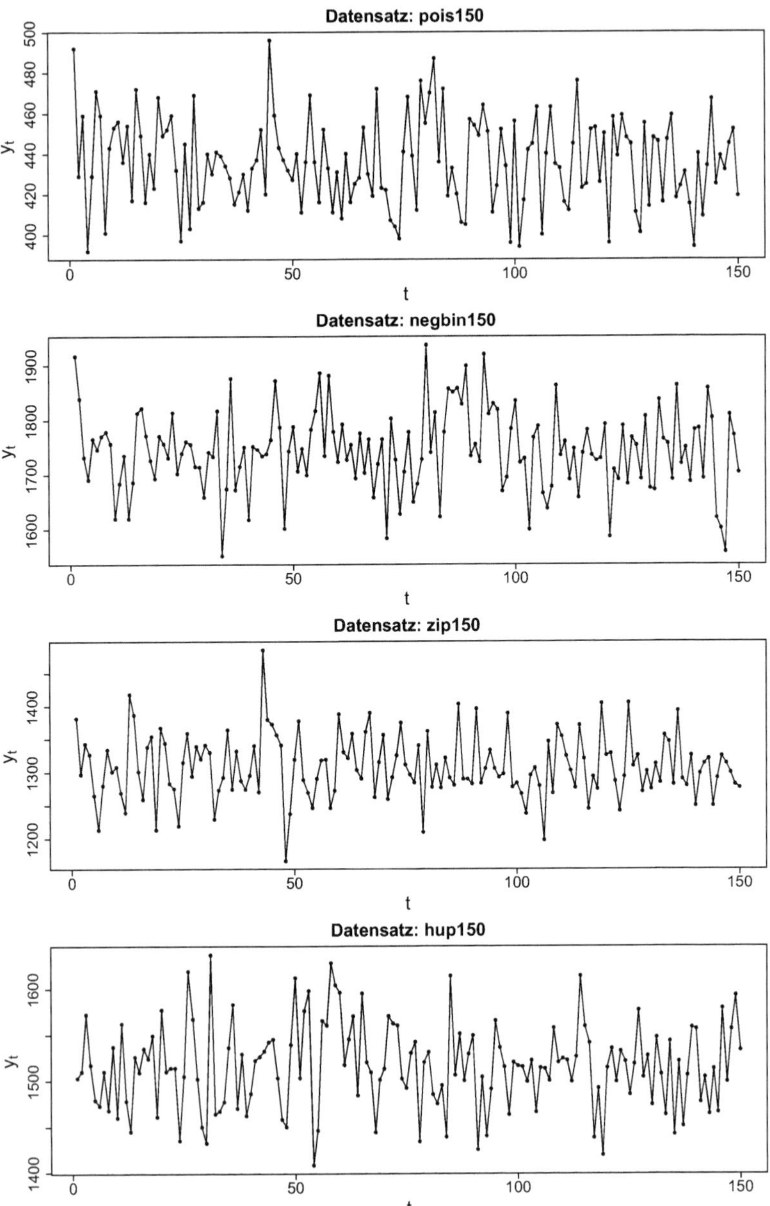

Abbildung 6.4.: Darstellung der einzelnen Aggregate der simulierten Datensätze.

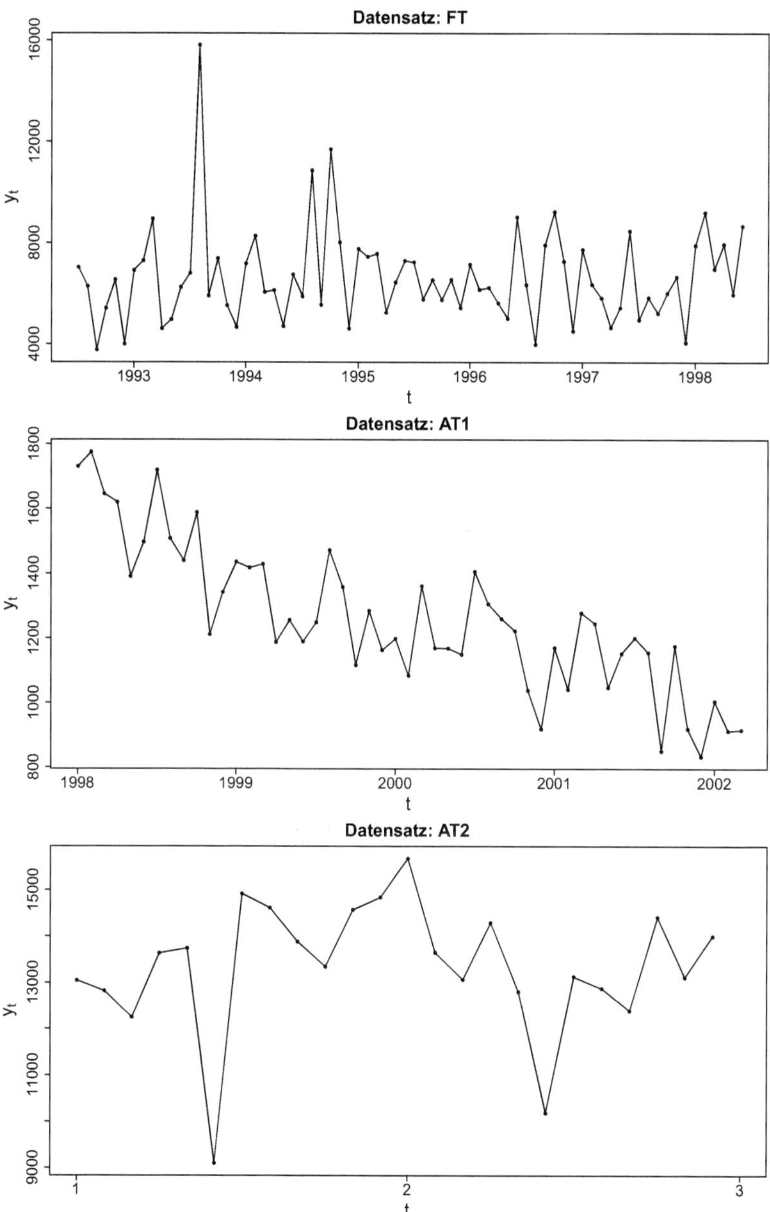

Abbildung 6.5.: Darstellung der einzelnen Aggregate der empirischen Datensätze.

nur wenige der letzten Beobachtungen vor dem Prognoseursprung berücksichtigen, zu den geringsten Kosten führen.

Da die in dieser Arbeit verwendeten Verfahren überwiegend implizit oder explizit stationäre DGPs voraussetzen bzw. unterstellen, sollte zur Prognose der erwarteten Nachfragehöhe zusätzlich auf spezielle Verfahren, die Instationaritäten berücksichtigen, zurückgegriffen werden (vgl. Nieberle (2016)). Für eine erste Entscheidung bezüglich der im Rahmen der Prognose zu verwendenden Verfahren bzw. Verfahrensvarianten ist es sinnvoll, das Aggregat des gesamten Datensatzes zu analysieren. Wird in diesem keine Struktur identifiziert (vgl. Abbildung A.17), ist die in dieser Arbeit angewendete datensatzspezifische Auswahl einer Kombination aus Prognoseverfahren und Variante der Quantilsberechnung ein adäquates Vorgehen zur Auswahl eines optimalen Prognoseverfahrens.

Abschließend lässt sich beobachten, dass die in Abschnitt 6.1.2 beschriebene automatisierte Verfahrensvorauswahl bei den vorliegenden realen Datensätzen Schwächen aufweist. In den Evaluationstabellen A.33, A.34 und A.35 wurden zwar alle Verfahren vorausgewählt, jedoch muss – wie nachfolgend dargestellt– beachtet werden, dass nicht jedes kostenoptimale Verfahren auch ausgewählt worden wäre, wenn die Analyse nur für einen Zielservicegrad durchgeführt worden wäre.

Beispielsweise ist das kostenoptimale Verfahren ShaleMA4P für einen Zielservicegrad von $\alpha_z = 0,9$ bei dem Datensatz FT in der Ergebnistabelle A.33 nur vorhanden, weil es für einen Zielservicegrad von $\alpha_z = 0,8$ ausgewählt worden ist. Insgesamt wurde das kostenoptimale Verfahren siebenmal erfolgreich vorselektiert. Das bedeutet, dass es in fünf Fällen nicht a priori ausgewählt wurde. Diese Tatsache führt dazu, dass im Rahmen der praktischen Anwendung auf eine Vorselektion verzichtet werden sollte.

7. Schlussbemerkung und Ausblick

Die Prognose von sporadischen Zeitreihen stellt eine Herausforderung für die betriebswirtschaftliche Prognostik dar. Nachdem Croston (1972) ein auf Basis der exponentiellen Glättung beruhendes Verfahren zur Prognose von sporadischen Zeitreihen vorgestellt hat, wurden im Laufe der nachfolgenden Jahre zahlreiche weitere Verfahren und Ansätze entwickelt. Allerdings ist die Anzahl der entwickelten Verfahren und Ansätze zur Prognose von sporadischen Zeitreihen nicht mit denen zur Prognose von schnelldrehenden Zeitreihen vergleichbar.

Ein weiteres Problem im Rahmen der Prognose von sporadischen Zeitreihen besteht darin, dass ein Vergleich unterschiedlicher Prognosemethoden bzw. -verfahren nicht ohne Weiteres möglich ist. Hauptgrund hierfür ist die Problematik, dass die Möglichkeiten eines Verfahrensvergleichs für Prognoseverfahren von schnelldrehenden Zeitreihen nicht ohne Anpassungen für langsamdrehende Zeitreihen übernommen werden können.

In dieser Arbeit wurde hierfür im Rahmen von Kapitel 6 ein neuer Ansatz entwickelt und angewendet. Mit dessen Hilfe konnte gezeigt werden, dass die Evaluation von Nachfrageprognosen auf Basis etablierter statistischer Punktevaluationsmaße nicht sinnvoll ist. Vielmehr ist es für die Prognoseevaluation und den Verfahrensvergleich empfehlenswert, auf Quantilsberechnungen zurückzugreifen. Hierdurch ergeben sich zwei neue Alternativen der Prognoseevaluation und des Verfahrensvergleichs.

Auf der einen Seite können die Quantilsberechnungen mit Lagerhaltungspolitiken kombiniert werden. Hierdurch kann die Prognosegüte der Prognoseverfahren impliziert mit Kosten bewertet werden. Ausgehend von den entstehenden Kosten kann dann eine Verfahrensauswahl erfolgen. Auf der anderen Seite können diese Quantilsprognosen auch als Bindeglied zwischen der statistischen und der betriebswirtschaftlichen Evaluation dienen. Um die Potenziale einer solchen Herangehensweise zu beurteilen, wurde im Rahmen dieser Arbeit das Maß *MAQE* entwickelt (vgl. Abschnitt 4.4).

Der Vorteil eines solchen Evaluationsmaßes im Rahmen von Verfahrensvergleichen konnte im Rahmen der Evaluationsergebnisanalyse bei den simulierten Datensätzen in Abschnitt 6.2.2 gezeigt werden. Betrachtet man dort die speziell entsprechend des Auswahlkriteriums *MAQEA* oder *MAQEB* extrahierten Ergebnisse, dann lässt sich feststellen, dass eine auf diesem Maß basierende Verfahrensauswahl einer auf Basis von statistischen Evaluationsmaßen überlegen ist. Im Vergleich zu einer rein betriebswirtschaftlichen Kostenevaluation schneidet die Evaluation auf Basis des Maßes *MAQE* oftmals schlechter ab. Obgleich durch die Verwendung des Maßes *MAQE* bei der Verfahrensauswahl grundsätzlich eine Kostenreduktion erreicht werden kann, ist diese kleiner als die Kostenreduktion bei einer Verfahrensauswahl auf Basis der Evaluationsergebnisse einer Kostenevaluation.

Es wurde des Weiteren gezeigt, dass die Art der Quantilsberechnung einen starken Einfluss auf die Prognosegüte hat. In Abschnitt 4.3.2 konnte gezeigt werden, dass beim Vorliegen von sporadischen Nachfragen die Quantile standardmäßig nicht exakt dem vorgegebenen Zielservicegrad entsprechen. Die durchgeführten Verfahrensvergleiche haben gezeigt, dass die neu entwickelten Alternativen der Quantilsberechnung eine höhere oder wenigsten gleiche Prognosegüte erreichen.

Im Rahmen der in Kapitel 6 durchgeführten umfänglichen Verfahrensvergleiche kann beobachtet werden, dass keines der vorgestellten Verfahren den anderen überlegen ist. Allerdings lässt sich feststellen, dass insbesondere die in der Literatur viel zitierten sowie in der Praxis noch am weitesten verbreiteten und auf der exponentiellen Glättung beruhenden Verfahren im Vergleich zu den anderen Verfahrensgruppen verhältnismäßig schlecht abschneiden.

Problematisch bei den in dieser Arbeit vorgestellten Verfahren ist die oftmals getroffene Annahme eines normalverteilten stationären DGP. Da es sich bei der Normalverteilung um eine typische stetige Verteilung für Schnelldreher handelt, kann davon ausgegangen werden, dass die Annahme einer solchen Verteilung zu ungenauen Prognosen führt. An dieser Stelle ist es sinnvoller, auf die in Abschnitt 3.3.1 vorgestellten Verteilungen für Langsamdreher zurückzugreifen oder empirische Verteilungen mithilfe von Resamplingverfahren direkt zu generieren (vgl. Abschnitt 3.4). Es konnte gezeigt werden, dass durch dieses Vorgehen die Prognosegüte fast immer verbessert werden kann.

Problematisch könnte allgemein die getroffene Annahme von stationären Datengenerierungsprozessen sein. Ohne entwickelte Möglichkeiten zur Überprüfung der Stationaritätseigenschaften wird bei sämtlichen Verfahren implizit bzw. explizit unterstellt, dass der zugrunde liegende DGP stationär ist. Bis zum heutigen Zeitpunkt existiert nahezu keine Strategie, die es dem Anwender ermöglicht, Instationaritäten bei realen sporadischen Datensätzen zu identifizieren.

An dieser Stelle fehlen Strategien bzw. Modelle, mit deren Hilfe instationäre sporadische DGPs identifiziert und modelliert werden können (Küsters und Speckenbach (2012)). Erstmalig wird diese Problematik von Nieberle (2016) thematisiert. Hier werden Simultan-Modelle zur Prognose von sporadischen Nachfragen in Produkthierarchien entwickelt.

Abschließend kann festgestellt werden, dass die Prognose sporadischer Nachfragen trotz der steigenden Anzahl der Publikationen gerade in Hinblick auf die Möglichkeiten der Prognoseevaluation und Verfahrensselektion noch in den Anfängen steckt. Hier besteht weiterer Forschungsbedarf, und zwar hauptsächlich in den nachfolgend aufgelisteten Bereichen:

- Weiterentwicklung geeigneter Evaluationsmaße zur Evaluation und Selektion von unterschiedlichen Prognosemodellen bzw. -verfahren für sporadische Nachfragezeitreihen. Ziel der auf Quantilsprognosen beruhenden Evaluationsmaße sollte die Trennung zwischen der Prognose und der Lagerhaltung sein. Hierdurch kann dann die Güte eines Prognoseverfahrens und die Güte einer Lagerhaltungspolitik unabhängig voneinander bewertet werden.

- Entwicklung geeigneter Strategien zur Identifikation von Instationaritäten und Saisonalitäten innerhalb von sporadischen Nachfragezeitreihen. Hierauf aufbauend können zielgerichtet neue Verfahren entwickelt oder vorhandene Verfahren weiterentwickelt werden.

- Erweiterung des vorgestellten Ansatzes zur betriebswirtschaftlichen kostenorientierten Prognoseevaluation um stochastische Lagerhaltungsmodelle. Kapitel 6 hat gezeigt, dass die Qualität eines Prognoseverfahrens für sporadischen Zeitreihen stark von den jeweils unterstellten Rahmenbedingungen abhängig ist. Je mehr unterschiedliche Szenarien entwickelt werden, desto mehr Erfahrungswerte können hinsichtlich unterschiedlicher Szenarien gesammelt werden. Dies würde auch helfen, das unter dem ersten Punkt genannte Ziel der Trennung von Prognose und Lagerhaltung zu erreichen.

Wenngleich noch erheblicher Forschungsbedarf besteht, konnte gezeigt werden, dass speziell für die Prognose sporadischer Nachfragezeitreihen entwickelte Modelle bzw. Verfahren dem häufig auch in entsprechenden Softwarepaketen verwendeten Verfahren von Croston vorzuziehen sind. Die Verwendung speziell entwickelter Modelle führt in nahezu jeder Situation zu einer Erhöhung der Prognosegüte und damit im Umkehrschluss zu geringeren Kosten der Lagerhaltung.

Des Weiteren konnte gezeigt werden, dass ein umfangreicher Verfahrensvergleich bei der Prognose von sporadischen Zeitreihen von besonderer Bedeutung ist. Im Rahmen der in dieser Arbeit durchgeführten Studie stellte sich heraus, dass eine allgemeingültige Verfahrensauswahl nicht möglich ist. Vielmehr sollte das für einen Datensatz optimale Verfahren sowie die optimale Prognosestrategie hinsichtlich der Verfahrensauswahl für jeden Datensatz spezifisch durch Simulationen ermittelt und regelmäßig auf seine Gültigkeit überprüft werden.

A. Anhang

A.1. Herleitung optimaler Lagerbestände

Ausgangspunkt der in Gleichung 4.13 auf Seite 66 dargestellten Beziehung zwischen Überschussmengen- und Fehlmengenkosten sind die unter Umständen auftretenden Überschussmengenkosten. Grundsätzlich kommt es im Rahmen der Lagerhaltung zu Überschussmengen, wenn die auf Basis von über die Wiederbeschaffungszeit kumulierten Punktprognosen bereitgestellte Menge an Gütern größer ist als die tatsächlich eingetretene Nachfrage. Dies ist der Fall, wenn $s_{t+L|t} < q_t(L, \alpha_z)$ gilt. Die hieraus resultierenden Kosten zum Ende der Wiederbeschaffungszeit werden durch

$$\ddot{U}MK_{t+L|t} \quad = \quad \left(q_t(L, \alpha_z) - s_{t+L|t}\right) \cdot K^{\ddot{U}M} \tag{A.1}$$

ermittelt. Hierbei beschreibt $K^{\ddot{U}M}$ den zur Bewertung der Überschussmengen zugrunde liegenden Kostensatz pro Einheit. Für den Fall, dass $s_{t+L|t} > q_t(L, \alpha_z)$ gilt, ergibt sich eine Fehlmenge. Diese kann durch

$$FMK_{t+L|t} \quad = \quad \left(s_{t+L|t} - q_t(L, \alpha_z)\right) \cdot K^{FM} \tag{A.2}$$

mit Kosten bewertet werden. K^{FM} beschreibt den entsprechenden Kostensatz für Fehlmengen pro Einheit. Für den Fall, dass $s_{t+L|t} = q_t(L, \alpha_z)$ gilt, wird davon ausgegangen, dass keine Kosten entstehen.

A priori ist dem Anwender nicht bekannt, wie groß die zukünftige Nachfrage sein wird. Es können lediglich Wahrscheinlichkeiten bestimmt werden, dass diese bestimmte Werte annimmt. Um die Gesamtkosten einer Lagerhaltungspolitik zu ermitteln, müssen zukünftige Fehl- bzw. Überschussmengen mit den korrespondierenden Eintrittswahrscheinlichkeiten von diesen bewertet werden. Aus der Addition der mit Eintrittswahrscheinlichkeiten gewichteten Fehl- bzw. Überschussmengenkosten resultiert die in dieser Arbeit unterstellte Gesamtkostenfunktion. Die Gesamtkostenfunktion, bei der das Quantil der über die Wiederbeschaffungszeit kumulierten Nachfrage $q_t(L, \alpha_z)$ durch S_L dargestellt wird, ist durch

$$GK(S_L) \quad = \quad K^{\ddot{U}M} \cdot \sum_{k=0}^{S_L-1} (S_L - k) \cdot P(k) + K^{FM} \cdot \sum_{k=S_L+1}^{\infty} (k - S_L) \cdot P(k) \tag{A.3}$$

definiert.

Hierbei beschreibt k mögliche Ausprägungen der über die Wiederbeschaffungszeit kumulierten Nachfrage $s_{t+L|t}$. Bei $P(k)$ handelt es sich um die Wahrscheinlichkeit, dass die zukünftige Nachfrage $s_{t+L|t}$ insgesamt genau k Einheiten beträgt (Churchman et al. (1971), S. 197 f.).

Um die in Gleichung 4.13 dargestellte Beziehung herzuleiten, wird in einem ersten Schritt das Quantil der über die Wiederbeschaffungszeit kumulierten Nachfrage S_L in Gleichung A.3 durch $S_L + 1$ ersetzt. Die Gesamtkostenfunktion in Abhängigkeit von $S_L + 1$ kann durch

$$\begin{aligned} GK(S_L+1) &= K^{ÜM} \cdot \sum_{k=0}^{S_L-1+1} ((S_L+1)-k) \cdot P(k) + \\ &\quad K^{FM} \cdot \sum_{k=S_L+1+1}^{\infty} (k-(S_L+1)) \cdot P(k) \\ &= K^{ÜM} \cdot \sum_{k=0}^{S_L} (S_L+1-k) \cdot P(k) + \\ &\quad K^{FM} \cdot \sum_{k=S_L+2}^{\infty} (k-S_L-1) \cdot P(k) \end{aligned} \tag{A.4}$$

beschrieben werden. Wird A.4 um $K^{FM} \cdot (k - S_L + 1 - 1) = 0$ erweitert, dann ergibt sich:

$$\begin{aligned} GK(S_L+1) &= K^{ÜM} \cdot \sum_{k=0}^{S_L} (S_L+1-k) \cdot P(k) + \\ &\quad K^{FM} \cdot \sum_{k=S_L+2}^{\infty} (k-S_L-1) \cdot P(k) + \\ &\quad K^{FM} \cdot (k-S_L+1-1) \\ &= K^{ÜM} \cdot \sum_{k=0}^{S_L} (S_L+1-k) \cdot P(k) + \\ &\quad K^{FM} \cdot \sum_{k=S_L+1}^{\infty} (k-S_L-1) \cdot P(k) \end{aligned} \tag{A.5}$$

Durch weitere Umformungen kann Gleichung A.5 auch durch

$$\begin{aligned} GK(S_L+1) &= K^{ÜM} \cdot \sum_{k=0}^{S_L} (S_L-k) \cdot P(k) + K^{ÜM} \sum_{k=0}^{S_L} P(k) + \\ &\quad K^{FM} \cdot \sum_{k=0}^{\infty} (k-S_L) \cdot P(k) - K^{FM} \cdot \sum_{k=S_L+1}^{\infty} P(k) \end{aligned} \tag{A.6}$$

dargestellt werden. Unter Berücksichtigung der Tatsache, dass sich alle Einzelwahrscheinlichkeiten zu Eins aufaddieren, gilt ebenfalls

$$\sum_{k=S_L+1}^{\infty} P(k) = 1 - \sum_{k=0}^{S_L} P(k). \tag{A.7}$$

Gleichung A.6 kann wie folgt

$$\begin{aligned} GK(S_L+1) &= K^{\ddot{U}M} \cdot \sum_{k=0}^{S_L} (S_L-k) \cdot P(k) + \\ & \quad K^{FM} \cdot \sum_{k=0}^{\infty} (k-S_L) \cdot P(k) + \\ & \quad K^{\ddot{U}M} \cdot \sum_{k=0}^{S_L} P(k) + K^{FM} \cdot \sum_{k=S_L+1}^{\infty} P(k) \end{aligned} \quad \text{(A.8)}$$

umgestellt werden. Unter Berücksichtigung von Gleichung A.7, kann Gleichung A.8 durch

$$\begin{aligned} GK(S_L+1) &= GK(S_L) + K^{\ddot{U}M} \sum_{k=0}^{S_L} P(k) + K^{FM} \cdot \left(1 - \sum_{k=0}^{S_L} P(k)\right) \\ &= GK(S_L) + \left(K^{\ddot{U}M} + K^{FM}\right) \cdot \sum_{k=0}^{S_L} P(k) - K^{FM} \\ &= GK(S_L) + \left(K^{\ddot{U}M} + K^{FM}\right) \cdot P(k \leq S_L) - K^{FM} \end{aligned} \quad \text{(A.9)}$$

dargestellt werden. Werden die Gesamtkosten nicht für S_L+1, sondern für S_L-1 berechnet, dann kann das zu Gleichung A.9 äquivalente Ergebnis durch

$$GK(S_L-1) = GK(S_L) - \left(K^{\ddot{U}M} + K^{FM}\right) \cdot P(k \leq S_L - 1) + K^{FM} \quad \text{(A.10)}$$

ausgedrückt werden.

Abschließend können die Gleichungen A.9 und A.10 wie folgt

$$\left(K^{\ddot{U}M} + K^{FM}\right) \cdot P(k \leq S_L) - K^{FM} = GK(S_L+1) - GK(S_L) \quad \text{(A.11)}$$

$$-\left(K^{\ddot{U}M} + K^{FM}\right) \cdot P(k \leq S_L - 1) + K^{FM} = GK(S_L-1) - GK(S_L) \quad \text{(A.12)}$$

umgeformt werden. Da die Wahrscheinlichkeit $P(k \leq S_L)$ bzw. $P(k \leq S_L - 1)$ für steigende S_L-Werte nicht sinkt, muss $GK(S_L+1)$ bzw. $GK(S_L-1)$ jeweils größer als $GK(S_L)$ sein. Unter Berücksichtigung dieser Tatsache können aus den Gleichungen A.11 und A.12 die beiden nachfolgend dargestellten Ungleichungen für einen optimalen Lagerbestand S_L^{opt} abgeleitet werden. Diese sind durch

$$\left(K^{\ddot{U}M} + K^{FM}\right) \cdot P\left(k \leq S_L^{opt}\right) - K^{FM} > 0 \quad \text{(A.13)}$$

$$-\left(K^{\ddot{U}M} + K^{FM}\right) \cdot P\left(k \leq S_L^{opt} - 1\right) + K^{FM} > 0 \quad \text{(A.14)}$$

definiert (Churchman et al. (1971), S. 213 f.).

Der optimale Lagerbestand S_L^{opt} ist nun der Lagerbestand, bei dem die beiden Ungleichungen A.13 und A.14 erfüllt sind. In diesem Fall führt die Erhöhung bzw. Verminderung von S_L um eine Einheit zu einer Erhöhung der Gesamtkosten. Die Erhöhung des optimalen Lagerbestandes um eine Einheit führt zu einer Erhöhung der Gesamtkosten entsprechend der rechten Seite der Ungleichung A.13. Eine Verminderung des optimalen Lagerbestandes um eine Einheit führt zu einer Erhöhung der Gesamtkosten entsprechend der rechten Seite der Ungleichung A.14. Wird abschließend Ungleichung A.14 mit -1 multipliziert, ergibt sich die folgende Beziehung:

$$\begin{aligned} \left(K^{ÜM}+K^{FM}\right)\cdot & \\ P\left(k \leq S_L^{opt}-1\right)-K^{FM} \quad <0< & \quad \left(K^{ÜM}+K^{FM}\right)\cdot \\ & \quad P\left(k \leq S_L^{opt}\right)-K^{FM} \end{aligned} \tag{A.15}$$

Die nachfolgend dargestellte Umformung der Ungleichung A.10

$$\begin{aligned} P\left(k \leq S_L^{opt}-1\right) \quad &< \quad \frac{K^{FM}}{K^{ÜM}+K^{FM}} < P\left(k \leq S_L^{opt}\right) \\ \Leftrightarrow P\left(k \leq q_t\left(L,\alpha_z\right)-1\right) \quad &< \quad \frac{K^{FM}}{K^{ÜM}+K^{FM}} < P\left(k \leq q_t\left(L,\alpha_z\right)\right) \end{aligned} \tag{A.16}$$

ergibt schließlich die zur Evaluation verwendete und in Gleichung 4.13 dargestellte Beziehung zwischen Kosten und Servicegrad (Churchman et al. (1971), S. 197 ff. und S. 213 f.).

A.2. Quantilsberechnungen für empirische Verteilungsfunktionen

Die empirische Verteilungsfunktion zur Quantilsberechnung auf Basis simulierter Prognosepfade kann ausgehend von den einzelnen simulierten Prognosepfaden, die in einer Matrix der Dimension $S \times H$ (im Rahmen der Verteilungsschätzung für die nullinflationierte und Hurdle-Poisson-Verteilung) bzw. $B \times H$ (im Rahmen der Bootstrapschätzungen) zusammengefasst sind, wie folgt ermittelt werden:

1. Berechne für jede Zeile der Matrix die Zeilensummen. Bei den ermittelten Zeilensummen handelt es sich jeweils um die über die Wiederbeschaffungszeit H kumulierte Nachfrage.

2. Erstelle ein Histogramm über alle S bzw. B Zeilensummen, um die absoluten Häufigkeiten der einzelnen Nachfragehöhen zu erhalten.

3. Dividiere die absoluten Häufigkeiten durch die Anzahl der Zeilen der Matrix, um die relativen Häufigkeiten zu erhalten.

4. Kumuliere die einzelnen relativen Häufigkeiten schrittweise auf.

5. Ermittle die entsprechende Nachfragehöhe s^{up}, für die gilt $F\left(s^{up}\right)=\alpha_r^{up}>\alpha_z$. Diese Nachfragehöhe entspricht dann $q^{up}\left(L,\alpha_z\right)$.

6. Ermittle die entsprechende Nachfragehöhe s^{low} für die gilt $F\left(s^{low}\right)=\alpha_r^{low}<\alpha_z$. Diese Nachfragehöhe entspricht dann $q^{low}\left(L,\alpha_z\right)$.

7. Führe nun die in Abschnitt 4.3.2 ab Schritt 5 angegebenen Schritte durch.

A.3. Zusammenhänge zwischen α_z- und β-Servicegraden

Der Zusammenhang zwischen dem α-Servicegrad und dem in Gleichung 4.22 auf Seite 68 dargestellten β-Servicegrad kann unter bestimmten Voraussetzungen approximativ hergeleitet werden. Wird beispielsweise ein Poisson-verteilter DGP unterstellt, dann kann der zu einem bestimmten Zielservicegrad α_z korrespondierende β-Servicegrad in Abhängigkeit des gegebenen Intensitätsparameters λ der Poisson-Verteilung und der gegebenen Wiederbeschaffungszeit L wie nachfolgend dargestellt, approximativ hergeleitet werden.

1. Berechne ausgehend von λ die zur Wiederbeschaffungszeit L korrespondierenden Quantile $\left(q^{low}(\alpha_z,L), q^{rand}(\alpha_z,L), q^{up}(\alpha_z,L)\right)$ der über die Wiederbeschaffungszeit kumulierten Nachfrage.

2. An dieser Stelle müssten nun für die exakte Berechnung des β-Servicegrades die erwarteten Fehlmengen durch

$$E\left(FM^j\right) = \sum_{k=q^j(\alpha_z,L)+1}^{\infty} \left(k - q^j(\alpha_z,L)\right) \cdot p(k) \text{ für } j \in (low, up) \tag{A.17}$$

berechnet werden. Da dies für die im Rahmen der Arbeit betrachteten Verteilungen nicht möglich ist, wird auf die nachfolgend dargestellte Vereinfachung zur Berechnung der erwarteten Fehlmengen zurückgegriffen.

$$E\left(FM^j\right) \approx \sum_{k=q^j(\alpha_z,L)+1}^{200} \left(k - q^j(\alpha_z,L)\right) \cdot p(k) \text{ für } j \in (low, up) \tag{A.18}$$

Diese Approximationsannahme lässt sich rechtfertigen, da bei der Poisson-Verteilung die Wahrscheinlichkeit von Ausprägungen im Bereich von 200 nahezu Null ist.

3. Berechne den Erwartungswert der erwarteten Periodennachfrage durch

$$E\left(s_{t+L|t}\right) = \lambda \cdot L. \tag{A.19}$$

4. Berechne den zu $q^{low}(\alpha_z,L)$ korrespondierenden approximativen β_{ap}^{low}- Servicegrad durch

$$\beta_{ap}^{low} \approx 1 - \frac{E\left(FM^{low}\right)}{E\left(s_{t+L|t}\right)} \tag{A.20}$$

und den zu $q^{up}(\alpha_z,L)$ korrespondierenden approximativenβ_{ap}^{up}- Servicegrad durch

$$\beta_{ap}^{up} \approx 1 - \frac{E\left(FM^{up}\right)}{E\left(s_{t+L|t}\right)} \tag{A.21}$$

Um den entsprechen approximativen β_{ap}^{rand}- Servicegrad zu erhalten, führe zusätzlich die folgenden Schritte aus:

a) Berechne die für $q^{low}(\alpha_z, L)$ und $q^{up}(\alpha_z, L)$ realisierten α-Servicegrade α_r^{low} und α_r^{up} (vgl. hierzu Abschnitt 4.3.2).

b) Berechne die Abweichungen Δ^{low} und Δ^{up} zwischen den realisierten Servicegraden und dem Zielservicegrad sowie die Gesamtabweichungen Δ^{low+up}.

c) Gewichte nun die beiden Servicegrade β_{ap}^{low} und β_{ap}^{up} , um den approximativen Servicegrad β_{ap}^{rand} zu erhalten. Die Berechnung wird wie folgt durchgeführt:

$$\beta_{ap}^{rand} \approx \beta_{ap}^{low} \cdot \frac{\Delta^{low}}{\Delta^{low+up}} + \beta_{ap}^{up} \cdot \frac{\Delta^{up}}{\Delta^{low+up}} \quad \text{(A.22)}$$

Die fünf dargestellten Schritte können für jede gewünschte Kombination aus λ, α_z und L durchgeführt werden. Tabelle A.1 stellt für unterschiedliche Intensitätsparameter λ die approximierten Zusammenhänge für die Poisson-Verteilung dar.

Die Zusammenhänge zwischen den α_z- und den unterschiedlichen β-Servicegraden bei der negativen Binomialverteilung können analog zur Poisson-Verteilung hergeleitet werden. Hier muss allerdings beachtet werden, dass die negative Binomialverteilung von den Parametern α und θ mit $\lambda = \alpha \cdot \theta$ abhängig ist. Für den bereits bei der Poisson-Verteilung unterstellten Wertbereich von λ ergeben sich für die negative Binomialverteilung in Abhängigkeit des Überdispersionsparameters θ die in den Tabellen A.2 - A.5 dargestellten approximativen Abhängigkeitsstrukturen zwischen α_z und den entsprechenden β-Servicegraden.

Die Tabellen A.6 bis A.13 stellen die approximativen Abhängigkeitsstrukturen der α_z- und β-Servicegrade in Abhängigkeit der autonomen Nullwahrscheinlichkeit ω einmal für die nullinflationierte Poisson-Verteilung (Tabellen A.6 bis A.9) und einmal für die Hurdle-Poisson-Verteilung (Tabellen A.10 bis A.13) dar. Der für die Darstellung gewählte Parameterbereich von λ ist identisch zu dem für die Darstellung der Zusammenhangsstrukturen bei der Poisson-Verteilung gewählten Parameterbereich.

Tabelle A.14 stellt die approximativen Zusammenhangsstrukturen zwischen den Servicegraden bei der Normalverteilung für unterschiedliche Erwartungswerte μ in Abhängigkeit der Varianz σ^2 dar. An dieser Stelle muss beachtet werden, dass der β-Servicegrad eigentlich nicht approximiert werden muss, dass es sich bei der Normalverteilung um eine stetige Verteilung mit einem Wertebereich von $-\infty$ bis ∞ handelt. Wird allerdings berücksichtigt, dass im Rahmen der Lagerhaltung nur ganzzahlige Quantilsprognosen berücksichtigt werden können, so müssen die ermittelten Quantilsprognosen auf ganzzahlige Werte auf- bzw. abgerundet werden. Dies führt dazu, dass auch in diesem Fall eine Approximation durchgeführt werden muss. Nachdem das exakt ermittelte Quantil aufgerundet (Methode *UP*) bzw. abgerundet (Methode *LOW*) wurde, können die Fehlmengen im Vergleich zu den vorherigen Verteilungen exakt ermittelt werden. Hierfür wird Gleichung A.17 durch

$$E\left(FM^j\right) = \int_{k=q^j(\alpha_z,L)+1}^{\infty} \left(k - q^j(\alpha_z, L)\right) \cdot p(k) \text{ für } j \in (low, up) \quad \text{(A.23)}$$

ersetzt. Die randomisierten Quantile können dann wieder äquivalent zum Vorgehen bei den anderen dargestellten Verteilungen berechnet werden. Bei der Ergebnisdarstellung in Tabelle A.14 wurde eine Varianz von $\sigma^2 = 1$ gewählt.

Tabelle A.1.: Darstellung der approximativen Zusammenhänge zwischen α_z und β_{ap} bei der Poisson-Verteilung mit $L = 4$

	λ	α_z-Servicegrade														
		0,3	0,35	0,4	0,45	0,5	0,55	0,6	0,65	0,7	0,75	0,8	0,85	0,9	0,95	0,99
β_{ap}^{low}-Servicegrade	0,50	0,00	0,00	0,00	0,43	0,43	0,43	0,43	0,43	0,73	0,73	0,73	0,73	0,89	0,96	0,99
	1,00	0,47	0,47	0,47	0,66	0,66	0,66	0,66	0,80	0,80	0,80	0,90	0,90	0,95	0,98	0,99
	1,50	0,63	0,63	0,63	0,75	0,75	0,75	0,75	0,84	0,84	0,90	0,90	0,95	0,95	0,97	0,99
	2,00	0,61	0,71	0,71	0,71	0,79	0,79	0,86	0,86	0,86	0,91	0,91	0,95	0,97	0,98	1,00
	2,50	0,68	0,75	0,75	0,75	0,82	0,82	0,87	0,87	0,92	0,92	0,95	0,95	0,97	0,98	1,00
	3,00	0,72	0,79	0,79	0,79	0,84	0,84	0,89	0,89	0,92	0,92	0,95	0,97	0,98	0,99	1,00
	3,50	0,76	0,76	0,81	0,81	0,86	0,86	0,89	0,89	0,92	0,92	0,95	0,97	0,98	0,99	1,00
	4,00	0,78	0,78	0,83	0,83	0,87	0,87	0,90	0,90	0,93	0,95	0,95	0,97	0,98	0,99	1,00
	4,50	0,80	0,80	0,84	0,84	0,88	0,88	0,91	0,91	0,93	0,95	0,97	0,97	0,98	0,99	1,00
	5,00	0,82	0,82	0,85	0,85	0,88	0,88	0,91	0,93	0,93	0,95	0,96	0,98	0,98	0,99	1,00
	5,50	0,80	0,83	0,86	0,86	0,89	0,89	0,92	0,94	0,94	0,95	0,97	0,98	0,98	0,99	1,00
	6,00	0,81	0,84	0,87	0,87	0,90	0,90	0,92	0,94	0,94	0,95	0,97	0,97	0,98	0,99	1,00
	6,50	0,82	0,85	0,88	0,88	0,90	0,90	0,92	0,94	0,95	0,95	0,97	0,97	0,99	0,99	1,00
	7,00	0,83	0,86	0,88	0,88	0,91	0,91	0,92	0,94	0,95	0,95	0,97	0,97	0,99	0,99	1,00
	7,50	0,84	0,87	0,87	0,89	0,91	0,93	0,93	0,94	0,96	0,97	0,97	0,98	0,99	0,99	1,00
	8,00	0,85	0,87	0,87	0,89	0,91	0,93	0,93	0,94	0,96	0,97	0,97	0,98	0,99	0,99	1,00
	8,50	0,86	0,88	0,88	0,90	0,92	0,93	0,93	0,95	0,96	0,97	0,97	0,98	0,99	0,99	1,00
	9,00	0,86	0,88	0,88	0,90	0,92	0,93	0,93	0,95	0,96	0,97	0,97	0,98	0,99	0,99	1,00
	9,50	0,87	0,87	0,89	0,91	0,92	0,94	0,94	0,95	0,96	0,97	0,97	0,98	0,99	0,99	1,00
	10,00	0,88	0,88	0,89	0,91	0,92	0,94	0,94	0,95	0,96	0,97	0,97	0,98	0,99	1,00	1,00
β_{ap}^{rand}-Servicegrade	0,50	0,17	0,09	0,01	0,68	0,63	0,57	0,52	0,46	0,87	0,83	0,78	0,74	0,93	0,99	0,99
	1,00	0,60	0,55	0,51	0,79	0,76	0,72	0,68	0,88	0,86	0,83	0,94	0,92	0,97	0,99	0,99
	1,50	0,74	0,70	0,66	0,84	0,81	0,78	0,75	0,88	0,86	0,95	0,92	0,97	0,95	0,98	0,99
	2,00	0,62	0,77	0,74	0,71	0,84	0,81	0,91	0,89	0,87	0,93	0,92	0,96	0,98	0,99	1,00
	2,50	0,70	0,81	0,78	0,76	0,86	0,83	0,91	0,89	0,95	0,93	0,97	0,95	0,97	0,98	1,00
	3,00	0,75	0,84	0,82	0,79	0,87	0,85	0,91	0,90	0,94	0,93	0,96	0,98	0,99	0,99	1,00
	3,50	0,79	0,76	0,84	0,82	0,88	0,86	0,92	0,90	0,94	0,93	0,95	0,97	0,98	0,99	1,00
	4,00	0,82	0,79	0,85	0,83	0,89	0,87	0,92	0,90	0,94	0,96	0,95	0,97	0,98	0,99	1,00
	4,50	0,84	0,81	0,87	0,85	0,90	0,88	0,92	0,91	0,94	0,96	0,98	0,97	0,99	0,99	1,00
	5,00	0,85	0,83	0,88	0,86	0,90	0,89	0,92	0,95	0,94	0,96	0,97	0,98	0,99	1,00	1,00
	5,50	0,80	0,85	0,89	0,87	0,91	0,89	0,92	0,95	0,94	0,96	0,97	0,98	0,98	0,99	1,00
	6,00	0,82	0,86	0,89	0,88	0,91	0,90	0,93	0,95	0,94	0,96	0,97	0,98	0,98	0,99	1,00
	6,50	0,83	0,87	0,90	0,89	0,92	0,90	0,93	0,95	0,96	0,96	0,97	0,98	0,99	1,00	1,00
	7,00	0,84	0,88	0,91	0,89	0,92	0,91	0,93	0,95	0,96	0,95	0,97	0,97	0,99	0,99	1,00
	7,50	0,86	0,88	0,87	0,90	0,92	0,94	0,93	0,95	0,96	0,97	0,98	0,99	0,99	0,99	1,00
	8,00	0,86	0,89	0,88	0,90	0,92	0,94	0,93	0,95	0,96	0,97	0,98	0,98	0,99	1,00	1,00
	8,50	0,87	0,90	0,88	0,91	0,93	0,94	0,93	0,95	0,96	0,97	0,98	0,98	0,99	1,00	1,00
	9,00	0,88	0,90	0,89	0,91	0,93	0,95	0,94	0,95	0,96	0,97	0,98	0,98	0,99	0,99	1,00
	9,50	0,89	0,87	0,89	0,91	0,93	0,95	0,94	0,95	0,96	0,97	0,98	0,98	0,99	0,99	1,00
	10,00	0,89	0,88	0,90	0,92	0,93	0,95	0,94	0,95	0,96	0,97	0,98	0,99	0,99	1,00	1,00
β_{ap}^{up}-Servicegrade	0,50	0,43	0,43	0,43	0,73	0,73	0,73	0,73	0,73	0,89	0,89	0,89	0,89	0,96	0,99	1,00
	1,00	0,66	0,66	0,66	0,80	0,80	0,80	0,80	0,90	0,90	0,90	0,95	0,95	0,98	0,99	1,00
	1,50	0,75	0,75	0,75	0,84	0,84	0,84	0,84	0,90	0,90	0,95	0,95	0,97	0,97	0,99	1,00
	2,00	0,71	0,79	0,79	0,79	0,86	0,86	0,91	0,91	0,91	0,95	0,95	0,97	0,98	0,99	1,00
	2,50	0,75	0,82	0,82	0,82	0,87	0,87	0,92	0,92	0,95	0,95	0,97	0,97	0,98	0,99	1,00
	3,00	0,79	0,84	0,84	0,84	0,89	0,89	0,92	0,92	0,95	0,95	0,97	0,98	0,99	0,99	1,00
	3,50	0,81	0,81	0,86	0,86	0,89	0,89	0,92	0,92	0,95	0,95	0,97	0,98	0,99	0,99	1,00
	4,00	0,83	0,83	0,87	0,87	0,90	0,90	0,93	0,93	0,95	0,97	0,97	0,98	0,99	0,99	1,00
	4,50	0,84	0,84	0,88	0,88	0,91	0,91	0,93	0,93	0,95	0,97	0,98	0,98	0,99	0,99	1,00
	5,00	0,85	0,85	0,88	0,88	0,91	0,91	0,93	0,95	0,95	0,96	0,98	0,98	0,99	1,00	1,00
	5,50	0,83	0,86	0,89	0,89	0,92	0,92	0,94	0,95	0,95	0,97	0,98	0,98	0,99	1,00	1,00
	6,00	0,84	0,87	0,90	0,90	0,92	0,92	0,94	0,95	0,95	0,97	0,97	0,98	0,99	0,99	1,00
	6,50	0,85	0,88	0,90	0,90	0,92	0,92	0,94	0,95	0,97	0,97	0,97	0,98	0,99	1,00	1,00
	7,00	0,86	0,88	0,91	0,91	0,92	0,92	0,94	0,95	0,97	0,97	0,97	0,98	0,99	1,00	1,00
	7,50	0,87	0,89	0,89	0,91	0,93	0,94	0,94	0,96	0,97	0,97	0,98	0,99	0,99	1,00	1,00
	8,00	0,87	0,89	0,89	0,91	0,93	0,94	0,94	0,96	0,97	0,97	0,98	0,99	0,99	1,00	1,00
	8,50	0,88	0,90	0,90	0,92	0,93	0,95	0,95	0,96	0,97	0,97	0,98	0,99	0,99	1,00	1,00
	9,00	0,88	0,90	0,90	0,92	0,93	0,95	0,95	0,96	0,97	0,97	0,98	0,99	0,99	1,00	1,00
	9,50	0,89	0,89	0,91	0,92	0,94	0,95	0,95	0,96	0,97	0,97	0,98	0,98	0,99	1,00	1,00
	10,00	0,89	0,89	0,91	0,92	0,94	0,95	0,95	0,96	0,97	0,97	0,98	0,99	0,99	1,00	1,00

Tabelle A.2.: Darstellung der approximativen Zusammenhänge zwischen α_z und β_{ap} bei der negativen Binomialverteilung mit $\theta = 0,5$ und $L = 4$

	λ	α_z-Servicegrade														
		0,3	0,35	0,4	0,45	0,5	0,55	0,6	0,65	0,7	0,75	0,8	0,85	0,9	0,95	0,99
β_{ap}^{low}-Servicegrade	0,50	0,00	0,00	0,00	0,00	0,40	0,40	0,40	0,40	0,67	0,67	0,67	0,83	0,83	0,92	0,98
	1,00	0,45	0,45	0,45	0,45	0,63	0,63	0,63	0,76	0,76	0,76	0,85	0,85	0,91	0,95	0,99
	1,50	0,47	0,61	0,61	0,61	0,72	0,72	0,72	0,80	0,80	0,87	0,87	0,92	0,95	0,97	0,99
	2,00	0,59	0,59	0,68	0,68	0,76	0,76	0,83	0,83	0,88	0,88	0,92	0,95	0,96	0,98	1,00
	2,50	0,66	0,66	0,73	0,73	0,80	0,80	0,85	0,85	0,89	0,89	0,92	0,95	0,96	0,98	1,00
	3,00	0,71	0,71	0,77	0,77	0,82	0,82	0,86	0,86	0,90	0,92	0,92	0,95	0,97	0,98	1,00
	3,50	0,69	0,74	0,79	0,79	0,83	0,83	0,87	0,87	0,90	0,93	0,95	0,96	0,97	0,99	1,00
	4,00	0,72	0,77	0,77	0,81	0,85	0,85	0,88	0,91	0,91	0,93	0,95	0,96	0,97	0,99	1,00
	4,50	0,75	0,79	0,79	0,82	0,86	0,86	0,89	0,91	0,91	0,93	0,95	0,96	0,98	0,99	1,00
	5,00	0,77	0,80	0,80	0,84	0,87	0,87	0,89	0,91	0,93	0,93	0,95	0,97	0,98	0,99	1,00
	5,50	0,78	0,82	0,82	0,85	0,87	0,87	0,90	0,92	0,93	0,95	0,96	0,97	0,98	0,99	1,00
	6,00	0,80	0,80	0,83	0,86	0,88	0,88	0,90	0,92	0,94	0,95	0,96	0,97	0,98	0,99	1,00
	6,50	0,78	0,81	0,84	0,86	0,88	0,88	0,90	0,92	0,94	0,95	0,96	0,97	0,98	0,99	1,00
	7,00	0,80	0,82	0,85	0,87	0,89	0,89	0,91	0,92	0,94	0,95	0,96	0,98	0,98	0,99	1,00
	7,50	0,81	0,83	0,85	0,88	0,89	0,91	0,91	0,93	0,94	0,95	0,97	0,97	0,98	0,99	1,00
	8,00	0,82	0,84	0,86	0,88	0,90	0,91	0,91	0,93	0,94	0,95	0,97	0,97	0,98	0,99	1,00
	8,50	0,83	0,85	0,87	0,88	0,90	0,92	0,92	0,93	0,94	0,96	0,97	0,97	0,98	0,99	1,00
	9,00	0,83	0,85	0,87	0,89	0,90	0,92	0,93	0,94	0,95	0,96	0,97	0,98	0,99	0,99	1,00
	9,50	0,84	0,86	0,88	0,89	0,91	0,92	0,93	0,94	0,95	0,96	0,97	0,98	0,99	0,99	1,00
	10,00	0,85	0,86	0,88	0,90	0,91	0,92	0,93	0,94	0,95	0,96	0,97	0,98	0,99	0,99	1,00
β_{ap}^{rand}-Servicegrade	0,50	0,25	0,17	0,09	0,02	0,62	0,56	0,50	0,44	0,81	0,75	0,70	0,89	0,84	0,92	0,98
	1,00	0,63	0,58	0,53	0,48	0,74	0,70	0,66	0,84	0,80	0,77	0,89	0,85	0,92	0,95	0,99
	1,50	0,51	0,71	0,67	0,63	0,79	0,76	0,72	0,84	0,82	0,90	0,87	0,93	0,96	0,97	0,99
	2,00	0,64	0,60	0,74	0,71	0,82	0,79	0,88	0,85	0,92	0,89	0,94	0,96	0,98	0,98	1,00
	2,50	0,72	0,68	0,78	0,75	0,84	0,81	0,88	0,86	0,91	0,89	0,93	0,95	0,97	0,99	1,00
	3,00	0,76	0,73	0,81	0,78	0,85	0,83	0,89	0,87	0,91	0,94	0,92	0,95	0,98	0,98	1,00
	3,50	0,69	0,77	0,83	0,81	0,86	0,84	0,89	0,87	0,91	0,94	0,96	0,97	0,98	0,99	1,00
	4,00	0,73	0,80	0,77	0,83	0,87	0,85	0,89	0,93	0,91	0,93	0,95	0,96	0,97	0,99	1,00
	4,50	0,76	0,82	0,79	0,84	0,88	0,86	0,90	0,93	0,91	0,93	0,95	0,96	0,98	0,99	1,00
	5,00	0,79	0,83	0,81	0,85	0,89	0,87	0,90	0,93	0,95	0,93	0,95	0,98	0,98	0,99	1,00
	5,50	0,81	0,85	0,82	0,86	0,89	0,88	0,90	0,93	0,94	0,96	0,97	0,97	0,99	0,99	1,00
	6,00	0,82	0,80	0,84	0,87	0,90	0,88	0,91	0,93	0,94	0,96	0,96	0,97	0,98	0,99	1,00
	6,50	0,78	0,82	0,85	0,88	0,90	0,89	0,91	0,93	0,94	0,95	0,96	0,97	0,98	0,99	1,00
	7,00	0,80	0,83	0,86	0,88	0,90	0,89	0,91	0,93	0,94	0,95	0,96	0,98	0,98	0,99	1,00
	7,50	0,81	0,84	0,86	0,89	0,91	0,93	0,91	0,93	0,94	0,95	0,97	0,98	0,99	0,99	1,00
	8,00	0,82	0,85	0,87	0,89	0,91	0,93	0,91	0,93	0,94	0,95	0,97	0,98	0,99	0,99	1,00
	8,50	0,84	0,86	0,88	0,90	0,91	0,93	0,92	0,93	0,94	0,97	0,97	0,97	0,98	0,99	1,00
	9,00	0,85	0,86	0,88	0,90	0,92	0,93	0,94	0,95	0,96	0,97	0,97	0,98	0,99	1,00	1,00
	9,50	0,85	0,87	0,89	0,90	0,92	0,93	0,94	0,95	0,96	0,97	0,97	0,98	0,99	0,99	1,00
	10,00	0,86	0,88	0,89	0,91	0,92	0,93	0,94	0,95	0,96	0,96	0,97	0,98	0,99	0,99	1,00
β_{ap}^{up}-Servicegrade	0,50	0,40	0,40	0,40	0,40	0,67	0,67	0,67	0,67	0,83	0,83	0,83	0,92	0,92	0,96	0,99
	1,00	0,63	0,63	0,63	0,63	0,76	0,76	0,76	0,85	0,85	0,85	0,91	0,91	0,95	0,97	1,00
	1,50	0,61	0,72	0,72	0,72	0,80	0,80	0,80	0,87	0,87	0,92	0,92	0,95	0,97	0,98	1,00
	2,00	0,68	0,68	0,76	0,76	0,83	0,83	0,88	0,88	0,92	0,92	0,95	0,96	0,98	0,99	1,00
	2,50	0,73	0,73	0,80	0,80	0,85	0,85	0,89	0,89	0,92	0,92	0,95	0,96	0,98	0,99	1,00
	3,00	0,77	0,77	0,82	0,82	0,86	0,86	0,90	0,90	0,92	0,95	0,95	0,96	0,98	0,99	1,00
	3,50	0,74	0,79	0,83	0,83	0,87	0,87	0,90	0,90	0,93	0,95	0,96	0,97	0,98	0,99	1,00
	4,00	0,77	0,81	0,81	0,85	0,88	0,88	0,91	0,93	0,93	0,95	0,96	0,97	0,98	0,99	1,00
	4,50	0,79	0,82	0,82	0,86	0,89	0,89	0,91	0,93	0,93	0,95	0,96	0,97	0,98	0,99	1,00
	5,00	0,80	0,84	0,84	0,87	0,89	0,89	0,91	0,93	0,95	0,95	0,96	0,98	0,98	0,99	1,00
	5,50	0,82	0,85	0,85	0,87	0,90	0,90	0,92	0,93	0,95	0,96	0,97	0,98	0,99	0,99	1,00
	6,00	0,83	0,83	0,86	0,88	0,90	0,90	0,92	0,94	0,95	0,96	0,97	0,98	0,99	0,99	1,00
	6,50	0,81	0,84	0,86	0,88	0,90	0,90	0,92	0,94	0,95	0,96	0,97	0,98	0,99	0,99	1,00
	7,00	0,82	0,85	0,87	0,89	0,91	0,91	0,92	0,94	0,95	0,96	0,97	0,98	0,99	0,99	1,00
	7,50	0,83	0,85	0,88	0,89	0,91	0,93	0,93	0,94	0,95	0,96	0,97	0,98	0,99	1,00	1,00
	8,00	0,84	0,86	0,88	0,90	0,91	0,93	0,93	0,94	0,95	0,96	0,97	0,98	0,99	0,99	1,00
	8,50	0,85	0,87	0,88	0,90	0,92	0,93	0,93	0,94	0,95	0,97	0,97	0,98	0,99	0,99	1,00
	9,00	0,85	0,87	0,89	0,90	0,92	0,93	0,94	0,95	0,96	0,97	0,97	0,98	0,99	1,00	1,00
	9,50	0,86	0,88	0,89	0,91	0,92	0,93	0,94	0,95	0,96	0,97	0,97	0,98	0,99	1,00	1,00
	10,00	0,86	0,88	0,90	0,91	0,92	0,93	0,94	0,95	0,96	0,97	0,97	0,98	0,99	0,99	1,00

Tabelle A.3.: Darstellung der approximativen Zusammenhänge zwischen α_z und β_{ap} bei der negativen Binomialverteilung mit $\theta = 1$ und $L = 4$

	λ	α_z-Servicegrade														
		0,3	0,35	0,4	0,45	0,5	0,55	0,6	0,65	0,7	0,75	0,8	0,85	0,9	0,95	0,99
β_{ap}^{low}-Servicegrade	0,50	0,00	0,00	0,00	0,00	0,00	0,38	0,38	0,38	0,62	0,62	0,62	0,78	0,88	0,93	0,99
	1,00	0,23	0,44	0,44	0,44	0,44	0,60	0,60	0,73	0,73	0,82	0,82	0,88	0,92	0,95	0,99
	1,50	0,46	0,46	0,59	0,59	0,59	0,69	0,69	0,77	0,77	0,84	0,89	0,92	0,95	0,97	0,99
	2,00	0,58	0,58	0,67	0,67	0,67	0,74	0,80	0,80	0,85	0,85	0,89	0,92	0,95	0,97	0,99
	2,50	0,57	0,65	0,65	0,71	0,71	0,77	0,82	0,82	0,86	0,90	0,92	0,94	0,96	0,98	1,00
	3,00	0,63	0,69	0,69	0,75	0,75	0,80	0,84	0,84	0,87	0,90	0,93	0,94	0,97	0,98	1,00
	3,50	0,67	0,73	0,73	0,77	0,77	0,81	0,85	0,88	0,88	0,91	0,93	0,94	0,97	0,98	1,00
	4,00	0,71	0,71	0,75	0,79	0,79	0,83	0,86	0,89	0,91	0,91	0,94	0,96	0,97	0,99	1,00
	4,50	0,73	0,73	0,77	0,81	0,81	0,84	0,87	0,89	0,91	0,93	0,94	0,96	0,97	0,99	1,00
	5,00	0,72	0,76	0,79	0,82	0,82	0,85	0,87	0,90	0,92	0,93	0,95	0,97	0,97	0,99	1,00
	5,50	0,74	0,77	0,80	0,83	0,83	0,86	0,88	0,90	0,92	0,93	0,95	0,97	0,98	0,99	1,00
	6,00	0,76	0,79	0,82	0,84	0,84	0,86	0,89	0,90	0,92	0,93	0,96	0,96	0,98	0,99	1,00
	6,50	0,77	0,80	0,83	0,85	0,85	0,87	0,89	0,91	0,92	0,95	0,96	0,96	0,98	0,99	1,00
	7,00	0,79	0,81	0,83	0,86	0,86	0,88	0,89	0,91	0,94	0,95	0,96	0,97	0,98	0,99	1,00
	7,50	0,80	0,82	0,84	0,86	0,86	0,88	0,90	0,93	0,94	0,95	0,96	0,97	0,98	0,99	1,00
	8,00	0,78	0,83	0,85	0,87	0,87	0,90	0,91	0,93	0,94	0,95	0,96	0,97	0,98	0,99	1,00
	8,50	0,79	0,82	0,84	0,86	0,87	0,90	0,92	0,93	0,94	0,95	0,96	0,98	0,98	0,99	1,00
	9,00	0,80	0,82	0,84	0,86	0,88	0,91	0,92	0,93	0,94	0,95	0,96	0,98	0,98	0,99	1,00
	9,50	0,81	0,83	0,85	0,87	0,88	0,91	0,92	0,93	0,94	0,96	0,96	0,97	0,98	0,99	1,00
	10,00	0,82	0,84	0,85	0,87	0,88	0,91	0,92	0,93	0,94	0,96	0,96	0,97	0,99	0,99	1,00
β_{ap}^{rand}-Servicegrade	0,50	0,30	0,23	0,15	0,07	0,00	0,56	0,49	0,42	0,77	0,70	0,64	0,83	0,92	0,95	0,99
	1,00	0,29	0,59	0,54	0,49	0,44	0,68	0,64	0,81	0,76	0,88	0,84	0,91	0,94	0,95	1,00
	1,50	0,54	0,49	0,67	0,63	0,59	0,74	0,70	0,81	0,78	0,86	0,92	0,95	0,96	0,97	0,99
	2,00	0,66	0,62	0,74	0,70	0,67	0,77	0,85	0,82	0,89	0,86	0,90	0,93	0,95	0,98	0,99
	2,50	0,58	0,69	0,65	0,75	0,71	0,80	0,86	0,83	0,88	0,92	0,94	0,96	0,97	0,98	1,00
	3,00	0,66	0,74	0,70	0,78	0,75	0,81	0,86	0,84	0,88	0,91	0,94	0,95	0,98	0,99	1,00
	3,50	0,71	0,77	0,74	0,80	0,77	0,83	0,87	0,90	0,88	0,91	0,93	0,94	0,97	0,98	1,00
	4,00	0,74	0,71	0,77	0,82	0,79	0,84	0,87	0,90	0,93	0,91	0,96	0,96	0,97	0,99	1,00
	4,50	0,77	0,74	0,79	0,83	0,81	0,85	0,88	0,91	0,93	0,94	0,95	0,96	0,98	0,99	1,00
	5,00	0,72	0,77	0,81	0,84	0,82	0,85	0,88	0,91	0,92	0,94	0,95	0,97	0,97	0,99	1,00
	5,50	0,75	0,79	0,82	0,85	0,83	0,86	0,89	0,91	0,92	0,94	0,95	0,97	0,98	0,99	1,00
	6,00	0,77	0,80	0,83	0,86	0,84	0,87	0,89	0,91	0,92	0,94	0,96	0,97	0,98	0,99	1,00
	6,50	0,79	0,82	0,84	0,87	0,85	0,87	0,89	0,91	0,92	0,96	0,96	0,96	0,99	0,99	1,00
	7,00	0,80	0,83	0,85	0,87	0,86	0,88	0,90	0,91	0,95	0,95	0,96	0,98	0,98	0,99	1,00
	7,50	0,82	0,84	0,86	0,88	0,86	0,88	0,90	0,94	0,95	0,95	0,96	0,97	0,98	0,99	1,00
	8,00	0,78	0,85	0,87	0,88	0,87	0,91	0,93	0,94	0,95	0,95	0,97	0,97	0,99	0,99	1,00
	8,50	0,80	0,82	0,84	0,86	0,87	0,92	0,93	0,94	0,94	0,95	0,97	0,98	0,99	0,99	1,00
	9,00	0,81	0,83	0,84	0,86	0,88	0,92	0,93	0,94	0,94	0,95	0,97	0,98	0,98	0,99	1,00
	9,50	0,82	0,84	0,85	0,87	0,88	0,92	0,93	0,94	0,94	0,96	0,97	0,98	0,98	0,99	1,00
	10,00	0,83	0,84	0,86	0,87	0,88	0,92	0,93	0,94	0,94	0,96	0,96	0,98	0,99	0,99	1,00
β_{ap}^{up}-Servicegrade	0,50	0,38	0,38	0,38	0,38	0,38	0,62	0,62	0,62	0,78	0,78	0,78	0,88	0,93	0,96	0,99
	1,00	0,44	0,60	0,60	0,60	0,60	0,73	0,73	0,82	0,82	0,88	0,88	0,92	0,95	0,97	1,00
	1,50	0,59	0,59	0,69	0,69	0,69	0,77	0,77	0,84	0,84	0,89	0,92	0,95	0,97	0,98	1,00
	2,00	0,67	0,67	0,74	0,74	0,74	0,80	0,85	0,85	0,89	0,89	0,92	0,95	0,96	0,98	1,00
	2,50	0,65	0,71	0,71	0,77	0,77	0,82	0,86	0,86	0,90	0,92	0,94	0,96	0,97	0,99	1,00
	3,00	0,69	0,75	0,75	0,80	0,80	0,84	0,87	0,87	0,90	0,93	0,94	0,96	0,98	0,99	1,00
	3,50	0,73	0,77	0,77	0,81	0,81	0,85	0,88	0,91	0,91	0,93	0,94	0,96	0,98	0,99	1,00
	4,00	0,75	0,75	0,79	0,83	0,83	0,86	0,89	0,91	0,93	0,93	0,96	0,97	0,98	0,99	1,00
	4,50	0,77	0,77	0,81	0,84	0,84	0,87	0,89	0,91	0,93	0,94	0,96	0,97	0,98	0,99	1,00
	5,00	0,76	0,79	0,82	0,85	0,85	0,87	0,90	0,92	0,93	0,95	0,96	0,97	0,98	0,99	1,00
	5,50	0,77	0,80	0,83	0,86	0,86	0,88	0,90	0,92	0,93	0,95	0,96	0,97	0,98	0,99	1,00
	6,00	0,79	0,82	0,84	0,86	0,86	0,89	0,90	0,92	0,93	0,95	0,96	0,97	0,98	0,99	1,00
	6,50	0,80	0,83	0,85	0,87	0,87	0,89	0,91	0,92	0,94	0,96	0,96	0,97	0,99	0,99	1,00
	7,00	0,81	0,83	0,86	0,88	0,88	0,89	0,91	0,92	0,95	0,96	0,96	0,98	0,99	0,99	1,00
	7,50	0,82	0,84	0,86	0,88	0,88	0,90	0,91	0,94	0,95	0,96	0,96	0,98	0,98	0,99	1,00
	8,00	0,81	0,85	0,87	0,89	0,89	0,91	0,93	0,94	0,95	0,96	0,97	0,98	0,99	0,99	1,00
	8,50	0,82	0,84	0,86	0,87	0,89	0,92	0,93	0,94	0,95	0,96	0,97	0,98	0,99	0,99	1,00
	9,00	0,82	0,84	0,86	0,88	0,89	0,92	0,93	0,94	0,95	0,96	0,97	0,98	0,99	0,99	1,00
	9,50	0,83	0,85	0,87	0,88	0,90	0,92	0,93	0,94	0,95	0,96	0,97	0,98	0,99	0,99	1,00
	10,00	0,84	0,85	0,87	0,88	0,90	0,92	0,93	0,94	0,95	0,96	0,97	0,98	0,99	0,99	1,00

Tabelle A.4.: Darstellung der approximativen Zusammenhänge zwischen α_z und β_{ap} bei der negativen Binomialverteilung mit $\theta = 2$ und $L = 4$

	λ	α_z-Servicegrade														
		0,3	0,35	0,4	0,45	0,5	0,55	0,6	0,65	0,7	0,75	0,8	0,85	0,9	0,95	0,99
β_{ap}^{low}-Servicegrade	0,50	0,00	0,00	0,00	0,00	0,00	0,00	0,33	0,33	0,33	0,56	0,56	0,70	0,80	0,91	0,98
	1,00	0,22	0,22	0,22	0,41	0,41	0,56	0,56	0,67	0,67	0,76	0,76	0,82	0,91	0,95	0,99
	1,50	0,31	0,44	0,44	0,55	0,55	0,65	0,65	0,73	0,73	0,79	0,84	0,88	0,93	0,96	0,99
	2,00	0,46	0,55	0,55	0,63	0,63	0,70	0,70	0,76	0,81	0,85	0,88	0,91	0,95	0,97	0,99
	2,50	0,55	0,55	0,62	0,68	0,68	0,74	0,79	0,79	0,83	0,86	0,89	0,93	0,95	0,97	1,00
	3,00	0,55	0,61	0,67	0,67	0,72	0,76	0,80	0,84	0,84	0,87	0,91	0,93	0,96	0,98	1,00
	3,50	0,60	0,65	0,70	0,70	0,74	0,78	0,82	0,85	0,87	0,90	0,91	0,94	0,96	0,98	1,00
	4,00	0,64	0,69	0,73	0,73	0,77	0,80	0,83	0,86	0,88	0,90	0,92	0,94	0,96	0,98	1,00
	4,50	0,67	0,71	0,71	0,75	0,78	0,81	0,84	0,86	0,88	0,90	0,93	0,95	0,97	0,98	1,00
	5,00	0,66	0,70	0,73	0,77	0,80	0,82	0,85	0,87	0,89	0,92	0,93	0,95	0,97	0,99	1,00
	5,50	0,69	0,72	0,75	0,78	0,81	0,83	0,85	0,87	0,91	0,92	0,93	0,95	0,97	0,99	1,00
	6,00	0,71	0,74	0,77	0,79	0,82	0,84	0,86	0,89	0,91	0,92	0,94	0,96	0,97	0,99	1,00
	6,50	0,73	0,75	0,78	0,80	0,83	0,85	0,87	0,90	0,91	0,92	0,94	0,96	0,98	0,99	1,00
	7,00	0,74	0,77	0,79	0,81	0,83	0,85	0,89	0,90	0,91	0,94	0,94	0,96	0,98	0,99	1,00
	7,50	0,73	0,78	0,80	0,82	0,84	0,86	0,89	0,90	0,92	0,94	0,95	0,96	0,98	0,99	1,00
	8,00	0,75	0,79	0,81	0,83	0,85	0,86	0,89	0,91	0,92	0,94	0,95	0,96	0,98	0,99	1,00
	8,50	0,76	0,78	0,82	0,84	0,85	0,87	0,90	0,91	0,93	0,94	0,95	0,96	0,98	0,99	1,00
	9,00	0,77	0,79	0,82	0,84	0,86	0,87	0,90	0,91	0,93	0,94	0,95	0,97	0,98	0,99	1,00
	9,50	0,78	0,80	0,83	0,85	0,86	0,89	0,90	0,91	0,93	0,95	0,96	0,97	0,98	0,99	1,00
	10,00	0,79	0,80	0,82	0,85	0,87	0,89	0,90	0,91	0,93	0,95	0,96	0,97	0,98	0,99	1,00
β_{ap}^{rand}-Servicegrade	0,50	0,00	0,31	0,23	0,16	0,08	0,01	0,49	0,41	0,34	0,63	0,56	0,73	0,82	0,93	0,99
	1,00	0,36	0,29	0,23	0,51	0,45	0,66	0,61	0,76	0,71	0,81	0,76	0,83	0,93	0,96	0,99
	1,50	0,33	0,52	0,47	0,63	0,58	0,71	0,67	0,77	0,73	0,80	0,85	0,89	0,95	0,97	0,99
	2,00	0,51	0,63	0,59	0,70	0,65	0,74	0,71	0,78	0,84	0,88	0,90	0,92	0,96	0,97	1,00
	2,50	0,61	0,57	0,66	0,74	0,70	0,77	0,82	0,79	0,84	0,87	0,89	0,94	0,95	0,98	1,00
	3,00	0,56	0,63	0,71	0,67	0,73	0,79	0,83	0,87	0,84	0,87	0,93	0,94	0,96	0,98	1,00
	3,50	0,62	0,68	0,74	0,71	0,76	0,80	0,84	0,87	0,89	0,91	0,92	0,95	0,97	0,98	1,00
	4,00	0,67	0,72	0,77	0,73	0,78	0,81	0,84	0,87	0,89	0,91	0,92	0,95	0,96	0,99	1,00
	4,50	0,71	0,75	0,72	0,76	0,79	0,82	0,85	0,87	0,89	0,90	0,94	0,96	0,97	0,98	1,00
	5,00	0,67	0,70	0,74	0,77	0,80	0,83	0,85	0,87	0,89	0,93	0,94	0,96	0,97	0,99	1,00
	5,50	0,70	0,73	0,76	0,79	0,82	0,84	0,86	0,88	0,92	0,93	0,93	0,95	0,98	0,99	1,00
	6,00	0,72	0,75	0,78	0,80	0,83	0,85	0,86	0,91	0,92	0,93	0,95	0,96	0,97	0,99	1,00
	6,50	0,75	0,77	0,79	0,81	0,83	0,85	0,87	0,91	0,92	0,92	0,95	0,96	0,98	0,99	1,00
	7,00	0,76	0,78	0,80	0,82	0,84	0,86	0,90	0,91	0,92	0,94	0,95	0,96	0,98	0,99	1,00
	7,50	0,73	0,80	0,81	0,83	0,85	0,86	0,90	0,91	0,92	0,94	0,96	0,97	0,98	0,99	1,00
	8,00	0,75	0,81	0,82	0,84	0,85	0,86	0,90	0,91	0,92	0,94	0,96	0,97	0,98	0,99	1,00
	8,50	0,76	0,78	0,83	0,85	0,86	0,87	0,90	0,91	0,94	0,94	0,95	0,96	0,98	0,99	1,00
	9,00	0,78	0,79	0,84	0,85	0,86	0,87	0,91	0,91	0,94	0,94	0,95	0,97	0,98	0,99	1,00
	9,50	0,79	0,80	0,85	0,86	0,87	0,90	0,91	0,91	0,93	0,95	0,96	0,97	0,98	0,99	1,00
	10,00	0,80	0,81	0,82	0,86	0,87	0,90	0,91	0,91	0,93	0,95	0,96	0,97	0,98	0,99	1,00
β_{ap}^{up}-Servicegrade	0,50	0,00	0,33	0,33	0,33	0,33	0,33	0,56	0,56	0,56	0,70	0,70	0,80	0,87	0,94	0,99
	1,00	0,41	0,41	0,41	0,56	0,56	0,67	0,67	0,76	0,76	0,82	0,82	0,87	0,93	0,97	0,99
	1,50	0,44	0,55	0,55	0,65	0,65	0,73	0,73	0,79	0,79	0,84	0,88	0,91	0,95	0,97	0,99
	2,00	0,55	0,63	0,63	0,70	0,70	0,76	0,76	0,81	0,85	0,88	0,91	0,93	0,96	0,98	1,00
	2,50	0,62	0,62	0,68	0,74	0,74	0,79	0,83	0,83	0,86	0,89	0,91	0,95	0,96	0,98	1,00
	3,00	0,61	0,67	0,72	0,72	0,76	0,80	0,84	0,87	0,87	0,89	0,93	0,94	0,97	0,98	1,00
	3,50	0,65	0,70	0,74	0,74	0,78	0,82	0,85	0,87	0,90	0,91	0,93	0,95	0,97	0,99	1,00
	4,00	0,69	0,73	0,77	0,77	0,80	0,83	0,86	0,88	0,90	0,92	0,93	0,95	0,97	0,99	1,00
	4,50	0,71	0,75	0,75	0,78	0,81	0,84	0,86	0,88	0,90	0,92	0,94	0,96	0,97	0,99	1,00
	5,00	0,70	0,73	0,77	0,80	0,82	0,85	0,87	0,89	0,90	0,93	0,94	0,96	0,97	0,99	1,00
	5,50	0,72	0,75	0,78	0,81	0,83	0,85	0,87	0,89	0,92	0,93	0,94	0,96	0,98	0,99	1,00
	6,00	0,74	0,77	0,79	0,82	0,84	0,86	0,88	0,91	0,92	0,93	0,95	0,97	0,98	0,99	1,00
	6,50	0,75	0,78	0,80	0,83	0,85	0,87	0,88	0,91	0,92	0,93	0,95	0,97	0,98	0,99	1,00
	7,00	0,77	0,79	0,81	0,83	0,85	0,87	0,90	0,91	0,92	0,94	0,95	0,97	0,98	0,99	1,00
	7,50	0,76	0,80	0,82	0,84	0,86	0,87	0,90	0,92	0,93	0,94	0,96	0,97	0,98	0,99	1,00
	8,00	0,77	0,81	0,83	0,85	0,86	0,88	0,91	0,92	0,93	0,94	0,96	0,97	0,98	0,99	1,00
	8,50	0,78	0,80	0,84	0,85	0,87	0,88	0,91	0,92	0,94	0,95	0,96	0,97	0,98	0,99	1,00
	9,00	0,79	0,81	0,84	0,86	0,87	0,89	0,91	0,92	0,94	0,95	0,96	0,97	0,98	0,99	1,00
	9,50	0,80	0,81	0,85	0,86	0,88	0,90	0,91	0,92	0,94	0,95	0,96	0,97	0,98	0,99	1,00
	10,00	0,80	0,82	0,84	0,87	0,88	0,90	0,91	0,92	0,94	0,95	0,96	0,97	0,98	0,99	1,00

Tabelle A.5.: Darstellung der approximativen Zusammenhänge zwischen α_z und β_{ap} bei der negativen Binomialverteilung mit $\theta = 4$ und $L = 4$

	λ	α_z-Servicegrade														
		0,3	0,35	0,4	0,45	0,5	0,55	0,6	0,65	0,7	0,75	0,8	0,85	0,9	0,95	0,99
β_{ap}^{low}-Servicegrade	0,50	0,00	0,00	0,00	0,00	0,00	0,00	0,00	0,28	0,28	0,46	0,46	0,60	0,77	0,86	0,98
	1,00	0,00	0,00	0,20	0,20	0,36	0,36	0,49	0,49	0,59	0,67	0,74	0,79	0,87	0,93	0,99
	1,50	0,15	0,29	0,29	0,40	0,50	0,50	0,59	0,66	0,66	0,72	0,81	0,84	0,89	0,95	0,99
	2,00	0,33	0,43	0,43	0,51	0,58	0,58	0,64	0,70	0,74	0,79	0,82	0,87	0,91	0,96	0,99
	2,50	0,44	0,44	0,51	0,58	0,63	0,63	0,68	0,73	0,77	0,83	0,86	0,90	0,93	0,97	0,99
	3,00	0,45	0,52	0,57	0,62	0,67	0,67	0,71	0,78	0,81	0,84	0,88	0,91	0,94	0,97	0,99
	3,50	0,52	0,57	0,62	0,66	0,70	0,74	0,77	0,80	0,82	0,87	0,88	0,91	0,94	0,98	1,00
	4,00	0,52	0,57	0,61	0,65	0,72	0,75	0,78	0,81	0,83	0,87	0,90	0,93	0,95	0,98	1,00
	4,50	0,56	0,60	0,64	0,68	0,74	0,77	0,79	0,82	0,86	0,87	0,90	0,94	0,96	0,98	1,00
	5,00	0,60	0,63	0,67	0,70	0,76	0,78	0,80	0,83	0,86	0,89	0,92	0,94	0,96	0,98	1,00
	5,50	0,63	0,66	0,69	0,72	0,77	0,79	0,81	0,85	0,87	0,89	0,92	0,94	0,96	0,98	1,00
	6,00	0,62	0,68	0,71	0,73	0,78	0,80	0,82	0,85	0,87	0,90	0,93	0,94	0,97	0,98	1,00
	6,50	0,64	0,67	0,72	0,75	0,79	0,81	0,83	0,86	0,89	0,91	0,93	0,95	0,96	0,98	1,00
	7,00	0,67	0,69	0,74	0,76	0,80	0,82	0,85	0,86	0,89	0,91	0,93	0,95	0,97	0,99	1,00
	7,50	0,68	0,71	0,75	0,77	0,81	0,82	0,85	0,87	0,89	0,91	0,94	0,95	0,97	0,98	1,00
	8,00	0,68	0,72	0,74	0,78	0,81	0,83	0,86	0,87	0,89	0,92	0,94	0,95	0,97	0,99	1,00
	8,50	0,69	0,73	0,75	0,79	0,82	0,83	0,86	0,88	0,90	0,92	0,94	0,95	0,97	0,99	1,00
	9,00	0,70	0,74	0,76	0,80	0,83	0,84	0,87	0,89	0,91	0,92	0,94	0,96	0,97	0,99	1,00
	9,50	0,72	0,75	0,77	0,80	0,83	0,84	0,87	0,89	0,91	0,92	0,94	0,96	0,97	0,99	1,00
	10,00	0,73	0,75	0,78	0,81	0,84	0,85	0,87	0,89	0,91	0,93	0,94	0,96	0,98	0,99	1,00
β_{ap}^{rand}-Servicegrade	0,50	0,00	0,00	0,00	0,27	0,19	0,12	0,04	0,42	0,33	0,57	0,47	0,61	0,80	0,87	0,98
	1,00	0,07	0,01	0,31	0,25	0,47	0,41	0,58	0,52	0,64	0,72	0,78	0,81	0,88	0,94	0,99
	1,50	0,16	0,35	0,29	0,45	0,58	0,53	0,63	0,71	0,66	0,72	0,84	0,85	0,90	0,96	0,99
	2,00	0,38	0,50	0,45	0,55	0,64	0,59	0,67	0,72	0,77	0,80	0,82	0,88	0,91	0,96	0,99
	2,50	0,51	0,46	0,55	0,62	0,68	0,64	0,69	0,74	0,77	0,85	0,86	0,90	0,93	0,97	1,00
	3,00	0,48	0,55	0,61	0,66	0,71	0,67	0,71	0,81	0,83	0,85	0,89	0,92	0,94	0,98	0,99
	3,50	0,55	0,61	0,65	0,70	0,73	0,77	0,79	0,81	0,83	0,88	0,89	0,91	0,95	0,98	1,00
	4,00	0,52	0,57	0,61	0,65	0,75	0,78	0,80	0,82	0,83	0,88	0,91	0,93	0,96	0,98	1,00
	4,50	0,58	0,61	0,65	0,68	0,77	0,79	0,81	0,82	0,87	0,88	0,91	0,94	0,96	0,98	1,00
	5,00	0,62	0,65	0,68	0,70	0,78	0,80	0,81	0,83	0,87	0,90	0,92	0,94	0,96	0,98	1,00
	5,50	0,66	0,68	0,70	0,72	0,79	0,81	0,82	0,86	0,87	0,90	0,92	0,95	0,96	0,98	1,00
	6,00	0,63	0,70	0,72	0,74	0,80	0,81	0,82	0,86	0,87	0,90	0,94	0,94	0,97	0,98	1,00
	6,50	0,66	0,67	0,74	0,76	0,81	0,82	0,83	0,87	0,90	0,92	0,93	0,95	0,97	0,99	1,00
	7,00	0,68	0,70	0,76	0,77	0,82	0,83	0,86	0,87	0,89	0,91	0,93	0,95	0,97	0,99	1,00
	7,50	0,70	0,71	0,77	0,78	0,82	0,83	0,87	0,87	0,89	0,91	0,94	0,96	0,97	0,98	1,00
	8,00	0,68	0,73	0,74	0,79	0,83	0,84	0,87	0,87	0,89	0,93	0,94	0,96	0,97	0,99	1,00
	8,50	0,70	0,75	0,75	0,80	0,83	0,84	0,87	0,89	0,91	0,93	0,94	0,95	0,97	0,99	1,00
	9,00	0,71	0,76	0,77	0,81	0,84	0,84	0,87	0,89	0,91	0,93	0,95	0,96	0,97	0,99	1,00
	9,50	0,73	0,77	0,78	0,81	0,84	0,85	0,87	0,89	0,91	0,92	0,95	0,96	0,97	0,99	1,00
	10,00	0,74	0,75	0,78	0,82	0,85	0,85	0,88	0,90	0,91	0,94	0,94	0,97	0,98	0,99	1,00
β_{ap}^{up}-Servicegrade	0,50	0,00	0,00	0,00	0,28	0,28	0,28	0,28	0,46	0,46	0,60	0,60	0,69	0,82	0,89	0,98
	1,00	0,20	0,20	0,36	0,36	0,49	0,49	0,59	0,59	0,67	0,74	0,79	0,83	0,89	0,95	0,99
	1,50	0,29	0,40	0,40	0,50	0,59	0,59	0,66	0,72	0,72	0,77	0,84	0,87	0,91	0,96	0,99
	2,00	0,43	0,51	0,51	0,58	0,64	0,64	0,70	0,74	0,79	0,82	0,85	0,89	0,93	0,97	0,99
	2,50	0,51	0,51	0,58	0,63	0,68	0,68	0,73	0,77	0,80	0,86	0,88	0,91	0,94	0,97	1,00
	3,00	0,52	0,57	0,62	0,67	0,71	0,71	0,75	0,81	0,84	0,86	0,90	0,93	0,95	0,98	1,00
	3,50	0,57	0,62	0,66	0,70	0,74	0,77	0,80	0,82	0,85	0,88	0,90	0,93	0,95	0,98	1,00
	4,00	0,57	0,61	0,65	0,69	0,75	0,78	0,81	0,83	0,85	0,89	0,91	0,94	0,96	0,98	1,00
	4,50	0,60	0,64	0,68	0,71	0,77	0,79	0,82	0,84	0,87	0,89	0,91	0,94	0,96	0,98	1,00
	5,00	0,63	0,67	0,70	0,73	0,78	0,80	0,83	0,84	0,88	0,90	0,93	0,94	0,96	0,98	1,00
	5,50	0,66	0,69	0,72	0,74	0,79	0,81	0,83	0,87	0,88	0,91	0,93	0,95	0,97	0,98	1,00
	6,00	0,65	0,71	0,73	0,76	0,80	0,82	0,84	0,87	0,88	0,91	0,94	0,95	0,97	0,98	1,00
	6,50	0,67	0,70	0,75	0,77	0,81	0,83	0,84	0,87	0,90	0,92	0,94	0,95	0,97	0,99	1,00
	7,00	0,69	0,71	0,76	0,78	0,82	0,83	0,86	0,88	0,90	0,92	0,94	0,95	0,97	0,99	1,00
	7,50	0,71	0,73	0,77	0,79	0,82	0,84	0,87	0,88	0,90	0,92	0,94	0,96	0,97	0,99	1,00
	8,00	0,70	0,74	0,76	0,80	0,83	0,84	0,87	0,88	0,90	0,93	0,94	0,96	0,97	0,99	1,00
	8,50	0,71	0,75	0,77	0,80	0,83	0,85	0,87	0,90	0,91	0,93	0,94	0,96	0,97	0,99	1,00
	9,00	0,72	0,76	0,78	0,81	0,84	0,85	0,88	0,90	0,91	0,93	0,95	0,96	0,98	0,99	1,00
	9,50	0,74	0,77	0,79	0,82	0,84	0,86	0,88	0,90	0,92	0,93	0,95	0,96	0,98	0,99	1,00
	10,00	0,75	0,76	0,79	0,82	0,85	0,86	0,88	0,90	0,92	0,94	0,95	0,97	0,98	0,99	1,00

Tabelle A.6.: Darstellung der approximativen Zusammenhänge zwischen α_z und β_{ap} bei der nullinflationierten Poisson-Verteilung mit $\omega = 0,1$ und $L = 4$

	λ	α_z-Servicegrade														
		0,3	0,35	0,4	0,45	0,5	0,55	0,6	0,65	0,7	0,75	0,8	0,85	0,9	0,95	0,99
β_{ap}^{low}-Servicegrade	0,50	0,78	0,78	0,78	0,78	0,78	0,78	0,78	0,78	0,78	0,78	0,78	0,78	0,78	0,95	0,99
	1,00	0,78	0,78	0,78	0,78	0,78	0,78	0,78	0,78	0,78	0,78	0,92	0,92	0,92	0,98	0,99
	1,50	0,78	0,78	0,78	0,78	0,78	0,78	0,78	0,89	0,89	0,89	0,89	0,96	0,96	0,99	1,00
	2,00	0,78	0,78	0,78	0,78	0,87	0,87	0,87	0,87	0,87	0,94	0,94	0,94	0,98	0,98	1,00
	2,50	0,78	0,78	0,86	0,86	0,86	0,86	0,92	0,92	0,92	0,92	0,96	0,96	0,96	0,98	1,00
	3,00	0,85	0,85	0,85	0,85	0,91	0,91	0,91	0,91	0,95	0,95	0,95	0,98	0,98	0,99	1,00
	3,50	0,84	0,84	0,89	0,89	0,89	0,89	0,94	0,94	0,94	0,94	0,97	0,97	0,98	0,99	1,00
	4,00	0,83	0,88	0,88	0,88	0,92	0,92	0,92	0,92	0,96	0,96	0,96	0,98	0,98	0,99	1,00
	4,50	0,87	0,87	0,87	0,91	0,91	0,91	0,95	0,95	0,95	0,97	0,97	0,98	0,98	0,99	1,00
	5,00	0,86	0,90	0,90	0,90	0,94	0,94	0,94	0,94	0,96	0,96	0,98	0,98	0,99	0,99	1,00
	5,50	0,89	0,89	0,89	0,93	0,93	0,93	0,95	0,95	0,95	0,97	0,97	0,98	0,98	0,99	1,00
	6,00	0,88	0,88	0,92	0,92	0,92	0,94	0,94	0,96	0,96	0,96	0,98	0,98	0,99	0,99	1,00
	6,50	0,88	0,91	0,91	0,93	0,93	0,93	0,96	0,96	0,96	0,97	0,97	0,98	0,99	1,00	1,00
	7,00	0,90	0,90	0,93	0,93	0,93	0,95	0,95	0,97	0,97	0,97	0,98	0,99	0,99	0,99	1,00
	7,50	0,89	0,92	0,92	0,94	0,94	0,94	0,96	0,96	0,97	0,97	0,98	0,98	0,99	1,00	1,00
	8,00	0,91	0,91	0,93	0,93	0,93	0,95	0,95	0,97	0,97	0,98	0,98	0,99	0,99	1,00	1,00
	8,50	0,90	0,93	0,93	0,95	0,95	0,95	0,96	0,96	0,98	0,98	0,98	0,98	0,99	0,99	1,00
	9,00	0,92	0,92	0,94	0,94	0,94	0,96	0,96	0,97	0,97	0,98	0,98	0,99	0,99	1,00	1,00
	9,50	0,91	0,93	0,93	0,93	0,95	0,95	0,97	0,97	0,98	0,98	0,98	0,98	0,99	1,00	1,00
	10,00	0,93	0,93	0,94	0,94	0,94	0,96	0,96	0,97	0,97	0,98	0,98	0,99	0,99	1,00	1,00
β_{ap}^{rand}-Servicegrade	0,50	0,78	0,78	0,78	0,78	0,78	0,78	0,78	0,95	0,92	0,88	0,85	0,82	0,79	0,97	1,00
	1,00	0,78	0,78	0,78	0,91	0,89	0,87	0,84	0,82	0,80	0,78	0,96	0,95	0,93	0,99	1,00
	1,50	0,78	0,87	0,85	0,83	0,81	0,80	0,78	0,94	0,93	0,91	0,90	0,98	0,97	0,99	1,00
	2,00	0,84	0,82	0,80	0,78	0,93	0,92	0,90	0,89	0,87	0,97	0,96	0,94	0,99	0,98	1,00
	2,50	0,80	0,78	0,91	0,90	0,88	0,87	0,96	0,95	0,94	0,93	0,98	0,97	0,96	0,99	1,00
	3,00	0,90	0,89	0,87	0,86	0,95	0,93	0,92	0,91	0,97	0,96	0,96	0,99	0,98	0,99	1,00
	3,50	0,87	0,85	0,93	0,92	0,91	0,90	0,96	0,95	0,95	0,94	0,98	0,97	0,99	1,00	1,00
	4,00	0,84	0,92	0,90	0,89	0,95	0,95	0,94	0,93	0,97	0,96	0,96	0,98	0,98	0,99	1,00
	4,50	0,90	0,89	0,87	0,94	0,93	0,92	0,97	0,96	0,95	0,98	0,98	0,99	0,99	0,99	1,00
	5,00	0,87	0,93	0,92	0,91	0,96	0,95	0,94	0,94	0,97	0,97	0,99	0,98	0,99	1,00	1,00
	5,50	0,92	0,91	0,90	0,95	0,94	0,93	0,97	0,96	0,95	0,98	0,97	0,99	0,98	0,99	1,00
	6,00	0,90	0,89	0,94	0,93	0,92	0,96	0,95	0,98	0,97	0,97	0,99	0,98	0,99	0,99	1,00
	6,50	0,88	0,92	0,91	0,95	0,95	0,94	0,97	0,96	0,96	0,98	0,97	0,99	0,99	1,00	1,00
	7,00	0,92	0,90	0,94	0,94	0,93	0,96	0,95	0,98	0,97	0,97	0,98	0,99	0,99	0,99	1,00
	7,50	0,90	0,94	0,93	0,96	0,95	0,94	0,97	0,97	0,98	0,98	0,99	0,99	0,99	1,00	1,00
	8,00	0,93	0,92	0,95	0,94	0,94	0,96	0,96	0,98	0,97	0,99	0,98	0,99	1,00	1,00	1,00
	8,50	0,91	0,94	0,93	0,96	0,96	0,95	0,97	0,97	0,98	0,98	0,99	0,99	0,99	1,00	1,00
	9,00	0,94	0,93	0,96	0,95	0,94	0,97	0,96	0,98	0,97	0,99	0,98	0,99	1,00	1,00	1,00
	9,50	0,92	0,95	0,94	0,93	0,96	0,95	0,97	0,97	0,98	0,98	0,99	0,99	0,99	1,00	1,00
	10,00	0,94	0,94	0,96	0,95	0,95	0,97	0,96	0,98	0,97	0,99	0,98	0,99	0,99	1,00	1,00
β_{ap}^{up}-Servicegrade	0,50	0,78	0,78	0,78	0,78	0,78	0,78	0,78	0,95	0,95	0,95	0,95	0,95	0,95	0,99	1,00
	1,00	0,78	0,78	0,78	0,92	0,92	0,92	0,92	0,92	0,92	0,92	0,98	0,98	0,98	0,99	1,00
	1,50	0,78	0,89	0,89	0,89	0,89	0,89	0,89	0,96	0,96	0,96	0,96	0,99	0,99	1,00	1,00
	2,00	0,87	0,87	0,87	0,87	0,94	0,94	0,94	0,94	0,94	0,98	0,98	0,98	0,99	0,99	1,00
	2,50	0,86	0,86	0,92	0,92	0,92	0,92	0,96	0,96	0,96	0,96	0,98	0,98	0,98	0,99	1,00
	3,00	0,91	0,91	0,91	0,91	0,95	0,95	0,95	0,95	0,98	0,98	0,98	0,99	0,99	1,00	1,00
	3,50	0,89	0,89	0,94	0,94	0,94	0,94	0,97	0,97	0,97	0,97	0,98	0,98	0,99	1,00	1,00
	4,00	0,88	0,92	0,92	0,92	0,96	0,96	0,96	0,96	0,98	0,98	0,98	0,99	0,99	1,00	1,00
	4,50	0,91	0,91	0,91	0,95	0,95	0,95	0,97	0,97	0,97	0,98	0,98	0,99	0,99	1,00	1,00
	5,00	0,90	0,94	0,94	0,94	0,96	0,96	0,96	0,96	0,98	0,98	0,99	0,99	0,99	1,00	1,00
	5,50	0,93	0,93	0,93	0,95	0,95	0,95	0,97	0,97	0,97	0,98	0,98	0,99	0,99	1,00	1,00
	6,00	0,92	0,92	0,94	0,94	0,94	0,96	0,96	0,98	0,98	0,98	0,99	0,99	0,99	1,00	1,00
	6,50	0,91	0,93	0,93	0,96	0,96	0,96	0,97	0,97	0,97	0,98	0,98	0,99	1,00	1,00	1,00
	7,00	0,93	0,93	0,95	0,95	0,95	0,97	0,97	0,98	0,98	0,98	0,99	0,99	0,99	1,00	1,00
	7,50	0,92	0,94	0,94	0,96	0,96	0,96	0,97	0,97	0,98	0,98	0,99	0,99	1,00	1,00	1,00
	8,00	0,93	0,93	0,95	0,95	0,95	0,97	0,97	0,98	0,98	0,99	0,99	0,99	1,00	1,00	1,00
	8,50	0,93	0,95	0,95	0,96	0,96	0,96	0,98	0,98	0,98	0,98	0,99	0,99	0,99	1,00	1,00
	9,00	0,94	0,94	0,96	0,96	0,96	0,97	0,97	0,98	0,98	0,99	0,99	0,99	1,00	1,00	1,00
	9,50	0,93	0,95	0,95	0,95	0,97	0,97	0,98	0,98	0,98	0,98	0,99	0,99	0,99	1,00	1,00
	10,00	0,94	0,94	0,96	0,96	0,96	0,97	0,97	0,98	0,98	0,99	0,99	0,99	1,00	1,00	1,00

Tabelle A.7.: Darstellung der approximativen Zusammenhänge zwischen α_z und β_{ap} bei der nullinflationierten Poisson-Verteilung mit $\omega = 0,2$ und $L = 4$

	λ	α_z-Servicegrade														
		0,3	0,35	0,4	0,45	0,5	0,55	0,6	0,65	0,7	0,75	0,8	0,85	0,9	0,95	0,99
β_{ap}^{low}-Servicegrade	0,50	0,80	0,80	0,80	0,80	0,80	0,80	0,80	0,80	0,80	0,80	0,80	0,80	0,80	0,96	0,99
	1,00	0,80	0,80	0,80	0,80	0,80	0,80	0,80	0,80	0,80	0,80	0,93	0,93	0,93	0,98	1,00
	1,50	0,80	0,80	0,80	0,80	0,80	0,80	0,80	0,90	0,90	0,90	0,90	0,96	0,96	0,99	1,00
	2,00	0,80	0,80	0,80	0,80	0,80	0,89	0,89	0,89	0,89	0,95	0,95	0,95	0,98	0,98	1,00
	2,50	0,80	0,80	0,80	0,87	0,87	0,87	0,87	0,93	0,93	0,93	0,93	0,97	0,97	0,99	1,00
	3,00	0,80	0,80	0,86	0,86	0,86	0,92	0,92	0,92	0,92	0,96	0,96	0,96	0,98	0,99	1,00
	3,50	0,80	0,86	0,86	0,86	0,90	0,90	0,90	0,94	0,94	0,94	0,97	0,97	0,99	0,99	1,00
	4,00	0,85	0,85	0,89	0,89	0,89	0,93	0,93	0,93	0,93	0,96	0,96	0,98	0,98	0,99	1,00
	4,50	0,84	0,89	0,89	0,89	0,92	0,92	0,92	0,95	0,95	0,95	0,97	0,97	0,99	0,99	1,00
	5,00	0,88	0,88	0,88	0,91	0,91	0,91	0,94	0,94	0,96	0,96	0,96	0,98	0,99	1,00	1,00
	5,50	0,87	0,87	0,90	0,90	0,93	0,93	0,93	0,96	0,96	0,97	0,97	0,99	0,99	0,99	1,00
	6,00	0,87	0,90	0,90	0,93	0,93	0,93	0,95	0,95	0,97	0,97	0,98	0,98	0,99	0,99	1,00
	6,50	0,89	0,89	0,92	0,92	0,94	0,94	0,94	0,96	0,96	0,98	0,98	0,99	0,99	1,00	1,00
	7,00	0,88	0,91	0,91	0,93	0,93	0,93	0,95	0,95	0,97	0,97	0,98	0,98	0,99	0,99	1,00
	7,50	0,88	0,90	0,93	0,93	0,93	0,95	0,95	0,96	0,96	0,98	0,98	0,99	0,99	1,00	1,00
	8,00	0,90	0,90	0,92	0,92	0,94	0,94	0,96	0,96	0,97	0,97	0,98	0,98	0,99	1,00	1,00
	8,50	0,89	0,91	0,91	0,93	0,93	0,95	0,95	0,97	0,97	0,98	0,98	0,99	0,99	1,00	1,00
	9,00	0,91	0,91	0,93	0,93	0,95	0,95	0,96	0,96	0,97	0,97	0,98	0,99	0,99	1,00	1,00
	9,50	0,90	0,92	0,92	0,94	0,94	0,96	0,96	0,97	0,97	0,98	0,98	0,99	0,99	1,00	1,00
	10,00	0,90	0,92	0,94	0,94	0,95	0,95	0,96	0,96	0,97	0,97	0,98	0,99	0,99	1,00	1,00
β_{ap}^{rand}-Servicegrade	0,50	0,80	0,80	0,80	0,80	0,80	0,80	0,80	0,80	0,95	0,92	0,88	0,85	0,82	0,98	1,00
	1,00	0,80	0,80	0,80	0,80	0,92	0,90	0,88	0,86	0,84	0,82	0,98	0,96	0,94	0,99	1,00
	1,50	0,80	0,80	0,90	0,88	0,86	0,84	0,82	0,96	0,95	0,93	0,92	0,99	0,97	1,00	1,00
	2,00	0,80	0,87	0,85	0,83	0,81	0,94	0,93	0,91	0,90	0,98	0,97	0,95	0,99	0,98	1,00
	2,50	0,86	0,84	0,81	0,92	0,91	0,90	0,88	0,96	0,95	0,94	0,93	0,98	0,97	0,99	1,00
	3,00	0,83	0,80	0,90	0,89	0,87	0,95	0,94	0,93	0,92	0,97	0,96	0,96	0,98	0,99	1,00
	3,50	0,81	0,89	0,87	0,86	0,93	0,92	0,91	0,97	0,96	0,95	0,98	0,98	0,99	1,00	1,00
	4,00	0,88	0,86	0,93	0,92	0,91	0,96	0,95	0,94	0,93	0,97	0,97	0,99	0,98	0,99	1,00
	4,50	0,86	0,92	0,91	0,89	0,95	0,94	0,93	0,97	0,96	0,95	0,98	0,97	0,99	0,99	1,00
	5,00	0,91	0,90	0,88	0,93	0,92	0,91	0,96	0,95	0,98	0,97	0,97	0,99	0,99	1,00	1,00
	5,50	0,89	0,88	0,92	0,91	0,95	0,95	0,94	0,97	0,96	0,99	0,98	0,99	0,99	0,99	1,00
	6,00	0,88	0,92	0,90	0,95	0,94	0,93	0,96	0,95	0,98	0,97	0,99	0,98	0,99	1,00	1,00
	6,50	0,91	0,90	0,94	0,93	0,96	0,95	0,95	0,97	0,97	0,98	0,98	0,99	0,99	1,00	1,00
	7,00	0,90	0,93	0,92	0,95	0,94	0,94	0,96	0,96	0,98	0,97	0,99	0,98	0,99	0,99	1,00
	7,50	0,88	0,92	0,95	0,94	0,93	0,96	0,95	0,97	0,97	0,98	0,98	0,99	0,99	1,00	1,00
	8,00	0,91	0,90	0,93	0,92	0,95	0,94	0,97	0,96	0,98	0,97	0,99	0,98	0,99	1,00	1,00
	8,50	0,90	0,93	0,92	0,94	0,94	0,96	0,95	0,97	0,97	0,98	0,98	0,99	0,99	1,00	1,00
	9,00	0,93	0,91	0,94	0,93	0,96	0,95	0,97	0,96	0,98	0,98	0,99	0,99	0,99	1,00	1,00
	9,50	0,91	0,94	0,93	0,95	0,94	0,96	0,96	0,98	0,97	0,98	0,98	0,99	0,99	1,00	1,00
	10,00	0,90	0,92	0,95	0,94	0,96	0,95	0,97	0,97	0,98	0,98	0,99	0,99	1,00	1,00	1,00
β_{ap}^{up}-Servicegrade	0,50	0,80	0,80	0,80	0,80	0,80	0,80	0,80	0,80	0,96	0,96	0,96	0,96	0,96	0,99	1,00
	1,00	0,80	0,80	0,80	0,80	0,93	0,93	0,93	0,93	0,93	0,93	0,98	0,98	0,98	1,00	1,00
	1,50	0,80	0,80	0,90	0,90	0,90	0,90	0,90	0,96	0,96	0,96	0,96	0,99	0,99	1,00	1,00
	2,00	0,80	0,89	0,89	0,89	0,89	0,95	0,95	0,95	0,95	0,98	0,98	0,98	0,99	0,99	1,00
	2,50	0,87	0,87	0,87	0,93	0,93	0,93	0,93	0,97	0,97	0,97	0,97	0,99	0,99	1,00	1,00
	3,00	0,86	0,86	0,92	0,92	0,92	0,96	0,96	0,96	0,96	0,98	0,98	0,98	0,99	1,00	1,00
	3,50	0,86	0,90	0,90	0,90	0,94	0,94	0,94	0,97	0,97	0,97	0,99	0,99	0,99	1,00	1,00
	4,00	0,89	0,89	0,93	0,93	0,93	0,96	0,96	0,96	0,96	0,98	0,98	0,99	0,99	1,00	1,00
	4,50	0,89	0,92	0,92	0,92	0,95	0,95	0,95	0,97	0,97	0,97	0,99	0,99	0,99	1,00	1,00
	5,00	0,91	0,91	0,91	0,94	0,94	0,94	0,96	0,96	0,98	0,98	0,98	0,99	1,00	1,00	1,00
	5,50	0,90	0,90	0,93	0,93	0,96	0,96	0,96	0,97	0,97	0,99	0,99	0,99	0,99	1,00	1,00
	6,00	0,90	0,93	0,93	0,95	0,95	0,95	0,97	0,97	0,98	0,98	0,99	0,99	0,99	1,00	1,00
	6,50	0,92	0,92	0,94	0,94	0,96	0,96	0,96	0,98	0,98	0,99	0,99	0,99	0,99	1,00	1,00
	7,00	0,91	0,93	0,93	0,95	0,95	0,95	0,97	0,97	0,98	0,98	0,99	0,99	0,99	1,00	1,00
	7,50	0,90	0,93	0,95	0,95	0,95	0,96	0,96	0,98	0,98	0,99	0,99	0,99	1,00	1,00	1,00
	8,00	0,92	0,92	0,94	0,94	0,96	0,96	0,97	0,97	0,98	0,98	0,99	0,99	0,99	1,00	1,00
	8,50	0,91	0,93	0,93	0,95	0,95	0,97	0,97	0,98	0,98	0,99	0,99	0,99	1,00	1,00	1,00
	9,00	0,93	0,93	0,95	0,95	0,96	0,96	0,97	0,97	0,98	0,98	0,99	0,99	0,99	1,00	1,00
	9,50	0,92	0,94	0,94	0,96	0,96	0,97	0,97	0,98	0,98	0,99	0,99	0,99	1,00	1,00	1,00
	10,00	0,92	0,94	0,95	0,95	0,96	0,96	0,97	0,97	0,98	0,98	0,99	0,99	1,00	1,00	1,00

Tabelle A.8.: Darstellung der approximativen Zusammenhänge zwischen α_z und β_{ap} bei der nullinflationierten Poisson-Verteilung mit $\omega = 0,3$ und $L = 4$

	λ	α_z-Servicegrade														
		0,3	0,35	0,4	0,45	0,5	0,55	0,6	0,65	0,7	0,75	0,8	0,85	0,9	0,95	0,99
β_{ap}^{low}-Servicegrade	0,50	0,82	0,82	0,82	0,82	0,82	0,82	0,82	0,82	0,82	0,82	0,82	0,82	0,82	0,96	0,99
	1,00	0,82	0,82	0,82	0,82	0,82	0,82	0,82	0,82	0,82	0,82	0,82	0,94	0,94	0,98	1,00
	1,50	0,82	0,82	0,82	0,82	0,82	0,82	0,82	0,82	0,92	0,92	0,92	0,92	0,97	0,97	1,00
	2,00	0,82	0,82	0,82	0,82	0,82	0,82	0,90	0,90	0,90	0,90	0,95	0,95	0,98	0,98	1,00
	2,50	0,82	0,82	0,82	0,82	0,82	0,89	0,89	0,89	0,94	0,94	0,94	0,97	0,97	0,99	1,00
	3,00	0,82	0,82	0,82	0,88	0,88	0,88	0,93	0,93	0,93	0,93	0,96	0,96	0,98	0,99	1,00
	3,50	0,82	0,82	0,87	0,87	0,87	0,92	0,92	0,92	0,95	0,95	0,95	0,97	0,97	0,99	1,00
	4,00	0,82	0,82	0,87	0,87	0,91	0,91	0,91	0,94	0,94	0,97	0,97	0,98	0,98	0,99	1,00
	4,50	0,82	0,86	0,86	0,90	0,90	0,93	0,93	0,93	0,96	0,96	0,98	0,98	0,99	0,99	1,00
	5,00	0,83	0,86	0,89	0,89	0,92	0,92	0,92	0,95	0,95	0,97	0,97	0,98	0,98	0,99	1,00
	5,50	0,82	0,86	0,89	0,92	0,92	0,92	0,94	0,94	0,96	0,96	0,98	0,98	0,99	0,99	1,00
	6,00	0,82	0,88	0,88	0,91	0,93	0,93	0,93	0,96	0,96	0,97	0,97	0,98	0,99	1,00	1,00
	6,50	0,83	0,88	0,90	0,90	0,93	0,93	0,95	0,95	0,97	0,97	0,98	0,98	0,99	0,99	1,00
	7,00	0,83	0,87	0,90	0,92	0,92	0,94	0,94	0,96	0,96	0,97	0,97	0,98	0,99	0,99	1,00
	7,50	0,83	0,89	0,92	0,92	0,94	0,94	0,95	0,95	0,97	0,97	0,98	0,99	0,99	1,00	1,00
	8,00	0,83	0,89	0,91	0,93	0,93	0,95	0,95	0,96	0,96	0,98	0,98	0,98	0,99	0,99	1,00
	8,50	0,82	0,89	0,91	0,93	0,94	0,94	0,96	0,96	0,97	0,97	0,98	0,99	0,99	1,00	1,00
	9,00	0,82	0,90	0,92	0,94	0,94	0,95	0,95	0,97	0,97	0,98	0,98	0,98	0,99	1,00	1,00
	9,50	0,82	0,90	0,92	0,93	0,95	0,95	0,96	0,96	0,97	0,97	0,98	0,99	0,99	1,00	1,00
	10,00	0,82	0,91	0,93	0,93	0,94	0,96	0,96	0,97	0,97	0,98	0,99	0,99	0,99	1,00	1,00
β_{ap}^{rand}-Servicegrade	0,50	0,82	0,82	0,82	0,82	0,82	0,82	0,82	0,82	0,82	0,95	0,91	0,88	0,85	0,99	1,00
	1,00	0,82	0,82	0,82	0,82	0,82	0,82	0,92	0,90	0,87	0,85	0,83	0,97	0,95	0,99	1,00
	1,50	0,82	0,82	0,82	0,82	0,90	0,88	0,86	0,84	0,96	0,95	0,94	0,92	0,98	0,97	1,00
	2,00	0,82	0,82	0,90	0,88	0,86	0,84	0,95	0,93	0,92	0,91	0,98	0,96	0,99	0,98	1,00
	2,50	0,82	0,82	0,87	0,85	0,83	0,93	0,91	0,90	0,97	0,96	0,95	0,98	0,98	0,99	1,00
	3,00	0,82	0,87	0,85	0,92	0,91	0,89	0,96	0,95	0,94	0,93	0,97	0,96	0,99	1,00	1,00
	3,50	0,82	0,85	0,92	0,90	0,88	0,94	0,93	0,92	0,97	0,96	0,95	0,98	0,97	0,99	1,00
	4,00	0,82	0,84	0,89	0,87	0,93	0,92	0,91	0,96	0,95	0,98	0,97	0,99	0,98	0,99	1,00
	4,50	0,82	0,90	0,87	0,92	0,91	0,96	0,95	0,94	0,97	0,96	0,99	0,98	0,99	1,00	1,00
	5,00	0,83	0,88	0,92	0,90	0,95	0,94	0,93	0,96	0,95	0,98	0,97	0,99	0,98	0,99	1,00
	5,50	0,82	0,87	0,90	0,94	0,93	0,92	0,95	0,95	0,97	0,97	0,99	0,98	0,99	0,99	1,00
	6,00	0,82	0,91	0,89	0,92	0,96	0,95	0,94	0,97	0,96	0,98	0,97	0,99	0,99	1,00	1,00
	6,50	0,83	0,89	0,92	0,91	0,94	0,93	0,96	0,95	0,97	0,97	0,98	0,98	0,99	0,99	1,00
	7,00	0,83	0,88	0,91	0,94	0,92	0,95	0,95	0,97	0,96	0,98	0,98	0,99	0,99	1,00	1,00
	7,50	0,83	0,91	0,93	0,92	0,95	0,94	0,96	0,96	0,98	0,97	0,98	0,99	0,99	1,00	1,00
	8,00	0,83	0,90	0,92	0,95	0,93	0,96	0,95	0,97	0,97	0,98	0,98	0,99	0,99	1,00	1,00
	8,50	0,82	0,89	0,91	0,93	0,95	0,95	0,97	0,96	0,98	0,97	0,98	0,99	1,00	1,00	1,00
	9,00	0,82	0,92	0,93	0,95	0,94	0,96	0,96	0,97	0,97	0,98	0,99	0,99	0,99	1,00	1,00
	9,50	0,82	0,90	0,92	0,94	0,96	0,95	0,97	0,96	0,98	0,97	0,98	0,99	0,99	1,00	1,00
	10,00	0,82	0,93	0,94	0,93	0,95	0,97	0,96	0,97	0,97	0,98	0,99	0,99	0,99	1,00	1,00
β_{ap}^{up}-Servicegrade	0,50	0,82	0,82	0,82	0,82	0,82	0,82	0,82	0,82	0,82	0,96	0,96	0,96	0,96	0,99	1,00
	1,00	0,82	0,82	0,82	0,82	0,82	0,82	0,94	0,94	0,94	0,94	0,94	0,98	0,98	1,00	1,00
	1,50	0,82	0,82	0,82	0,82	0,92	0,92	0,92	0,92	0,97	0,97	0,97	0,97	0,99	0,99	1,00
	2,00	0,82	0,82	0,90	0,90	0,90	0,90	0,95	0,95	0,95	0,95	0,98	0,98	0,99	0,99	1,00
	2,50	0,82	0,82	0,89	0,89	0,89	0,94	0,94	0,94	0,97	0,97	0,97	0,99	0,99	1,00	1,00
	3,00	0,82	0,88	0,88	0,93	0,93	0,93	0,96	0,96	0,96	0,96	0,98	0,98	0,99	1,00	1,00
	3,50	0,82	0,87	0,92	0,92	0,92	0,95	0,95	0,95	0,97	0,97	0,97	0,99	0,99	0,99	1,00
	4,00	0,82	0,87	0,91	0,91	0,94	0,94	0,94	0,97	0,97	0,98	0,98	0,99	0,99	1,00	1,00
	4,50	0,82	0,90	0,90	0,93	0,93	0,96	0,96	0,96	0,98	0,98	0,99	0,99	0,99	1,00	1,00
	5,00	0,83	0,89	0,92	0,92	0,95	0,95	0,95	0,97	0,97	0,98	0,98	0,99	0,99	1,00	1,00
	5,50	0,82	0,89	0,92	0,94	0,94	0,94	0,96	0,96	0,98	0,98	0,99	0,99	0,99	1,00	1,00
	6,00	0,82	0,91	0,91	0,93	0,96	0,96	0,96	0,97	0,97	0,98	0,98	0,99	1,00	1,00	1,00
	6,50	0,83	0,90	0,93	0,93	0,95	0,95	0,97	0,97	0,98	0,98	0,99	0,99	0,99	1,00	1,00
	7,00	0,83	0,90	0,92	0,94	0,94	0,96	0,96	0,97	0,97	0,98	0,98	0,99	0,99	1,00	1,00
	7,50	0,83	0,92	0,94	0,94	0,95	0,95	0,97	0,97	0,98	0,98	0,99	0,99	0,99	1,00	1,00
	8,00	0,83	0,91	0,93	0,95	0,95	0,96	0,96	0,98	0,98	0,98	0,98	0,99	0,99	1,00	1,00
	8,50	0,82	0,91	0,93	0,94	0,96	0,96	0,97	0,97	0,98	0,98	0,99	0,99	1,00	1,00	1,00
	9,00	0,82	0,92	0,94	0,95	0,95	0,97	0,97	0,98	0,98	0,98	0,99	0,99	0,99	1,00	1,00
	9,50	0,82	0,92	0,93	0,95	0,96	0,96	0,97	0,97	0,98	0,98	0,99	0,99	1,00	1,00	1,00
	10,00	0,82	0,93	0,94	0,94	0,96	0,97	0,97	0,98	0,98	0,99	0,99	0,99	0,99	1,00	1,00

Tabelle A.9.: Darstellung der approximativen Zusammenhänge zwischen α_z und β_{ap} bei der nullinflationierten Poisson-Verteilung mit $\omega = 0,4$ und $L = 4$

	λ	α_z-Servicegrade														
		0,3	0,35	0,4	0,45	0,5	0,55	0,6	0,65	0,7	0,75	0,8	0,85	0,9	0,95	0,99
β_{ap}^{low}-Servicegrade	0,50	0,85	0,85	0,85	0,85	0,85	0,85	0,85	0,85	0,85	0,85	0,85	0,85	0,85	0,97	0,97
	1,00	0,85	0,85	0,85	0,85	0,85	0,85	0,85	0,85	0,85	0,85	0,85	0,94	0,94	0,94	1,00
	1,50	0,85	0,85	0,85	0,85	0,85	0,85	0,85	0,85	0,85	0,93	0,93	0,93	0,97	0,97	1,00
	2,00	0,85	0,85	0,85	0,85	0,85	0,85	0,85	0,91	0,91	0,91	0,91	0,96	0,96	0,98	0,99
	2,50	0,85	0,85	0,85	0,85	0,85	0,85	0,91	0,91	0,91	0,95	0,95	0,95	0,98	0,99	1,00
	3,00	0,85	0,85	0,85	0,85	0,85	0,90	0,90	0,90	0,94	0,94	0,97	0,97	0,98	0,99	1,00
	3,50	0,85	0,85	0,85	0,85	0,89	0,89	0,93	0,93	0,93	0,96	0,96	0,98	0,98	0,99	1,00
	4,00	0,85	0,85	0,85	0,85	0,89	0,92	0,92	0,92	0,95	0,95	0,97	0,97	0,98	0,99	1,00
	4,50	0,85	0,85	0,85	0,88	0,88	0,91	0,91	0,94	0,94	0,96	0,96	0,98	0,99	0,99	1,00
	5,00	0,85	0,85	0,85	0,88	0,91	0,91	0,93	0,93	0,96	0,96	0,97	0,97	0,99	0,99	1,00
	5,50	0,85	0,85	0,85	0,88	0,90	0,93	0,93	0,95	0,95	0,97	0,97	0,98	0,99	0,99	1,00
	6,00	0,85	0,85	0,85	0,90	0,92	0,92	0,94	0,94	0,96	0,96	0,98	0,99	0,99	1,00	1,00
	6,50	0,85	0,85	0,85	0,90	0,92	0,94	0,94	0,96	0,96	0,97	0,97	0,98	0,99	0,99	1,00
	7,00	0,85	0,85	0,85	0,91	0,91	0,93	0,95	0,95	0,97	0,97	0,98	0,99	0,99	1,00	1,00
	7,50	0,85	0,85	0,85	0,91	0,93	0,95	0,95	0,96	0,96	0,97	0,98	0,98	0,99	0,99	1,00
	8,00	0,85	0,85	0,85	0,91	0,92	0,94	0,96	0,96	0,97	0,97	0,98	0,99	0,99	1,00	1,00
	8,50	0,85	0,85	0,85	0,92	0,94	0,94	0,95	0,96	0,96	0,98	0,98	0,98	0,99	1,00	1,00
	9,00	0,85	0,85	0,85	0,92	0,93	0,95	0,96	0,96	0,97	0,97	0,98	0,99	0,99	1,00	1,00
	9,50	0,85	0,85	0,85	0,91	0,94	0,94	0,96	0,97	0,97	0,98	0,98	0,98	0,99	1,00	1,00
	10,00	0,85	0,85	0,85	0,92	0,94	0,95	0,96	0,96	0,97	0,98	0,98	0,99	0,99	1,00	1,00
β_{ap}^{rand}-Servicegrade	0,50	0,85	0,85	0,85	0,85	0,85	0,85	0,85	0,85	0,85	0,85	0,94	0,91	0,88	0,99	0,97
	1,00	0,85	0,85	0,85	0,85	0,85	0,85	0,85	0,93	0,91	0,89	0,87	0,98	0,96	0,95	1,00
	1,50	0,85	0,85	0,85	0,85	0,85	0,92	0,90	0,88	0,86	0,97	0,95	0,94	0,99	0,97	1,00
	2,00	0,85	0,85	0,85	0,85	0,91	0,89	0,87	0,96	0,94	0,93	0,92	0,97	0,96	0,99	0,99
	2,50	0,85	0,85	0,85	0,90	0,88	0,86	0,94	0,93	0,91	0,97	0,96	0,95	0,98	0,99	1,00
	3,00	0,85	0,85	0,85	0,89	0,86	0,93	0,91	0,90	0,96	0,95	0,98	0,97	0,99	1,00	1,00
	3,50	0,85	0,85	0,85	0,87	0,92	0,91	0,96	0,94	0,93	0,97	0,96	0,99	0,98	0,99	1,00
	4,00	0,85	0,85	0,85	0,85	0,90	0,95	0,94	0,92	0,96	0,95	0,98	0,97	0,99	0,99	1,00
	4,50	0,85	0,85	0,85	0,91	0,88	0,93	0,92	0,96	0,95	0,97	0,97	0,99	0,99	1,00	1,00
	5,00	0,85	0,85	0,85	0,89	0,93	0,91	0,95	0,94	0,97	0,96	0,98	0,97	0,99	0,99	1,00
	5,50	0,85	0,85	0,85	0,88	0,91	0,94	0,93	0,96	0,95	0,98	0,97	0,98	0,99	1,00	1,00
	6,00	0,85	0,85	0,85	0,92	0,94	0,93	0,96	0,95	0,97	0,96	0,98	0,99	0,99	1,00	1,00
	6,50	0,85	0,85	0,85	0,91	0,93	0,95	0,94	0,97	0,96	0,98	0,97	0,98	0,99	1,00	1,00
	7,00	0,85	0,85	0,85	0,93	0,91	0,94	0,96	0,95	0,97	0,97	0,98	0,99	1,00	1,00	1,00
	7,50	0,85	0,85	0,85	0,92	0,94	0,96	0,95	0,97	0,96	0,98	0,99	0,98	0,99	0,99	1,00
	8,00	0,85	0,85	0,85	0,91	0,93	0,95	0,97	0,96	0,98	0,97	0,98	0,99	0,99	1,00	1,00
	8,50	0,85	0,85	0,85	0,93	0,95	0,94	0,96	0,97	0,97	0,98	0,99	0,98	0,99	1,00	1,00
	9,00	0,85	0,85	0,85	0,92	0,94	0,96	0,97	0,96	0,98	0,97	0,98	0,99	0,99	1,00	1,00
	9,50	0,85	0,85	0,85	0,91	0,96	0,94	0,96	0,97	0,97	0,98	0,99	0,98	0,99	1,00	1,00
	10,00	0,85	0,85	0,85	0,93	0,95	0,96	0,97	0,97	0,98	0,99	0,98	0,99	0,99	1,00	1,00
β_{ap}^{up}-Servicegrade	0,50	0,85	0,85	0,85	0,85	0,85	0,85	0,85	0,85	0,85	0,85	0,97	0,97	0,97	1,00	1,00
	1,00	0,85	0,85	0,85	0,85	0,85	0,85	0,85	0,94	0,94	0,94	0,94	0,98	0,98	0,98	1,00
	1,50	0,85	0,85	0,85	0,85	0,85	0,93	0,93	0,93	0,93	0,97	0,97	0,97	0,99	0,99	1,00
	2,00	0,85	0,85	0,85	0,85	0,91	0,91	0,91	0,96	0,96	0,96	0,96	0,98	0,98	0,99	1,00
	2,50	0,85	0,85	0,85	0,91	0,91	0,91	0,95	0,95	0,95	0,98	0,98	0,98	0,99	1,00	1,00
	3,00	0,85	0,85	0,85	0,90	0,90	0,94	0,94	0,94	0,97	0,97	0,98	0,98	0,99	1,00	1,00
	3,50	0,85	0,85	0,85	0,89	0,93	0,93	0,96	0,96	0,96	0,98	0,98	0,99	0,99	1,00	1,00
	4,00	0,85	0,85	0,85	0,89	0,92	0,95	0,95	0,95	0,97	0,97	0,98	0,98	0,99	1,00	1,00
	4,50	0,85	0,85	0,85	0,91	0,91	0,94	0,94	0,96	0,96	0,98	0,98	0,99	0,99	1,00	1,00
	5,00	0,85	0,85	0,85	0,91	0,93	0,93	0,96	0,96	0,97	0,97	0,99	0,99	0,99	1,00	1,00
	5,50	0,85	0,85	0,85	0,90	0,93	0,95	0,95	0,97	0,97	0,98	0,98	0,99	0,99	1,00	1,00
	6,00	0,85	0,85	0,85	0,92	0,94	0,94	0,96	0,96	0,98	0,98	0,99	0,99	0,99	1,00	1,00
	6,50	0,85	0,85	0,85	0,92	0,94	0,96	0,96	0,97	0,97	0,98	0,98	0,99	0,99	1,00	1,00
	7,00	0,85	0,85	0,85	0,93	0,93	0,95	0,97	0,97	0,98	0,98	0,99	0,99	1,00	1,00	1,00
	7,50	0,85	0,85	0,85	0,93	0,95	0,96	0,96	0,97	0,97	0,98	0,99	0,99	0,99	1,00	1,00
	8,00	0,85	0,85	0,85	0,92	0,94	0,96	0,97	0,97	0,98	0,98	0,99	0,99	1,00	1,00	1,00
	8,50	0,85	0,85	0,85	0,94	0,95	0,95	0,96	0,98	0,98	0,98	0,99	0,99	0,99	1,00	1,00
	9,00	0,85	0,85	0,85	0,93	0,95	0,96	0,97	0,97	0,98	0,98	0,99	0,99	1,00	1,00	1,00
	9,50	0,85	0,85	0,85	0,93	0,96	0,96	0,97	0,98	0,98	0,98	0,99	0,99	0,99	1,00	1,00
	10,00	0,85	0,85	0,85	0,94	0,95	0,96	0,97	0,97	0,98	0,99	0,99	0,99	1,00	1,00	1,00

Tabelle A.10.: Darstellung der approximativen Zusammenhänge zwischen α_z und β_{ap} bei der Hurdle-Poisson-Verteilung mit $\omega = 0,1$ und $L = 4$

	λ	α_z-Servicegrade														
		0,3	0,35	0,4	0,45	0,5	0,55	0,6	0,65	0,7	0,75	0,8	0,85	0,9	0,95	0,99
β_{ap}^{low}-Servicegrade	0,50	0,43	0,43	0,43	0,43	0,43	0,43	0,43	0,43	0,43	0,43	0,88	0,88	0,88	0,88	0,98
	1,00	0,64	0,64	0,64	0,64	0,64	0,64	0,64	0,87	0,87	0,87	0,87	0,87	0,96	0,96	0,99
	1,50	0,71	0,71	0,71	0,71	0,86	0,86	0,86	0,86	0,86	0,86	0,95	0,95	0,95	0,98	1,00
	2,00	0,74	0,74	0,85	0,85	0,85	0,85	0,85	0,85	0,93	0,93	0,93	0,93	0,97	0,99	1,00
	2,50	0,75	0,84	0,84	0,84	0,84	0,84	0,91	0,91	0,91	0,91	0,96	0,96	0,98	0,98	1,00
	3,00	0,84	0,84	0,84	0,84	0,90	0,90	0,90	0,90	0,95	0,95	0,95	0,97	0,97	0,99	1,00
	3,50	0,83	0,83	0,89	0,89	0,89	0,89	0,93	0,93	0,93	0,97	0,97	0,97	0,98	0,99	1,00
	4,00	0,83	0,88	0,88	0,88	0,92	0,92	0,92	0,92	0,96	0,96	0,96	0,98	0,99	0,99	1,00
	4,50	0,87	0,87	0,87	0,91	0,91	0,91	0,94	0,94	0,94	0,97	0,97	0,98	0,98	0,99	1,00
	5,00	0,86	0,90	0,90	0,90	0,93	0,93	0,93	0,93	0,96	0,96	0,98	0,98	0,99	0,99	1,00
	5,50	0,89	0,89	0,89	0,93	0,93	0,93	0,95	0,95	0,95	0,97	0,97	0,98	0,98	0,99	1,00
	6,00	0,88	0,88	0,92	0,92	0,94	0,94	0,94	0,96	0,96	0,96	0,98	0,98	0,99	0,99	1,00
	6,50	0,88	0,91	0,91	0,93	0,93	0,93	0,96	0,96	0,96	0,97	0,97	0,98	0,99	1,00	1,00
	7,00	0,90	0,90	0,93	0,93	0,93	0,95	0,95	0,97	0,97	0,97	0,98	0,99	0,99	0,99	1,00
	7,50	0,89	0,92	0,92	0,94	0,94	0,94	0,96	0,96	0,97	0,97	0,98	0,98	0,99	1,00	1,00
	8,00	0,91	0,91	0,93	0,93	0,93	0,95	0,95	0,97	0,97	0,98	0,98	0,99	0,99	1,00	1,00
	8,50	0,90	0,93	0,93	0,95	0,95	0,95	0,96	0,96	0,98	0,98	0,98	0,98	0,99	0,99	1,00
	9,00	0,92	0,92	0,94	0,94	0,94	0,96	0,96	0,97	0,97	0,98	0,98	0,99	0,99	1,00	1,00
	9,50	0,91	0,93	0,93	0,93	0,95	0,95	0,97	0,97	0,98	0,98	0,98	0,98	0,99	1,00	1,00
	10,00	0,93	0,93	0,94	0,94	0,94	0,96	0,96	0,97	0,97	0,98	0,98	0,99	0,99	1,00	1,00
β_{ap}^{rand}-Servicegrade	0,50	0,75	0,72	0,68	0,65	0,62	0,59	0,55	0,52	0,49	0,46	0,98	0,95	0,92	0,89	0,98
	1,00	0,78	0,76	0,74	0,72	0,70	0,68	0,65	0,95	0,94	0,92	0,90	0,88	0,99	0,97	0,99
	1,50	0,78	0,76	0,74	0,72	0,94	0,93	0,91	0,90	0,88	0,87	0,98	0,96	0,95	0,99	1,00
	2,00	0,77	0,75	0,92	0,91	0,90	0,88	0,87	0,86	0,96	0,95	0,94	0,93	0,98	1,00	1,00
	2,50	0,76	0,90	0,89	0,87	0,86	0,85	0,95	0,94	0,93	0,92	0,98	0,97	0,99	0,98	1,00
	3,00	0,88	0,87	0,85	0,84	0,94	0,93	0,92	0,90	0,97	0,96	0,95	0,99	0,98	0,99	1,00
	3,50	0,86	0,84	0,93	0,92	0,91	0,89	0,96	0,95	0,94	0,98	0,98	0,97	0,99	1,00	1,00
	4,00	0,83	0,91	0,90	0,89	0,95	0,94	0,93	0,92	0,97	0,96	0,96	0,98	0,99	0,99	1,00
	4,50	0,90	0,88	0,87	0,94	0,93	0,92	0,96	0,96	0,95	0,98	0,97	0,99	0,99	0,99	1,00
	5,00	0,87	0,93	0,92	0,91	0,96	0,95	0,94	0,94	0,97	0,96	0,99	0,98	0,99	1,00	1,00
	5,50	0,92	0,91	0,90	0,95	0,94	0,93	0,97	0,96	0,95	0,98	0,97	0,99	0,98	0,99	1,00
	6,00	0,90	0,89	0,93	0,93	0,96	0,96	0,95	0,98	0,97	0,97	0,98	0,98	0,99	0,99	1,00
	6,50	0,88	0,92	0,91	0,95	0,95	0,94	0,97	0,96	0,96	0,98	0,97	0,99	0,99	1,00	1,00
	7,00	0,92	0,90	0,94	0,94	0,93	0,96	0,95	0,98	0,97	0,97	0,98	0,99	0,99	0,99	1,00
	7,50	0,90	0,94	0,93	0,96	0,95	0,94	0,97	0,97	0,98	0,98	0,99	0,99	0,99	1,00	1,00
	8,00	0,93	0,92	0,95	0,94	0,94	0,96	0,96	0,98	0,97	0,99	0,98	0,99	1,00	1,00	1,00
	8,50	0,91	0,94	0,93	0,96	0,96	0,95	0,97	0,97	0,98	0,98	0,99	0,99	0,99	1,00	1,00
	9,00	0,94	0,93	0,96	0,95	0,94	0,97	0,96	0,98	0,97	0,99	0,98	0,99	1,00	1,00	1,00
	9,50	0,92	0,95	0,94	0,93	0,96	0,95	0,97	0,97	0,98	0,98	0,99	0,99	0,99	1,00	1,00
	10,00	0,94	0,94	0,96	0,95	0,95	0,97	0,96	0,98	0,97	0,99	0,98	0,99	0,99	1,00	1,00
β_{ap}^{up}-Servicegrade	0,50	0,88	0,88	0,88	0,88	0,88	0,88	0,88	0,88	0,88	0,88	0,98	0,98	0,98	0,98	1,00
	1,00	0,87	0,87	0,87	0,87	0,87	0,87	0,87	0,96	0,96	0,96	0,96	0,96	0,99	0,99	1,00
	1,50	0,86	0,86	0,86	0,86	0,95	0,95	0,95	0,95	0,95	0,95	0,98	0,98	0,98	1,00	1,00
	2,00	0,85	0,85	0,93	0,93	0,93	0,93	0,93	0,93	0,97	0,97	0,97	0,97	0,99	1,00	1,00
	2,50	0,84	0,91	0,91	0,91	0,91	0,91	0,96	0,96	0,96	0,96	0,98	0,98	0,99	0,99	1,00
	3,00	0,90	0,90	0,90	0,90	0,95	0,95	0,95	0,95	0,97	0,97	0,97	0,99	0,99	1,00	1,00
	3,50	0,89	0,89	0,93	0,93	0,93	0,93	0,97	0,97	0,97	0,98	0,98	0,98	0,99	1,00	1,00
	4,00	0,88	0,92	0,92	0,92	0,96	0,96	0,96	0,96	0,98	0,98	0,98	0,99	1,00	1,00	1,00
	4,50	0,91	0,91	0,91	0,94	0,94	0,94	0,97	0,97	0,97	0,98	0,98	0,99	0,99	1,00	1,00
	5,00	0,90	0,93	0,93	0,93	0,96	0,96	0,96	0,96	0,98	0,98	0,99	0,99	0,99	1,00	1,00
	5,50	0,93	0,93	0,93	0,95	0,95	0,95	0,97	0,97	0,97	0,98	0,98	0,99	0,99	1,00	1,00
	6,00	0,92	0,92	0,94	0,94	0,96	0,96	0,96	0,98	0,98	0,98	0,99	0,99	0,99	1,00	1,00
	6,50	0,91	0,93	0,93	0,96	0,96	0,96	0,97	0,97	0,97	0,98	0,98	0,99	1,00	1,00	1,00
	7,00	0,93	0,93	0,95	0,95	0,95	0,97	0,97	0,98	0,98	0,98	0,99	0,99	0,99	1,00	1,00
	7,50	0,92	0,94	0,94	0,96	0,96	0,96	0,97	0,97	0,98	0,98	0,99	0,99	1,00	1,00	1,00
	8,00	0,93	0,93	0,95	0,95	0,95	0,97	0,97	0,98	0,98	0,99	0,99	0,99	1,00	1,00	1,00
	8,50	0,93	0,95	0,95	0,96	0,96	0,96	0,98	0,98	0,98	0,98	0,99	0,99	0,99	1,00	1,00
	9,00	0,94	0,94	0,96	0,96	0,96	0,97	0,97	0,98	0,98	0,99	0,99	0,99	1,00	1,00	1,00
	9,50	0,93	0,95	0,95	0,95	0,97	0,97	0,98	0,98	0,98	0,98	0,99	0,99	0,99	1,00	1,00
	10,00	0,94	0,94	0,96	0,96	0,96	0,97	0,97	0,98	0,98	0,99	0,99	0,99	1,00	1,00	1,00

Tabelle A.11.: Darstellung der approximativen Zusammenhänge zwischen α_z und β_{ap} bei der Hurdle-Poisson-Verteilung mit $\omega = 0,2$ und $L = 4$

	λ	α_z-Servicegrade														
		0,3	0,35	0,4	0,45	0,5	0,55	0,6	0,65	0,7	0,75	0,8	0,85	0,9	0,95	0,99
β_{ap}^{low}-Servicegrade	0,50	0,49	0,49	0,49	0,49	0,49	0,49	0,49	0,49	0,49	0,49	0,49	0,89	0,89	0,89	0,98
	1,00	0,68	0,68	0,68	0,68	0,68	0,68	0,68	0,68	0,88	0,88	0,88	0,88	0,97	0,97	0,99
	1,50	0,74	0,74	0,74	0,74	0,74	0,88	0,88	0,88	0,88	0,88	0,88	0,95	0,95	0,98	1,00
	2,00	0,77	0,77	0,77	0,77	0,87	0,87	0,87	0,87	0,87	0,94	0,94	0,94	0,97	0,97	1,00
	2,50	0,78	0,78	0,86	0,86	0,86	0,86	0,86	0,92	0,92	0,92	0,96	0,96	0,96	0,99	1,00
	3,00	0,79	0,86	0,86	0,86	0,86	0,91	0,91	0,91	0,91	0,95	0,95	0,98	0,98	0,99	1,00
	3,50	0,85	0,85	0,85	0,90	0,90	0,90	0,90	0,94	0,94	0,94	0,97	0,97	0,99	0,99	1,00
	4,00	0,85	0,85	0,89	0,89	0,89	0,93	0,93	0,93	0,96	0,96	0,96	0,98	0,98	0,99	1,00
	4,50	0,84	0,88	0,88	0,88	0,92	0,92	0,92	0,95	0,95	0,95	0,97	0,97	0,99	0,99	1,00
	5,00	0,88	0,88	0,88	0,91	0,91	0,94	0,94	0,94	0,96	0,96	0,96	0,98	0,99	1,00	1,00
	5,50	0,87	0,87	0,90	0,90	0,93	0,93	0,93	0,96	0,96	0,97	0,97	0,99	0,99	0,99	1,00
	6,00	0,87	0,90	0,90	0,93	0,93	0,93	0,95	0,95	0,97	0,97	0,98	0,98	0,99	0,99	1,00
	6,50	0,89	0,89	0,92	0,92	0,94	0,94	0,94	0,96	0,96	0,98	0,98	0,99	0,99	1,00	1,00
	7,00	0,88	0,91	0,91	0,93	0,93	0,93	0,95	0,95	0,97	0,97	0,98	0,98	0,99	0,99	1,00
	7,50	0,88	0,90	0,93	0,93	0,93	0,95	0,95	0,96	0,96	0,98	0,98	0,99	0,99	1,00	1,00
	8,00	0,90	0,90	0,92	0,92	0,94	0,94	0,96	0,96	0,97	0,97	0,98	0,98	0,99	1,00	1,00
	8,50	0,89	0,91	0,91	0,93	0,93	0,95	0,95	0,97	0,97	0,98	0,98	0,99	0,99	1,00	1,00
	9,00	0,91	0,91	0,93	0,93	0,95	0,95	0,96	0,96	0,97	0,97	0,98	0,99	0,99	1,00	1,00
	9,50	0,90	0,92	0,92	0,94	0,94	0,96	0,96	0,97	0,97	0,98	0,98	0,99	0,99	1,00	1,00
	10,00	0,90	0,92	0,94	0,94	0,95	0,95	0,96	0,96	0,97	0,97	0,98	0,99	0,99	1,00	1,00
β_{ap}^{rand}-Servicegrade	0,50	0,83	0,79	0,76	0,73	0,70	0,66	0,63	0,60	0,57	0,53	0,50	0,96	0,93	0,90	0,99
	1,00	0,84	0,82	0,80	0,78	0,75	0,73	0,71	0,69	0,95	0,94	0,92	0,90	0,99	0,98	0,99
	1,50	0,84	0,82	0,80	0,78	0,76	0,95	0,94	0,92	0,91	0,89	0,88	0,97	0,96	0,99	1,00
	2,00	0,83	0,81	0,79	0,77	0,92	0,91	0,90	0,88	0,87	0,96	0,95	0,94	0,98	0,98	1,00
	2,50	0,82	0,80	0,92	0,90	0,89	0,88	0,86	0,95	0,94	0,93	0,98	0,97	0,96	0,99	1,00
	3,00	0,80	0,91	0,89	0,88	0,86	0,95	0,93	0,92	0,91	0,97	0,96	0,99	0,98	0,99	1,00
	3,50	0,90	0,88	0,86	0,94	0,93	0,92	0,91	0,96	0,95	0,95	0,98	0,97	0,99	1,00	1,00
	4,00	0,88	0,86	0,93	0,91	0,90	0,96	0,95	0,94	0,98	0,97	0,96	0,99	0,98	0,99	1,00
	4,50	0,86	0,92	0,90	0,89	0,94	0,94	0,93	0,97	0,96	0,95	0,98	0,97	0,99	0,99	1,00
	5,00	0,91	0,90	0,88	0,93	0,92	0,96	0,96	0,95	0,98	0,97	0,97	0,98	0,99	1,00	1,00
	5,50	0,89	0,87	0,92	0,91	0,95	0,95	0,94	0,97	0,96	0,99	0,98	0,99	0,99	0,99	1,00
	6,00	0,87	0,92	0,90	0,94	0,94	0,93	0,96	0,95	0,98	0,97	0,99	0,98	0,99	1,00	1,00
	6,50	0,91	0,90	0,94	0,93	0,96	0,95	0,94	0,97	0,97	0,98	0,98	0,99	0,99	1,00	1,00
	7,00	0,90	0,93	0,92	0,95	0,94	0,94	0,96	0,96	0,98	0,97	0,99	0,98	0,99	0,99	1,00
	7,50	0,88	0,92	0,95	0,94	0,93	0,96	0,95	0,97	0,97	0,98	0,98	0,99	0,99	1,00	1,00
	8,00	0,91	0,90	0,93	0,92	0,95	0,94	0,97	0,96	0,98	0,97	0,99	0,98	0,99	1,00	1,00
	8,50	0,90	0,93	0,92	0,94	0,94	0,96	0,95	0,97	0,97	0,98	0,98	0,99	0,99	1,00	1,00
	9,00	0,93	0,91	0,94	0,93	0,96	0,95	0,97	0,96	0,98	0,98	0,99	0,99	0,99	1,00	1,00
	9,50	0,91	0,94	0,93	0,95	0,94	0,96	0,96	0,98	0,97	0,98	0,98	0,99	0,99	1,00	1,00
	10,00	0,90	0,92	0,95	0,94	0,96	0,95	0,97	0,97	0,98	0,98	0,99	0,99	1,00	1,00	1,00
β_{ap}^{up}-Servicegrade	0,50	0,89	0,89	0,89	0,89	0,89	0,89	0,89	0,89	0,89	0,89	0,89	0,98	0,98	0,98	1,00
	1,00	0,88	0,88	0,88	0,88	0,88	0,88	0,88	0,88	0,97	0,97	0,97	0,97	0,99	0,99	1,00
	1,50	0,88	0,88	0,88	0,88	0,88	0,95	0,95	0,95	0,95	0,95	0,95	0,98	0,98	1,00	1,00
	2,00	0,87	0,87	0,87	0,87	0,94	0,94	0,94	0,94	0,94	0,97	0,97	0,97	0,99	0,99	1,00
	2,50	0,86	0,86	0,92	0,92	0,92	0,92	0,92	0,96	0,96	0,96	0,99	0,99	0,99	0,99	1,00
	3,00	0,86	0,91	0,91	0,91	0,91	0,95	0,95	0,95	0,95	0,98	0,98	0,99	0,99	1,00	1,00
	3,50	0,90	0,90	0,90	0,94	0,94	0,94	0,94	0,97	0,97	0,97	0,99	0,99	0,99	1,00	1,00
	4,00	0,89	0,89	0,93	0,93	0,93	0,96	0,96	0,96	0,98	0,98	0,98	0,99	0,99	1,00	1,00
	4,50	0,88	0,92	0,92	0,92	0,95	0,95	0,95	0,97	0,97	0,97	0,99	0,99	0,99	1,00	1,00
	5,00	0,91	0,91	0,91	0,94	0,94	0,96	0,96	0,96	0,98	0,98	0,98	0,99	1,00	1,00	1,00
	5,50	0,90	0,90	0,93	0,93	0,96	0,96	0,96	0,97	0,97	0,99	0,99	0,99	0,99	1,00	1,00
	6,00	0,90	0,93	0,93	0,95	0,95	0,95	0,97	0,97	0,98	0,98	0,99	0,99	0,99	1,00	1,00
	6,50	0,92	0,92	0,94	0,94	0,96	0,96	0,96	0,98	0,98	0,99	0,99	0,99	0,99	1,00	1,00
	7,00	0,91	0,93	0,93	0,95	0,95	0,95	0,97	0,97	0,98	0,98	0,99	0,99	0,99	1,00	1,00
	7,50	0,90	0,93	0,95	0,95	0,95	0,96	0,96	0,98	0,98	0,99	0,99	0,99	1,00	1,00	1,00
	8,00	0,92	0,92	0,94	0,94	0,96	0,96	0,97	0,97	0,98	0,98	0,99	0,99	0,99	1,00	1,00
	8,50	0,91	0,93	0,93	0,95	0,95	0,97	0,97	0,98	0,98	0,99	0,99	0,99	1,00	1,00	1,00
	9,00	0,93	0,93	0,95	0,95	0,96	0,96	0,97	0,97	0,98	0,98	0,99	0,99	0,99	1,00	1,00
	9,50	0,92	0,94	0,94	0,96	0,96	0,97	0,97	0,98	0,98	0,99	0,99	0,99	1,00	1,00	1,00
	10,00	0,92	0,94	0,95	0,95	0,96	0,96	0,97	0,97	0,98	0,98	0,99	0,99	1,00	1,00	1,00

Tabelle A.12.: Darstellung der approximativen Zusammenhänge zwischen α_z und β_{ap} bei der Hurdle-Poisson-Verteilung mit $\omega = 0,3$ und $L = 4$

	λ	α_z-Servicegrade														
		0,3	0,35	0,4	0,45	0,5	0,55	0,6	0,65	0,7	0,75	0,8	0,85	0,9	0,95	0,99
β_{ap}^{low}-Servicegrade	0,50	0,56	0,56	0,56	0,56	0,56	0,56	0,56	0,56	0,56	0,56	0,56	0,91	0,91	0,91	0,99
	1,00	0,72	0,72	0,72	0,72	0,72	0,72	0,72	0,72	0,72	0,90	0,90	0,90	0,90	0,97	0,99
	1,50	0,77	0,77	0,77	0,77	0,77	0,77	0,77	0,89	0,89	0,89	0,89	0,96	0,96	0,99	1,00
	2,00	0,80	0,80	0,80	0,80	0,80	0,89	0,89	0,89	0,89	0,95	0,95	0,95	0,98	0,98	1,00
	2,50	0,81	0,81	0,81	0,81	0,88	0,88	0,88	0,88	0,93	0,93	0,93	0,97	0,97	0,99	1,00
	3,00	0,82	0,82	0,82	0,87	0,87	0,87	0,92	0,92	0,92	0,96	0,96	0,96	0,98	0,99	1,00
	3,50	0,82	0,82	0,87	0,87	0,87	0,91	0,91	0,91	0,95	0,95	0,95	0,97	0,99	0,99	1,00
	4,00	0,82	0,82	0,87	0,87	0,91	0,91	0,94	0,94	0,94	0,97	0,97	0,98	0,98	0,99	1,00
	4,50	0,82	0,86	0,86	0,90	0,90	0,93	0,93	0,93	0,96	0,96	0,98	0,98	0,99	0,99	1,00
	5,00	0,82	0,86	0,89	0,89	0,92	0,92	0,92	0,95	0,95	0,97	0,97	0,98	0,98	0,99	1,00
	5,50	0,82	0,86	0,89	0,92	0,92	0,94	0,94	0,94	0,96	0,96	0,98	0,98	0,99	0,99	1,00
	6,00	0,82	0,88	0,88	0,91	0,93	0,93	0,93	0,96	0,96	0,97	0,97	0,98	0,99	1,00	1,00
	6,50	0,82	0,88	0,90	0,90	0,93	0,93	0,95	0,95	0,97	0,97	0,98	0,98	0,99	0,99	1,00
	7,00	0,82	0,87	0,90	0,92	0,92	0,94	0,94	0,96	0,96	0,97	0,97	0,98	0,99	0,99	1,00
	7,50	0,82	0,89	0,92	0,92	0,94	0,94	0,95	0,95	0,97	0,97	0,98	0,99	0,99	1,00	1,00
	8,00	0,82	0,89	0,91	0,93	0,93	0,95	0,95	0,96	0,96	0,98	0,98	0,98	0,99	0,99	1,00
	8,50	0,82	0,89	0,91	0,93	0,94	0,94	0,96	0,96	0,97	0,97	0,98	0,99	0,99	1,00	1,00
	9,00	0,82	0,90	0,92	0,94	0,94	0,95	0,95	0,97	0,97	0,98	0,98	0,98	0,99	1,00	1,00
	9,50	0,82	0,90	0,92	0,93	0,95	0,95	0,96	0,96	0,97	0,97	0,98	0,99	0,99	1,00	1,00
	10,00	0,82	0,91	0,93	0,93	0,94	0,96	0,96	0,97	0,97	0,98	0,99	0,99	0,99	1,00	1,00
β_{ap}^{rand}-Servicegrade	0,50	0,56	0,87	0,84	0,81	0,78	0,74	0,71	0,68	0,65	0,61	0,58	0,98	0,95	0,92	0,99
	1,00	0,72	0,88	0,86	0,83	0,81	0,79	0,77	0,75	0,73	0,96	0,94	0,92	0,90	0,98	1,00
	1,50	0,77	0,87	0,85	0,83	0,81	0,79	0,78	0,94	0,93	0,91	0,90	0,98	0,97	0,99	1,00
	2,00	0,80	0,87	0,85	0,83	0,81	0,94	0,92	0,91	0,90	0,98	0,96	0,95	0,99	0,98	1,00
	2,50	0,81	0,86	0,83	0,81	0,92	0,91	0,89	0,88	0,96	0,95	0,94	0,98	0,97	0,99	1,00
	3,00	0,82	0,85	0,82	0,91	0,90	0,88	0,95	0,94	0,93	0,98	0,97	0,96	0,99	1,00	1,00
	3,50	0,82	0,84	0,91	0,89	0,87	0,94	0,93	0,92	0,97	0,96	0,95	0,98	0,99	0,99	1,00
	4,00	0,82	0,82	0,89	0,87	0,93	0,92	0,96	0,96	0,95	0,98	0,97	0,99	0,98	0,99	1,00
	4,50	0,82	0,89	0,87	0,92	0,91	0,95	0,94	0,93	0,97	0,96	0,99	0,98	0,99	1,00	1,00
	5,00	0,82	0,88	0,92	0,90	0,95	0,94	0,92	0,96	0,95	0,98	0,97	0,99	0,98	0,99	1,00
	5,50	0,82	0,86	0,90	0,94	0,93	0,96	0,95	0,95	0,97	0,97	0,99	0,98	0,99	0,99	1,00
	6,00	0,82	0,91	0,88	0,92	0,96	0,95	0,94	0,97	0,96	0,98	0,97	0,99	0,99	1,00	1,00
	6,50	0,82	0,89	0,92	0,91	0,94	0,93	0,96	0,95	0,97	0,97	0,98	0,98	0,99	0,99	1,00
	7,00	0,82	0,88	0,91	0,94	0,92	0,95	0,95	0,97	0,96	0,98	0,98	0,99	0,99	1,00	1,00
	7,50	0,82	0,91	0,93	0,92	0,95	0,94	0,96	0,96	0,98	0,97	0,98	0,99	0,99	1,00	1,00
	8,00	0,82	0,90	0,92	0,95	0,93	0,96	0,95	0,97	0,97	0,98	0,98	0,99	0,99	1,00	1,00
	8,50	0,82	0,89	0,91	0,93	0,95	0,95	0,97	0,96	0,98	0,97	0,98	0,99	1,00	1,00	1,00
	9,00	0,82	0,92	0,93	0,95	0,94	0,96	0,96	0,97	0,97	0,98	0,99	0,99	0,99	1,00	1,00
	9,50	0,82	0,90	0,92	0,94	0,96	0,95	0,97	0,96	0,98	0,97	0,98	0,99	0,99	1,00	1,00
	10,00	0,82	0,93	0,94	0,93	0,95	0,97	0,96	0,97	0,97	0,98	0,99	0,99	0,99	1,00	1,00
β_{ap}^{up}-Servicegrade	0,50	0,56	0,91	0,91	0,91	0,91	0,91	0,91	0,91	0,91	0,91	0,91	0,99	0,99	0,99	1,00
	1,00	0,72	0,90	0,90	0,90	0,90	0,90	0,90	0,90	0,90	0,97	0,97	0,97	0,97	0,99	1,00
	1,50	0,77	0,89	0,89	0,89	0,89	0,89	0,89	0,96	0,96	0,96	0,96	0,99	0,99	1,00	1,00
	2,00	0,80	0,89	0,89	0,89	0,89	0,95	0,95	0,95	0,95	0,98	0,98	0,98	0,99	0,99	1,00
	2,50	0,81	0,88	0,88	0,88	0,93	0,93	0,93	0,93	0,97	0,97	0,97	0,99	0,99	1,00	1,00
	3,00	0,82	0,87	0,87	0,92	0,92	0,92	0,96	0,96	0,96	0,98	0,98	0,98	0,99	1,00	1,00
	3,50	0,82	0,87	0,91	0,91	0,91	0,95	0,95	0,95	0,97	0,97	0,97	0,99	0,99	0,99	1,00
	4,00	0,82	0,87	0,91	0,91	0,94	0,94	0,97	0,97	0,97	0,98	0,98	0,99	0,99	1,00	1,00
	4,50	0,82	0,90	0,90	0,93	0,93	0,96	0,96	0,96	0,98	0,98	0,99	0,99	0,99	1,00	1,00
	5,00	0,82	0,89	0,92	0,92	0,95	0,95	0,95	0,97	0,97	0,98	0,98	0,99	0,99	1,00	1,00
	5,50	0,82	0,89	0,92	0,94	0,94	0,96	0,96	0,96	0,98	0,98	0,99	0,99	0,99	1,00	1,00
	6,00	0,82	0,91	0,91	0,93	0,96	0,96	0,96	0,97	0,97	0,98	0,98	0,99	1,00	1,00	1,00
	6,50	0,82	0,90	0,93	0,93	0,95	0,95	0,97	0,97	0,98	0,98	0,99	0,99	0,99	1,00	1,00
	7,00	0,82	0,90	0,92	0,94	0,94	0,96	0,96	0,97	0,97	0,98	0,98	0,99	0,99	1,00	1,00
	7,50	0,82	0,92	0,94	0,94	0,95	0,95	0,97	0,97	0,98	0,98	0,99	0,99	0,99	1,00	1,00
	8,00	0,82	0,91	0,93	0,95	0,95	0,96	0,96	0,98	0,98	0,98	0,98	0,99	0,99	1,00	1,00
	8,50	0,82	0,91	0,93	0,94	0,96	0,96	0,97	0,97	0,98	0,98	0,99	0,99	1,00	1,00	1,00
	9,00	0,82	0,92	0,94	0,95	0,95	0,97	0,97	0,98	0,98	0,98	0,99	0,99	0,99	1,00	1,00
	9,50	0,82	0,92	0,93	0,95	0,96	0,96	0,97	0,97	0,98	0,98	0,99	0,99	1,00	1,00	1,00
	10,00	0,82	0,93	0,94	0,94	0,96	0,97	0,97	0,98	0,98	0,99	0,99	0,99	0,99	1,00	1,00

Tabelle A.13.: Darstellung der approximativen Zusammenhänge zwischen α_z und β_{ap} bei der Hurdle-Poisson-Verteilung mit $\omega = 0,4$ und $L = 4$

	λ	α_z-Servicegrade														
		0,3	0,35	0,4	0,45	0,5	0,55	0,6	0,65	0,7	0,75	0,8	0,85	0,9	0,95	0,99
β_{ap}^{low}-Servicegrade	0,50	0,62	0,62	0,62	0,62	0,62	0,62	0,62	0,62	0,62	0,62	0,62	0,62	0,92	0,92	0,99
	1,00	0,76	0,76	0,76	0,76	0,76	0,76	0,76	0,76	0,76	0,91	0,91	0,91	0,91	0,98	0,99
	1,50	0,81	0,81	0,81	0,81	0,81	0,81	0,81	0,81	0,91	0,91	0,91	0,91	0,96	0,99	1,00
	2,00	0,83	0,83	0,83	0,83	0,83	0,83	0,90	0,90	0,90	0,90	0,95	0,95	0,95	0,98	1,00
	2,50	0,84	0,84	0,84	0,84	0,84	0,90	0,90	0,90	0,90	0,94	0,94	0,97	0,97	0,99	1,00
	3,00	0,84	0,84	0,84	0,84	0,89	0,89	0,89	0,93	0,93	0,93	0,96	0,96	0,98	0,99	1,00
	3,50	0,85	0,85	0,85	0,85	0,89	0,89	0,93	0,93	0,93	0,96	0,96	0,98	0,98	0,99	1,00
	4,00	0,85	0,85	0,85	0,88	0,88	0,92	0,92	0,92	0,95	0,95	0,97	0,97	0,98	0,99	1,00
	4,50	0,85	0,85	0,85	0,88	0,91	0,91	0,91	0,94	0,94	0,96	0,96	0,98	0,99	0,99	1,00
	5,00	0,85	0,85	0,85	0,88	0,91	0,91	0,93	0,93	0,96	0,96	0,97	0,97	0,99	0,99	1,00
	5,50	0,85	0,85	0,85	0,88	0,90	0,93	0,93	0,95	0,95	0,97	0,97	0,98	0,99	0,99	1,00
	6,00	0,85	0,85	0,85	0,90	0,92	0,92	0,94	0,94	0,96	0,96	0,98	0,99	0,99	1,00	1,00
	6,50	0,85	0,85	0,85	0,90	0,92	0,94	0,94	0,96	0,96	0,97	0,97	0,98	0,99	0,99	1,00
	7,00	0,85	0,85	0,85	0,91	0,91	0,93	0,95	0,95	0,97	0,97	0,98	0,99	0,99	1,00	1,00
	7,50	0,85	0,85	0,85	0,91	0,93	0,95	0,95	0,96	0,96	0,97	0,98	0,98	0,99	0,99	1,00
	8,00	0,85	0,85	0,85	0,91	0,92	0,94	0,96	0,96	0,97	0,97	0,98	0,99	0,99	1,00	1,00
	8,50	0,85	0,85	0,85	0,92	0,94	0,94	0,95	0,96	0,96	0,98	0,98	0,98	0,99	1,00	1,00
	9,00	0,85	0,85	0,85	0,92	0,93	0,95	0,96	0,96	0,97	0,97	0,98	0,99	0,99	1,00	1,00
	9,50	0,85	0,85	0,85	0,91	0,94	0,94	0,96	0,97	0,97	0,98	0,98	0,98	0,99	1,00	1,00
	10,00	0,85	0,85	0,85	0,92	0,94	0,95	0,96	0,96	0,97	0,98	0,98	0,99	0,99	1,00	1,00
β_{ap}^{rand}-Servicegrade	0,50	0,62	0,62	0,62	0,89	0,85	0,82	0,79	0,76	0,72	0,69	0,66	0,63	0,97	0,94	0,99
	1,00	0,76	0,76	0,76	0,89	0,87	0,85	0,83	0,81	0,78	0,98	0,96	0,94	0,92	0,99	1,00
	1,50	0,81	0,81	0,81	0,89	0,87	0,85	0,83	0,81	0,95	0,94	0,92	0,91	0,98	1,00	1,00
	2,00	0,83	0,83	0,83	0,88	0,86	0,84	0,95	0,94	0,92	0,91	0,98	0,96	0,95	0,98	1,00
	2,50	0,84	0,84	0,84	0,87	0,85	0,94	0,92	0,91	0,90	0,96	0,95	0,99	0,98	0,99	1,00
	3,00	0,84	0,84	0,84	0,87	0,93	0,92	0,90	0,96	0,95	0,94	0,98	0,97	0,99	1,00	1,00
	3,50	0,85	0,85	0,85	0,86	0,91	0,90	0,95	0,94	0,93	0,97	0,96	0,99	0,98	0,99	1,00
	4,00	0,85	0,85	0,85	0,92	0,90	0,94	0,93	0,92	0,96	0,95	0,98	0,97	0,99	0,99	1,00
	4,50	0,85	0,85	0,85	0,90	0,94	0,93	0,91	0,95	0,94	0,97	0,97	0,99	0,99	1,00	1,00
	5,00	0,85	0,85	0,85	0,89	0,93	0,91	0,95	0,94	0,97	0,96	0,98	0,97	0,99	0,99	1,00
	5,50	0,85	0,85	0,85	0,88	0,91	0,94	0,93	0,96	0,95	0,98	0,97	0,98	0,99	1,00	1,00
	6,00	0,85	0,85	0,85	0,92	0,94	0,93	0,96	0,95	0,97	0,96	0,98	0,99	0,99	1,00	1,00
	6,50	0,85	0,85	0,85	0,90	0,93	0,95	0,94	0,97	0,96	0,98	0,97	0,98	0,99	1,00	1,00
	7,00	0,85	0,85	0,85	0,93	0,91	0,94	0,96	0,95	0,97	0,97	0,98	0,99	1,00	1,00	1,00
	7,50	0,85	0,85	0,85	0,92	0,94	0,96	0,95	0,97	0,96	0,98	0,99	0,98	0,99	0,99	1,00
	8,00	0,85	0,85	0,85	0,91	0,93	0,95	0,97	0,96	0,98	0,97	0,98	0,99	0,99	1,00	1,00
	8,50	0,85	0,85	0,85	0,93	0,95	0,94	0,96	0,97	0,97	0,98	0,99	0,98	0,99	1,00	1,00
	9,00	0,85	0,85	0,85	0,92	0,94	0,96	0,97	0,96	0,98	0,97	0,98	0,99	0,99	1,00	1,00
	9,50	0,85	0,85	0,85	0,91	0,96	0,94	0,96	0,97	0,97	0,98	0,99	0,98	0,99	1,00	1,00
	10,00	0,85	0,85	0,85	0,93	0,95	0,96	0,97	0,97	0,98	0,99	0,98	0,99	0,99	1,00	1,00
β_{ap}^{up}-Servicegrade	0,50	0,62	0,62	0,62	0,92	0,92	0,92	0,92	0,92	0,92	0,92	0,92	0,92	0,99	0,99	1,00
	1,00	0,76	0,76	0,76	0,91	0,91	0,91	0,91	0,91	0,91	0,98	0,98	0,98	0,98	0,99	1,00
	1,50	0,81	0,81	0,81	0,91	0,91	0,91	0,91	0,91	0,96	0,96	0,96	0,96	0,99	1,00	1,00
	2,00	0,83	0,83	0,83	0,90	0,90	0,90	0,95	0,95	0,95	0,95	0,98	0,98	0,98	0,99	1,00
	2,50	0,84	0,84	0,84	0,90	0,90	0,94	0,94	0,94	0,94	0,97	0,97	0,99	0,99	1,00	1,00
	3,00	0,84	0,84	0,84	0,89	0,93	0,93	0,93	0,96	0,96	0,96	0,98	0,98	0,99	1,00	1,00
	3,50	0,85	0,85	0,85	0,89	0,93	0,93	0,96	0,96	0,96	0,98	0,98	0,99	0,99	1,00	1,00
	4,00	0,85	0,85	0,85	0,92	0,92	0,95	0,95	0,95	0,97	0,97	0,98	0,98	0,99	1,00	1,00
	4,50	0,85	0,85	0,85	0,91	0,94	0,94	0,94	0,96	0,96	0,98	0,98	0,99	0,99	1,00	1,00
	5,00	0,85	0,85	0,85	0,91	0,93	0,93	0,96	0,96	0,97	0,97	0,99	0,99	0,99	1,00	1,00
	5,50	0,85	0,85	0,85	0,90	0,93	0,95	0,95	0,97	0,97	0,98	0,98	0,99	0,99	1,00	1,00
	6,00	0,85	0,85	0,85	0,92	0,94	0,94	0,96	0,96	0,98	0,98	0,99	0,99	0,99	1,00	1,00
	6,50	0,85	0,85	0,85	0,92	0,94	0,96	0,96	0,97	0,97	0,98	0,98	0,99	0,99	1,00	1,00
	7,00	0,85	0,85	0,85	0,93	0,93	0,95	0,97	0,97	0,98	0,98	0,99	0,99	1,00	1,00	1,00
	7,50	0,85	0,85	0,85	0,93	0,95	0,96	0,96	0,97	0,97	0,98	0,99	0,99	0,99	1,00	1,00
	8,00	0,85	0,85	0,85	0,92	0,94	0,96	0,97	0,97	0,98	0,98	0,99	0,99	1,00	1,00	1,00
	8,50	0,85	0,85	0,85	0,94	0,95	0,95	0,96	0,98	0,98	0,98	0,99	0,99	0,99	1,00	1,00
	9,00	0,85	0,85	0,85	0,93	0,95	0,96	0,97	0,97	0,98	0,98	0,99	0,99	1,00	1,00	1,00
	9,50	0,85	0,85	0,85	0,93	0,96	0,96	0,97	0,98	0,98	0,98	0,99	0,99	0,99	1,00	1,00
	10,00	0,85	0,85	0,85	0,94	0,95	0,96	0,97	0,97	0,98	0,99	0,99	0,99	1,00	1,00	1,00

Tabelle A.14.: Darstellung der approximativen Zusammenhänge zwischen α_z und β_{ap} bei der Normalverteilung mit $\sigma = 1$ und $L = 4$

	μ	α_z-Servicegrade														
		0,3	0,35	0,4	0,45	0,5	0,55	0,6	0,65	0,7	0,75	0,8	0,85	0,9	0,95	0,99
β_{ap}^{low}-Servicegrade	0,50	0,65	0,65	0,65	0,70	0,70	0,75	0,80	0,80	0,85	0,85	0,89	0,92	0,95	0,97	0,99
	1,00	0,81	0,83	0,83	0,85	0,85	0,88	0,90	0,90	0,92	0,92	0,94	0,96	0,97	0,98	1,00
	1,50	0,87	0,88	0,88	0,90	0,90	0,92	0,93	0,93	0,95	0,95	0,96	0,97	0,98	0,99	1,00
	2,00	0,90	0,91	0,91	0,93	0,93	0,94	0,95	0,95	0,96	0,96	0,97	0,98	0,99	0,99	1,00
	2,50	0,92	0,93	0,93	0,94	0,94	0,95	0,96	0,96	0,97	0,97	0,98	0,98	0,99	0,99	1,00
	3,00	0,94	0,94	0,94	0,95	0,95	0,96	0,97	0,97	0,97	0,97	0,98	0,99	0,99	0,99	1,00
	3,50	0,94	0,95	0,95	0,96	0,96	0,96	0,97	0,97	0,98	0,98	0,98	0,99	0,99	1,00	1,00
	4,00	0,95	0,96	0,96	0,96	0,96	0,97	0,97	0,97	0,98	0,98	0,99	0,99	0,99	1,00	1,00
	4,50	0,96	0,96	0,96	0,97	0,97	0,97	0,98	0,98	0,98	0,98	0,99	0,99	0,99	1,00	1,00
	5,00	0,96	0,97	0,97	0,97	0,97	0,98	0,98	0,98	0,98	0,98	0,99	0,99	0,99	1,00	1,00
	5,50	0,96	0,97	0,97	0,97	0,97	0,98	0,98	0,98	0,99	0,99	0,99	0,99	1,00	1,00	1,00
	6,00	0,97	0,97	0,97	0,98	0,98	0,98	0,98	0,98	0,99	0,99	0,99	0,99	1,00	1,00	1,00
	6,50	0,97	0,97	0,97	0,98	0,98	0,98	0,98	0,98	0,99	0,99	0,99	0,99	1,00	1,00	1,00
	7,00	0,97	0,98	0,98	0,98	0,98	0,98	0,99	0,99	0,99	0,99	0,99	0,99	1,00	1,00	1,00
	7,50	0,97	0,98	0,98	0,98	0,98	0,98	0,99	0,99	0,99	0,99	0,99	0,99	1,00	1,00	1,00
	8,00	0,98	0,98	0,98	0,98	0,98	0,98	0,99	0,99	0,99	0,99	0,99	1,00	1,00	1,00	1,00
	8,50	0,98	0,98	0,98	0,98	0,98	0,99	0,99	0,99	0,99	0,99	0,99	1,00	1,00	1,00	1,00
	9,00	0,98	0,98	0,98	0,98	0,98	0,99	0,99	0,99	0,99	0,99	0,99	1,00	1,00	1,00	1,00
	9,50	0,98	0,98	0,98	0,98	0,98	0,99	0,99	0,99	0,99	0,99	0,99	1,00	1,00	1,00	1,00
	10,00	0,98	0,98	0,98	0,99	0,99	0,99	0,99	0,99	0,99	0,99	0,99	1,00	1,00	1,00	1,00
β_{ap}^{rand}-Servicegrade	0,50	0,65	0,68	0,65	0,73	0,70	0,77	0,85	0,82	0,88	0,86	0,91	0,94	0,96	0,97	1,00
	1,00	0,81	0,84	0,83	0,86	0,85	0,89	0,92	0,91	0,94	0,93	0,95	0,97	0,98	0,99	1,00
	1,50	0,87	0,89	0,88	0,91	0,90	0,92	0,95	0,94	0,96	0,95	0,97	0,98	0,99	0,99	1,00
	2,00	0,90	0,92	0,91	0,93	0,93	0,94	0,96	0,96	0,97	0,96	0,98	0,99	0,99	0,99	1,00
	2,50	0,92	0,94	0,93	0,95	0,94	0,95	0,97	0,96	0,98	0,97	0,98	0,99	0,99	0,99	1,00
	3,00	0,94	0,95	0,94	0,95	0,95	0,96	0,97	0,97	0,98	0,98	0,98	0,99	0,99	1,00	1,00
	3,50	0,95	0,95	0,95	0,96	0,96	0,97	0,98	0,97	0,98	0,98	0,99	0,99	0,99	1,00	1,00
	4,00	0,95	0,96	0,96	0,97	0,96	0,97	0,98	0,98	0,99	0,98	0,99	0,99	1,00	1,00	1,00
	4,50	0,96	0,96	0,96	0,97	0,97	0,97	0,98	0,98	0,99	0,98	0,99	0,99	1,00	1,00	1,00
	5,00	0,96	0,97	0,97	0,97	0,97	0,98	0,98	0,98	0,99	0,99	0,99	0,99	1,00	1,00	1,00
	5,50	0,97	0,97	0,97	0,98	0,97	0,98	0,99	0,98	0,99	0,99	0,99	0,99	1,00	1,00	1,00
	6,00	0,97	0,97	0,97	0,98	0,98	0,98	0,99	0,99	0,99	0,99	0,99	1,00	1,00	1,00	1,00
	6,50	0,97	0,98	0,97	0,98	0,98	0,98	0,99	0,99	0,99	0,99	0,99	1,00	1,00	1,00	1,00
	7,00	0,97	0,98	0,98	0,98	0,98	0,98	0,99	0,99	0,99	0,99	0,99	1,00	1,00	1,00	1,00
	7,50	0,97	0,98	0,98	0,98	0,98	0,98	0,99	0,99	0,99	0,99	0,99	1,00	1,00	1,00	1,00
	8,00	0,98	0,98	0,98	0,98	0,98	0,99	0,99	0,99	0,99	0,99	0,99	1,00	1,00	1,00	1,00
	8,50	0,98	0,98	0,98	0,98	0,98	0,99	0,99	0,99	0,99	0,99	0,99	1,00	1,00	1,00	1,00
	9,00	0,98	0,98	0,98	0,98	0,98	0,99	0,99	0,99	0,99	0,99	0,99	1,00	1,00	1,00	1,00
	9,50	0,98	0,98	0,98	0,99	0,98	0,99	0,99	0,99	0,99	0,99	1,00	1,00	1,00	1,00	1,00
	10,00	0,98	0,98	0,98	0,99	0,99	0,99	0,99	0,99	0,99	0,99	1,00	1,00	1,00	1,00	1,00
β_{ap}^{up}-Servicegrade	0,50	0,65	0,70	0,70	0,75	0,75	0,80	0,85	0,85	0,89	0,89	0,92	0,95	0,97	0,98	1,00
	1,00	0,83	0,85	0,85	0,88	0,88	0,90	0,92	0,92	0,94	0,94	0,96	0,97	0,98	0,99	1,00
	1,50	0,88	0,90	0,90	0,92	0,92	0,93	0,95	0,95	0,96	0,96	0,97	0,98	0,99	0,99	1,00
	2,00	0,91	0,93	0,93	0,94	0,94	0,95	0,96	0,96	0,97	0,97	0,98	0,99	0,99	0,99	1,00
	2,50	0,93	0,94	0,94	0,95	0,95	0,96	0,97	0,97	0,98	0,98	0,98	0,99	0,99	1,00	1,00
	3,00	0,94	0,95	0,95	0,96	0,96	0,97	0,97	0,97	0,98	0,98	0,99	0,99	0,99	1,00	1,00
	3,50	0,95	0,96	0,96	0,96	0,96	0,97	0,98	0,98	0,98	0,98	0,99	0,99	1,00	1,00	1,00
	4,00	0,96	0,96	0,96	0,97	0,97	0,97	0,98	0,98	0,99	0,99	0,99	0,99	1,00	1,00	1,00
	4,50	0,96	0,97	0,97	0,97	0,97	0,98	0,98	0,98	0,99	0,99	0,99	0,99	1,00	1,00	1,00
	5,00	0,97	0,97	0,97	0,98	0,98	0,98	0,98	0,98	0,99	0,99	0,99	0,99	1,00	1,00	1,00
	5,50	0,97	0,97	0,97	0,98	0,98	0,98	0,99	0,99	0,99	0,99	0,99	1,00	1,00	1,00	1,00
	6,00	0,97	0,98	0,98	0,98	0,98	0,98	0,99	0,99	0,99	0,99	0,99	1,00	1,00	1,00	1,00
	6,50	0,97	0,98	0,98	0,98	0,98	0,98	0,99	0,99	0,99	0,99	0,99	1,00	1,00	1,00	1,00
	7,00	0,98	0,98	0,98	0,98	0,98	0,99	0,99	0,99	0,99	0,99	0,99	1,00	1,00	1,00	1,00
	7,50	0,98	0,98	0,98	0,98	0,98	0,99	0,99	0,99	0,99	0,99	0,99	1,00	1,00	1,00	1,00
	8,00	0,98	0,98	0,98	0,98	0,98	0,99	0,99	0,99	0,99	0,99	1,00	1,00	1,00	1,00	1,00
	8,50	0,98	0,98	0,98	0,99	0,99	0,99	0,99	0,99	0,99	0,99	1,00	1,00	1,00	1,00	1,00
	9,00	0,98	0,98	0,98	0,99	0,99	0,99	0,99	0,99	0,99	0,99	1,00	1,00	1,00	1,00	1,00
	9,50	0,98	0,98	0,98	0,99	0,99	0,99	0,99	0,99	0,99	0,99	1,00	1,00	1,00	1,00	1,00
	10,00	0,98	0,99	0,99	0,99	0,99	0,99	0,99	0,99	0,99	0,99	1,00	1,00	1,00	1,00	1,00

A.4. Verwendete Softwarepakete

Tabelle A.15.: Zusätzlich zur Basisdistribution verwendeten R-Pakete

Paket	Bezeichnung	Autor	Maintainer	Quelle(n)
compiler	*A byte code compiler for R*	Luke Tierney	R Core Team	Tierney (2016)
doParallel	*Foreach Parallel Adaptor for the 'parallel'Package* Hinweis: Seit R-Version 2.14.0 Teil der Basisdistribution (vgl. R Development Core Team (2015))	Rich Calaway Revolution Analytics Steve Weston Dan Tenenbaum	Rich Calaway	Weston und Calaway (2015) Calaway et al. (2015)
forecast	*Forecasting Functions for Time Series and Linear Models*	Rob J. Hyndman	Rob J. Hyndman	Hyndman und Khandakar (2008) Hyndman (2015)
GAMLSS	*Generalised Additive Models for Location Scale and Shape*	Mikis Stasinopoulos Bob Rigby Vlasios Voudouris Calliope Akantziliotou Marco Enea	Mikis Stasinopoulos	Rigby und Stasinopoulos (2005) Stasinopoulos und Rigby (2007) Stasinopoulos und Rigby (2015b)
gamlss.dist	*Distributions to be Used for GAMLSS Modelling*	Mikis Stasinopoulos Bob Rigby	Mikis Stasinopoulos	Stasinopoulos und Rigby (2015a)
gridExtra	*Miscellaneous Functions for "Grid" Graphics*	Baptiste Auguie Anton Antonov	Baptiste Auguie	Auguie und Antonov (2015)
MASS	*Support Functions and Datasets for Venables and Ripley's MASS*	Brain Riply Bill Venables Douglas M. Bates Kurt Hornik Albrecht Gebhardt David Firth	Brain Ripley	Venables und Ripley (2002) Ripley et al. (2015)
pscl	*Political Science Computational Laboratory, Stanford University*	Simon Jackman	Simon Jackman	Zeileis et al. (2008) Jackman (2015)
Rcpp	*Seamless R and C++ Integration*	Dirk Eddelbuettel Romain Francois JJ Allaire Kevin Ushey Qiang Kou Douglas Bates John Chambers	Dirk Eddelbuettel	Eddelbuettel und François (2011) Eddelbuettel (2013) Eddelbuettel et al. (2015)
snow	Simple Network of Workstations	Luke Tierney A. J. Rsossini Na Li H. Sevcikova	Luke Tierney	Tierney et al. (2015)
snowfall	*Easier cluster computing (based on snow)*	Jochen Knaus	Jochen Knaus	Knaus et al. (2009) Knaus (2015)
stargazer	*Well-Formatted Regression and Summary Statistics Tables*	Marek Hlavac	Marek Hlavac	Hlavac (2015)
stringi	*Character String Processing Facilities*	Marek Gagolewski Bartek Tartanus Marcin Bujarski	Marek Gagolewski	Gagolewski und Tartanus (2015)
stringr	*Simple, Consistent Wrappers for Common String Operations*	Hadley Wickham RStudio	Hadley Wickham	Wickham (2015)

A.5. Analyse der Gesamtkosten

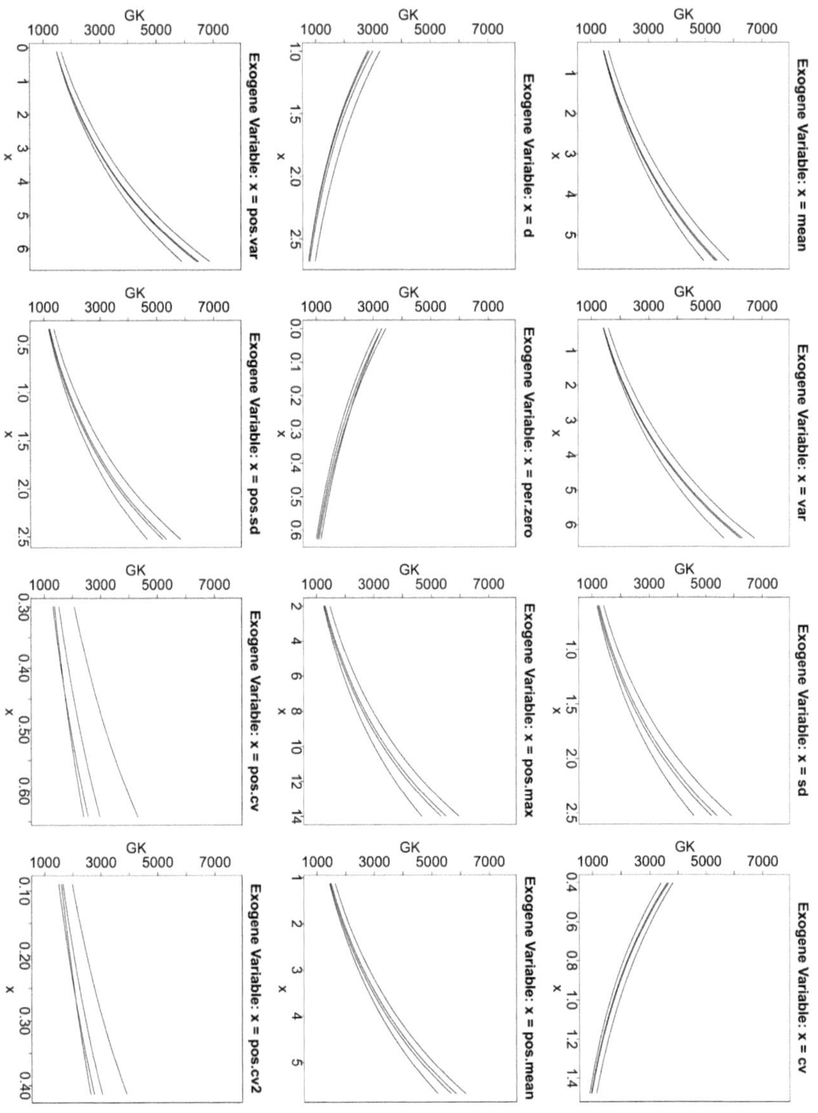

Abbildung A.1.: Einfluss exogener Variablen auf die Gesamtkosten in Abhängigkeit von unterschiedlichen Verfahren für $\alpha_z = 0,8$ und die Alternative der Quantilsberechnung *UP*

Tabelle A.16.: Regressionsergebnisse (ohne faktorielle Variablen) für den Datensatz `pois110` bei einer a priori durchgeführten automatisierten Verfahrensreduktion

	$ln(GK)$			
	$\alpha = 0.5$	$\alpha = 0.8$	$\alpha = 0.9$	$\alpha = 0.95$
Konstante	6,66***	7,05***	7,11***	6,89***
	(0,03)	(0,03)	(0,03)	(0,04)
per.zero	−0,51***	−0,51***	−0,63***	−0,77***
	(0,02)	(0,02)	(0,02)	(0,02)
pos.mean	0,22***	0,23***	0,23***	0,23***
	(0,003)	(0,003)	(0,003)	(0,004)
pos.cv	1,45***	1,35***	1,23***	1,12***
	(0,03)	(0,03)	(0,03)	(0,04)
⋮	⋮	⋮	⋮	⋮
Beobachtungen	24.800	24.800	24.800	24.800
R^2	0,80	0,80	0,77	0,72
Adjustiertes R^2	0,80	0,80	0,76	0,72
Std. Fehler der Residuen (df = 24673)	0,22	0,20	0,24	0,29
F Statistik (df = 126; 24673)	793,52***	772,87***	640,75***	509,63***
Hinweis:	*p<0.1; **p<0.05; ***p<0.01			

Tabelle A.17.: Multiplikativ verknüpfte Haupt- und Nebeneffekte der faktoriellen Variablen für den Datensatz `pois110` bei einer a priori durchgeführten automatisierten Verfahrensreduktion

Quantil / Verfahren	U	R	L	I	U	R	L	I	U	R	L	I	U	R	L	I
	$\alpha_z = 0.5$				$\alpha_z = 0.8$				$\alpha_z = 0.9$				$\alpha_z = 0.95$			
POIS (3,1,1)	1,000	0,946	1,000	**0,898**	1,000	0,770	0,656	0,719	1,000	0,770	0,546	0,743	1,000	0,834	0,594	0,813
NEGBIN (7,11,1)	1,000	0,946	1,000	**0,898**	0,627	0,624	**0,610**	0,618	0,455	0,458	0,460	0,456	0,403	0,411	0,425	0,411
Willemain (9,5,4)	1,000	0,946	1,000	**0,898**	0,655	0,647	0,616	0,637	0,476	0,464	**0,449**	0,462	0,414	0,408	**0,398**	0,406
MeanN (8,5,2)	1,154	1,092	1,025	1,037	0,652	0,642	0,618	0,632	0,458	0,459	0,453	0,454	0,403	0,410	0,416	0,408
LogSpace (4,1,5)	1,424	1,347	1,244	1,279	0,727	0,703	0,662	0,697	0,492	0,484	0,465	0,479	0,418	0,412	0,404	0,410
SBAP (3,7,0)	1,000	0,946	0,925	**0,898**	0,629	0,628	0,615	0,622	0,456	0,461	0,470	0,460	0,404	0,418	0,437	0,417
SBJP (2,7,0)	1,000	0,946	0,925	**0,898**	0,628	0,629	0,615	0,622	0,455	0,461	0,469	0,460	0,403	0,417	0,438	0,417
LSN (2,0,5)	1,000	0,946	1,000	**0,898**	0,894	0,688	0,683	0,707	0,824	0,634	0,550	0,612	0,816	0,680	0,577	0,664
SB (5,2,0)	1,000	0,946	**0,924**	**0,898**	0,624	0,627	0,612	0,619	0,456	0,463	0,470	0,461	0,413	0,428	0,444	0,424
SesN (3,3,0)	1,174	1,111	1,033	1,055	0,653	0,646	0,624	0,635	0,460	0,457	0,460	0,458	0,403	0,413	0,424	0,412
SesP (1,4,0)	1,000	0,946	0,925	**0,898**	0,629	0,635	0,615	0,623	0,456	0,462	0,469	0,460	0,403	0,417	0,437	0,416
SBJMA4P (0,0,4)	1,186	1,122	1,186	1,066	0,795	0,804	0,808	0,794	0,641	0,657	0,689	0,655	0,660	0,681	0,729	0,685
BSMA8N (0,0,3)	1,632	1,543	1,467	1,466	0,862	0,825	0,778	0,819	0,573	0,552	0,532	0,553	0,472	0,461	0,450	0,460
BSMA8P (0,0,3)	1,484	1,403	1,309	1,333	0,807	0,779	0,750	0,776	0,559	0,553	0,545	0,550	0,482	0,485	0,487	0,483
BSMAN (0,0,3)	1,482	1,401	1,319	1,331	0,796	0,764	0,724	0,759	0,537	0,522	0,506	0,519	0,446	0,439	0,434	0,438
BSMA4P (0,0,2)	2,463	2,330	2,203	2,213	1,184	1,138	1,081	1,133	0,759	0,732	0,711	0,738	0,617	0,599	0,589	0,606
BSMAP (0,0,2)	1,336	1,264	1,185	1,201	0,751	0,728	0,704	0,726	0,530	0,527	0,519	0,521	0,461	0,466	0,474	0,464
HURDLEP (0,2,0)	1,000	0,946	1,000	**0,898**	0,648	0,632	0,614	0,626	0,476	0,476	0,468	0,473	0,429	0,435	0,442	0,433
RwP (0,0,2)	3,689	3,489	3,689	3,314	1,548	1,489	1,447	1,508	1,000	0,968	0,953	0,970	0,795	0,777	0,767	0,781
SBJMA8P (0,0,2)	1,118	1,057	1,118	1,004	0,710	0,711	0,714	0,706	0,546	0,559	0,578	0,560	0,532	0,559	0,591	0,557
Crost0.15N (0,0,1)	1,281	1,212	1,135	1,151	0,697	0,688	0,666	0,679	0,501	0,507	0,508	0,503	0,461	0,476	0,497	0,478
Crost0.1N (0,0,1)	1,222	1,156	1,077	1,098	0,671	0,659	0,643	0,654	0,480	0,485	0,491	0,484	0,436	0,455	0,474	0,456
MCrost (0,0,1)	1,249	1,182	1,101	1,122	0,673	0,661	0,634	0,653	0,470	0,465	0,462	0,465	0,408	0,413	0,422	0,414
sDist (0,0,1)	1,000	0,946	1,000	**0,898**	0,679	0,647	0,623	0,635	0,523	0,503	0,474	0,495	0,475	0,462	0,447	0,462
Ses0.15P (0,0,1)	1,207	1,142	1,094	1,084	0,712	0,702	0,690	0,696	0,519	0,524	0,527	0,520	0,474	0,485	0,506	0,484
Ses0.1P (0,0,1)	1,131	1,070	1,028	1,016	0,672	0,669	0,648	0,660	0,494	0,498	0,503	0,496	0,447	0,460	0,479	0,459
SesBoot (0,0,1)	1,142	1,081	1,142	1,121	0,871	0,890	0,923	0,897	0,762	0,795	0,845	0,800	0,837	0,883	0,967	0,890
SBJ0.15N (0,0,1)	1,222	1,156	1,101	1,098	0,713	0,708	0,694	0,699	0,526	0,530	0,540	0,530	0,493	0,513	0,535	0,511
SBJMA4N (0,0,1)	1,261	1,193	1,261	1,133	0,769	0,759	0,745	0,754	0,552	0,553	0,557	0,550	0,480	0,489	0,502	0,489
ZIP (1,0,0)	1,000	0,946	1,000	**0,898**	0,649	0,635	0,613	0,626	0,477	0,476	0,465	0,471	0,428	0,433	0,438	0,430
ALLmin	0,850	0,804	0,850	0,764	0,553	0,538	0,541	0,562	0,396	0,388	0,396	0,406	0,336	0,334	0,339	0,349

Tabelle A.18.: Regressionsergebnisse (ohne faktorielle Variablen) für den Datensatz `negbin110` bei einer a priori durchgeführten automatisierten Verfahrensreduktion

	$ln(GK)$			
	$\alpha = 0.5$	$\alpha = 0.8$	$\alpha = 0.9$	$\alpha = 0.95$
Konstante	6,95***	6,81***	6,48***	6,02***
	(0,01)	(0,01)	(0,01)	(0,01)
per.zero	−0,78***	−0,60***	−0,62***	−0,66***
	(0,01)	(0,01)	(0,01)	(0,01)
pos.mean	0,26***	0,26***	0,26***	0,27***
	(0,001)	(0,001)	(0,001)	(0,001)
pos.cv	0,93***	0,93***	0,96***	1,01***
	(0,01)	(0,01)	(0,01)	(0,01)
⋮	⋮	⋮	⋮	⋮
Beobachtungen	108.800	108.800	108.800	108.800
R^2	0,76	0,79	0,75	0,69
Adjustiertes R^2	0,76	0,79	0,75	0,69
Std. Fehler der Residuen (df = 108661)	0,31	0,25	0,27	0,32
F Statistik (df = 138; 108661)	2.520,45***	2.905,15***	2.352,07***	1.747,33***
Hinweis:	*p<0.1; **p<0.05; ***p<0.01			

Tabelle A.19.: Regressionsergebnisse (ohne faktorielle Variablen) für den Datensatz `negbin150` bei einer a priori durchgeführten automatisierten Verfahrensreduktion

	$ln(GK)$			
	$\alpha = 0.5$	$\alpha = 0.8$	$\alpha = 0.9$	$\alpha = 0.95$
Konstante	6,97***	6,83***	6,50***	6,06***
	(0,01)	(0,01)	(0,01)	(0,01)
per.zero	−0,96***	−0,73***	−0,74***	−0,78***
	(0,01)	(0,01)	(0,01)	(0,01)
pos.mean	0,23***	0,24***	0,24***	0,24***
	(0,001)	(0,001)	(0,001)	(0,001)
pos.cv	1,10***	1,07***	1,09***	1,13***
	(0,01)	(0,01)	(0,01)	(0,01)
⋮	⋮	⋮	⋮	⋮
Beobachtungen	124.800	124.800	124.800	124.800
R^2	0,77	0,77	0,72	0,65
Adjustiertes R^2	0,77	0,77	0,72	0,65
Std. Fehler der Residuen (df = 124641)	0,30	0,25	0,28	0,34
F Statistik (df = 158; 124641)	2.618,49***	2.714,47***	2.069,72***	1.472,99***
Hinweis:	*p<0.1; **p<0.05; ***p<0.01			

Tabelle A.20.: Multiplikativ verknüpfte Haupt- und Nebeneffekte der faktoriellen Variablen für den Datensatz `negbin110` bei einer a priori durchgeführten automatisierten Verfahrensreduktion

Quantil / Verfahren	U	R	L	I	U	R	L	I	U	R	L	I	U	R	L	I
	$\alpha_z = 0.5$				$\alpha_z = 0.8$				$\alpha_z = 0.9$				$\alpha_z = 0.95$			
NEGBIN (11,8,1)	1,000	1,000	0,870	0,939	1,000	1,104	0,945	1,000	1,000	1,357	1,000	1,000	1,000	1,522	1,000	1,000
SBJP (6,6,1)	1,146	1,146	0,997	1,077	1,000	0,985	0,945	1,000	1,000	1,002	1,000	1,000	1,044	1,069	1,114	1,044
POIS (3,3,4)	1,000	0,824	**0,753**	0,775	1,386	1,145	0,968	1,117	1,574	1,317	1,101	1,297	1,660	1,451	1,178	1,424
Willemain (2,4,4)	1,000	1,000	0,870	0,939	1,067	1,036	1,008	1,067	1,073	1,048	1,073	1,073	1,081	1,061	1,081	1,081
HURDLEP (3,5,1)	1,090	1,090	0,948	1,024	1,000	0,976	0,945	1,000	1,000	0,993	1,000	1,000	1,000	1,005	1,000	1,000
SBAP (4,5,0)	1,146	1,146	0,997	1,077	1,000	0,984	0,945	1,000	1,000	1,003	1,000	1,000	1,000	1,019	1,068	1,000
MeanN (4,3,1)	1,237	1,237	1,076	1,162	1,106	1,072	1,045	1,106	1,045	1,028	1,045	1,045	1,000	0,996	1,000	1,000
ZIP (3,4,1)	1,089	1,089	0,948	1,023	1,000	0,979	0,945	1,000	1,000	0,996	1,000	1,000	1,000	1,007	1,000	1,000
LSN (3,0,4)	1,100	0,923	0,840	0,877	1,348	1,154	1,000	1,136	1,485	1,289	1,121	1,277	1,551	1,399	1,194	1,382
sDist (3,2,1)	1,000	1,000	0,870	0,939	1,000	0,975	0,945	1,000	1,000	**0,985**	1,000	1,000	1,047	1,037	1,047	1,047
SesN (2,3,1)	1,278	1,278	1,112	1,201	1,110	1,082	1,049	1,110	1,046	1,027	1,046	1,046	1,000	1,001	1,000	1,000
RwP (0,0,4)	5,545	5,545	5,189	5,208	3,142	3,058	2,968	3,142	2,511	2,457	2,511	2,511	2,190	2,152	2,190	2,190
SBAN (3,1,0)	1,269	1,269	1,104	1,192	0,952	0,952	**0,900**	0,952	1,082	1,086	1,190	1,082	1,451	1,459	1,656	1,554
SesBoot (0,0,4)	1,114	1,114	0,969	1,046	1,134	1,130	1,071	1,134	1,212	1,225	1,277	1,212	1,363	1,391	1,456	1,363
SesP (0,4,0)	1,156	1,156	1,006	1,086	1,000	0,981	0,945	1,000	1,000	1,002	1,000	1,000	1,045	1,065	1,116	1,045
BSMAN (0,0,2)	1,635	1,635	1,423	1,536	1,372	1,319	1,296	1,372	1,243	1,210	1,243	1,243	1,170	1,151	1,170	1,170
LogSpace (0,0,2)	1,584	1,584	1,378	1,488	1,260	1,221	1,190	1,260	1,174	1,149	1,174	1,174	1,142	1,124	1,142	1,142
MCrost (0,0,2)	1,536	1,536	1,336	1,443	1,252	1,215	1,183	1,252	1,152	1,130	1,152	1,152	1,103	1,092	1,103	1,103
SB (0,0,2)	1,000	1,000	0,870	0,939	1,000	0,975	0,945	1,000	1,000	0,989	1,000	1,000	1,000	**0,996**	1,000	1,000
BSMA8N (0,0,1)	1,804	1,804	1,569	1,695	1,489	1,430	1,407	1,489	1,334	1,296	1,334	1,334	1,239	1,212	1,239	1,239
Crost0.15N (0,0,1)	1,368	1,368	1,190	1,285	1,198	1,166	1,132	1,198	1,136	1,122	1,136	1,136	1,135	1,133	1,135	1,135
LSP (0,0,1)	1,212	1,212	1,055	1,139	1,000	0,981	0,945	1,000	1,000	1,000	1,000	1,000	1,055	1,070	1,055	1,055
SBA0.15P (0,0,1)	1,145	1,145	0,996	1,075	1,000	0,989	0,945	1,000	1,038	1,041	1,038	1,038	1,142	1,170	1,233	1,142
SBA0.1N (1,0,0)	1,251	1,251	1,088	1,175	0,969	0,964	0,915	0,969	1,067	1,083	1,162	1,067	1,358	1,396	1,540	1,447
SBA0.1P (0,0,1)	1,128	1,128	0,981	1,059	1,000	0,985	0,945	1,000	1,000	1,004	1,000	1,000	1,099	1,125	1,185	1,099
Ses0.15N (0,0,1)	1,497	1,414	1,302	1,406	1,242	1,201	1,173	1,242	1,145	1,124	1,145	1,145	1,109	1,102	1,109	1,109
Ses0.15P (0,0,1)	1,358	1,358	1,181	1,275	1,122	1,098	1,060	1,122	1,101	1,096	1,101	1,101	1,167	1,191	1,167	1,167
Ses0.1N (0,0,1)	1,376	1,299	1,197	1,293	1,181	1,144	1,116	1,181	1,101	1,078	1,101	1,101	1,072	1,066	1,072	1,072
Ses0.1P (0,0,1)	1,248	1,248	1,085	1,172	1,051	1,032	0,992	1,051	1,042	1,046	1,042	1,042	1,114	1,134	1,187	1,114
SBJ0.15N (0,0,1)	1,367	1,293	1,189	1,284	1,247	1,216	1,178	1,247	1,207	1,193	1,207	1,207	1,229	1,231	1,229	1,229
SBJ0.1P (0,0,1)	1,185	1,185	1,031	1,113	1,000	0,981	0,945	1,000	1,046	1,051	1,046	1,046	1,140	1,166	1,228	1,140
SBJMA4N (0,0,1)	1,412	1,412	1,228	1,326	1,297	1,264	1,226	1,297	1,225	1,205	1,225	1,225	1,192	1,186	1,192	1,192
SBJMA4P (0,0,1)	1,328	1,328	1,155	1,247	1,184	1,179	1,118	1,184	1,248	1,257	1,248	1,248	1,435	1,458	1,538	1,435
ALLmin	0,831	0,773	0,723	0,781	0,863	0,838	0,815	0,863	0,852	0,841	0,852	0,852	0,833	0,829	0,833	0,833

Tabelle A.21.: Multiplikativ verknüpfte Haupt- und Nebeneffekte der faktoriellen Variablen für den Datensatz `negbin150` bei einer a priori durchgeführten automatisierten Verfahrensreduktion

Verfahren \ Quantil	U	R	L	I	U	R	L	I	U	R	L	I	U	R	L	I
	$\alpha_z = 0.5$				$\alpha_z = 0.8$				$\alpha_z = 0.9$				$\alpha_z = 0.95$			
NEGBIN (6,8,2)	1,000	1,000	0,874	0,938	1,000	1,099	0,940	1,000	1,000	1,358	0,965	1,000	1,000	1,519	1,000	1,000
ShaleP (6,6,0)	1,125	1,125	0,983	1,055	1,000	0,984	0,940	1,000	0,962	0,965	**0,929**	0,962	1,000	1,018	1,067	1,000
bCosts (4,2,4)	0,951	0,893	0,831	0,837	1,000	0,985	0,940	1,000	1,000	1,005	0,965	1,000	1,072	1,070	1,072	1,072
POIS (3,3,3)	1,043	0,849	**0,766**	0,794	1,394	1,147	0,965	1,121	1,587	1,319	1,067	1,303	1,667	1,466	1,179	1,439
MeanN (4,3,1)	1,240	1,240	1,083	1,162	1,103	1,071	1,036	1,103	1,037	1,020	1,001	1,037	1,000	0,996	1,000	1,000
SBAP (4,4,0)	1,130	1,130	0,987	1,059	1,000	0,985	0,940	1,000	0,964	0,965	0,930	0,964	1,000	1,020	1,067	1,000
SesP (4,4,0)	1,127	1,127	0,985	1,057	1,000	0,982	0,940	1,000	0,963	0,964	0,929	0,963	1,000	1,019	1,066	1,000
SesN (4,3,0)	1,254	1,254	1,096	1,176	1,100	1,068	1,034	1,100	1,000	0,984	0,965	1,000	1,000	0,997	1,000	1,000
HURDLEP (1,5,0)	1,091	1,091	0,953	1,023	1,000	0,980	0,940	1,000	1,000	0,994	0,965	1,000	1,000	1,003	1,000	1,000
LSN (3,0,3)	1,104	0,923	0,829	0,869	1,352	1,153	0,998	1,138	1,489	1,287	1,089	1,279	1,554	1,411	1,200	1,395
SBAN (3,2,0)	1,257	1,257	1,098	1,178	0,931	0,932	0,921	0,931	1,054	1,060	1,127	1,054	1,408	1,417	1,624	1,513
sDist (1,2,2)	1,000	1,000	0,874	0,938	1,000	0,977	0,940	1,000	1,000	0,987	0,965	1,000	1,000	**0,990**	1,000	1,000
Willemain (1,2,2)	1,000	1,000	0,874	0,938	1,065	1,033	1,000	1,065	1,075	1,048	1,038	1,075	1,080	1,060	1,080	1,080
ZIP (1,4,0)	1,090	1,090	0,952	1,022	1,000	0,979	0,940	1,000	1,000	0,990	0,965	1,000	1,000	1,007	1,000	1,000
SesBoot (0,0,4)	1,102	1,102	0,963	1,034	1,120	1,114	1,052	1,120	1,193	1,203	1,151	1,193	1,327	1,354	1,419	1,327
MCrost (0,0,3)	1,538	1,538	1,344	1,442	1,248	1,209	1,173	1,248	1,144	1,119	1,104	1,144	1,089	1,077	1,089	1,089
RwP (0,0,3)	5,505	5,505	5,147	5,161	3,122	3,040	2,933	3,122	2,503	2,439	2,416	2,503	2,187	2,149	2,187	2,187
ShaleN (3,0,0)	1,252	1,252	1,094	1,174	0,940	0,939	**0,883**	0,940	1,050	1,053	1,117	1,050	1,377	1,384	1,578	1,474
BSMAN (0,0,2)	1,647	1,647	1,439	1,544	1,383	1,328	1,299	1,383	1,251	1,218	1,207	1,251	1,168	1,147	1,168	1,168
SB (0,0,2)	1,000	1,000	0,874	0,938	1,000	0,980	0,940	1,000	1,000	0,983	0,965	1,000	1,000	0,997	1,000	1,000
3CrostP (0,0,1)	1,182	1,182	1,033	1,108	1,000	0,981	0,940	1,000	1,000	0,999	0,965	1,000	1,048	1,066	1,120	1,048
bMAPEm (0,0,1)	1,739	1,739	1,520	1,631	1,346	1,302	1,265	1,346	1,226	1,195	1,183	1,226	1,167	1,146	1,167	1,167
bMAQEB (0,0,1)	1,044	1,044	1,025	0,979	1,058	1,058	0,994	1,058	1,089	1,098	1,051	1,089	1,149	1,152	1,149	1,149
bMASE (0,0,1)	1,175	1,175	1,027	1,102	1,087	1,067	1,022	1,087	1,088	1,078	1,050	1,088	1,136	1,139	1,136	1,136
bMSE (0,0,1)	1,170	1,170	1,022	1,097	1,079	1,050	1,014	1,079	1,069	1,053	1,031	1,069	1,102	1,100	1,102	1,102
BSMA4P (0,0,1)	2,892	2,892	2,527	2,712	1,900	1,843	1,786	1,900	1,604	1,563	1,547	1,604	1,466	1,448	1,466	1,466
Crost0.15N (0,0,1)	1,367	1,367	1,195	1,282	1,211	1,174	1,138	1,211	1,149	1,134	1,109	1,149	1,147	1,147	1,147	1,147
Crost0.1N (0,0,1)	1,314	1,314	1,148	1,232	1,156	1,123	1,087	1,156	1,100	1,086	1,061	1,100	1,092	1,090	1,092	1,092
LSP (0,0,1)	1,174	1,174	1,025	1,100	1,000	0,982	0,940	1,000	1,000	0,999	0,965	1,000	1,000	1,014	1,000	1,000
SBA0.15P (0,0,1)	1,145	1,145	1,000	1,073	1,000	0,986	0,940	1,000	1,000	1,004	0,965	1,000	1,138	1,163	1,232	1,138
SBA0.1P (0,0,1)	1,131	1,131	0,988	1,060	1,000	0,987	0,940	1,000	1,000	1,008	0,965	1,000	1,093	1,109	1,180	1,093
Ses0.1P (0,0,1)	1,260	1,194	1,101	1,181	1,058	1,036	0,994	1,058	1,047	1,047	1,010	1,047	1,115	1,135	1,193	1,115
Shale0.15N (0,0,1)	1,382	1,382	1,207	1,296	1,264	1,229	1,187	1,264	1,219	1,208	1,177	1,219	1,238	1,239	1,238	1,238
Shale0.15P (0,0,1)	1,257	1,257	1,098	1,179	1,086	1,067	1,020	1,086	1,101	1,103	1,062	1,101	1,201	1,230	1,299	1,201
Shale0.1P (0,0,1)	1,192	1,192	1,042	1,118	1,036	1,017	0,974	1,036	1,047	1,054	1,010	1,047	1,135	1,164	1,228	1,135
ShaleMA4P (0,0,1)	1,357	1,357	1,185	1,272	1,193	1,186	1,121	1,193	1,247	1,255	1,268	1,247	1,418	1,445	1,529	1,418
ShaleMAN (0,0,1)	1,314	1,314	1,148	1,232	1,186	1,151	1,115	1,186	1,122	1,104	1,083	1,122	1,094	1,088	1,094	1,094
bMAQEA (0,0,0)	1,189	1,189	1,039	1,013	1,059	0,964	0,929	1,059	1,126	1,070	1,086	1,126	1,166	1,146	1,166	1,166
ALLmin	0,830	0,766	0,725	0,778	0,857	0,831	0,806	0,857	0,840	0,828	0,810	0,840	0,820	0,812	0,820	0,820

Tabelle A.22.: Regressionsergebnisse (ohne faktorielle Variablen) für den Datensatz `zip110` bei einer a priori durchgeführten automatisierten Verfahrensreduktion

	$ln(GK)$			
	$\alpha = 0.5$	$\alpha = 0.8$	$\alpha = 0.9$	$\alpha = 0.95$
Konstante	6,43***	6,34***	6,03***	5,60***
	(0,01)	(0,01)	(0,01)	(0,01)
per.zero	−0,54***	−0,42***	−0,48***	−0,54***
	(0,01)	(0,01)	(0,01)	(0,01)
pos.mean	0,38***	0,35***	0,35***	0,35***
	(0,001)	(0,001)	(0,001)	(0,001)
pos.cv	1,51***	1,36***	1,32***	1,33***
	(0,01)	(0,01)	(0,01)	(0,02)
⋮	⋮	⋮	⋮	⋮
Beobachtungen	105.600	105.600	105.600	105.600
R^2	0,81	0,83	0,80	0,75
Adjustiertes R^2	0,81	0,83	0,80	0,75
Std. Fehler der Residuen (df = 105465)	0,26	0,22	0,24	0,29
F Statistik (df = 134; 105465)	3.279,04***	3.722,80***	3.093,94***	2.415,81***
Hinweis:	*p<0.1; **p<0.05; ***p<0.01			

Tabelle A.23.: Regressionsergebnisse (ohne faktorielle Variablen) für den Datensatz `zip110` bei einer a priori durchgeführten automatisierten Verfahrensreduktion

	$ln(GK)$			
	$\alpha = 0.5$	$\alpha = 0.8$	$\alpha = 0.9$	$\alpha = 0.95$
Konstante	6,26***	6,15***	5,83***	5,41***
	(0,02)	(0,01)	(0,01)	(0,02)
per.zero	−0,54***	−0,40***	−0,44***	−0,51***
	(0,01)	(0,01)	(0,01)	(0,01)
pos.mean	0,37***	0,35***	0,35***	0,35***
	(0,001)	(0,001)	(0,001)	(0,001)
pos.cv	1,90***	1,73***	1,69***	1,70***
	(0,02)	(0,01)	(0,01)	(0,02)
⋮	⋮	⋮	⋮	⋮
Beobachtungen	112.000	112.000	112.000	112.000
R^2	0,78	0,81	0,79	0,75
Adjustiertes R^2	0,78	0,81	0,79	0,75
Std. Fehler der Residuen (df = 111857)	0,28	0,23	0,25	0,29
F Statistik (df = 142; 111857)	2.822,52***	3.333,61***	2.902,81***	2.310,25***
Hinweis:	*p<0.1; **p<0.05; ***p<0.01			

Tabelle A.24.: Multiplikativ verknüpfte Haupt- und Nebeneffekte der faktoriellen Variablen für den Datensatz `zip110` bei einer a priori durchgeführten automatisierten Verfahrensreduktion

Verfahren \ Quantil	U	R	L	I	U	R	L	I	U	R	L	I	U	R	L	I
	$\alpha_z = 0.5$				$\alpha_z = 0.8$				$\alpha_z = 0.9$				$\alpha_z = 0.95$			
ZIP (11,11,0)	1,000	0,948	0,842	0,923	1,000	1,000	**0,939**	0,967	**1,000**	**1,000**	**1,000**	**1,000**	**1,000**	**1,000**	**1,000**	**1,000**
HURDLEP (6,8,0)	1,000	0,948	0,842	0,923	1,000	1,000	**0,939**	0,967	**1,000**	**1,000**	**1,000**	**1,000**	**1,000**	**1,000**	**1,000**	**1,000**
POIS (4,3,5)	0,903	0,776	**0,761**	**0,753**	1,584	1,236	1,017	1,100	2,034	1,590	1,211	1,509	2,328	1,929	1,365	1,847
MeanN (5,4,1)	1,168	1,107	0,984	1,078	1,079	1,079	1,013	1,043	1,046	1,046	1,046	1,046	**1,000**	**1,000**	**1,000**	**1,000**
LSN (3,2,4)	1,000	0,865	0,842	0,842	1,491	1,226	1,032	1,110	1,823	1,498	1,209	1,439	2,039	1,765	1,345	1,708
NEGBIN (2,4,3)	1,000	0,948	0,842	0,923	1,000	1,000	**0,939**	0,967	**1,000**	**1,000**	**1,000**	**1,000**	1,040	1,040	1,040	1,040
SB (4,4,1)	1,000	0,948	0,842	0,923	1,000	1,000	**0,939**	0,967	**1,000**	**1,000**	**1,000**	**1,000**	**1,000**	**1,000**	**1,000**	**1,000**
SesBoot (4,0,4)	1,000	0,948	0,842	0,923	1,073	1,073	1,049	1,038	1,174	1,174	1,242	1,174	1,320	1,320	1,423	1,320
SBJP (2,5,0)	1,000	0,948	0,842	0,923	1,000	1,000	**0,939**	0,967	**1,000**	**1,000**	**1,000**	**1,000**	1,066	1,066	1,066	1,066
SBAP (2,4,0)	1,000	0,948	0,842	0,923	1,000	1,000	**0,939**	0,967	**1,000**	**1,000**	**1,000**	**1,000**	1,064	1,064	1,064	1,064
Willemain (1,2,3)	1,000	0,948	0,842	0,923	1,070	1,070	1,005	1,035	1,096	1,096	1,033	1,096	1,100	1,100	1,019	1,100
MCrost (0,0,4)	1,319	1,250	1,111	1,218	1,156	1,156	1,036	1,117	1,098	1,098	1,047	1,098	1,069	1,069	1,069	1,069
BSMA4P (0,0,3)	2,371	2,248	1,997	2,189	1,886	1,886	1,703	1,824	1,709	1,709	1,610	1,709	1,612	1,612	1,503	1,612
BSMAN (0,0,3)	1,485	1,408	1,251	1,371	1,335	1,335	1,184	1,291	1,254	1,254	1,174	1,254	1,197	1,197	1,114	1,197
SBAN (2,1,0)	1,185	1,123	0,998	1,094	0,965	0,965	0,966	**0,933**	1,138	1,138	1,293	1,218	1,563	1,563	1,850	1,719
Crost0.1N (0,0,2)	1,214	1,151	1,023	1,121	1,077	1,077	1,011	1,041	1,062	1,062	1,062	1,062	1,087	1,087	1,087	1,087
SBJ0.15P (0,0,2)	1,094	1,037	0,921	1,010	1,082	1,082	1,016	1,046	1,141	1,141	1,141	1,141	1,239	1,239	1,239	1,239
BSMAP (0,0,1)	1,286	1,219	1,083	1,188	1,195	1,195	1,122	1,155	1,181	1,181	1,181	1,181	1,208	1,208	1,208	1,208
Crost0.15N (0,0,1)	1,251	1,186	1,054	1,155	1,112	1,112	1,044	1,075	1,091	1,091	1,091	1,091	1,122	1,122	1,122	1,122
LSP (0,0,1)	1,072	1,016	0,903	0,990	1,000	1,000	**0,939**	0,967	1,033	1,033	1,033	1,033	1,071	1,071	1,071	1,071
SBA0.15P (0,0,1)	1,000	0,948	0,842	0,923	1,000	1,000	**0,939**	0,967	1,069	1,069	1,069	1,069	1,158	1,158	1,158	1,158
SBA0.1N (1,0,0)	1,158	1,098	0,975	1,069	0,972	0,972	0,965	0,940	1,114	1,114	1,252	1,179	1,455	1,455	1,710	1,589
sDist (0,0,1)	1,000	0,948	0,842	0,923	1,037	1,037	0,974	1,003	1,056	1,056	1,056	1,056	1,076	1,076	1,076	1,076
SBJ0.15N (0,0,1)	1,240	1,176	1,044	1,145	1,209	1,209	1,135	1,169	1,214	1,214	1,214	1,214	1,242	1,242	1,242	1,242
SBJ0.1N (0,0,1)	1,206	1,144	1,016	1,114	1,160	1,160	1,089	1,121	1,154	1,154	1,154	1,154	1,175	1,175	1,175	1,175
SBJ0.1P (0,0,1)	1,059	1,004	0,892	0,978	1,046	1,046	0,982	1,012	1,091	1,091	1,091	1,091	1,174	1,174	1,174	1,174
SBJMA4P (0,0,1)	1,124	1,065	0,947	1,038	1,157	1,157	1,087	1,119	1,277	1,277	1,277	1,277	1,466	1,466	1,554	1,466
SBJMA8N (0,0,1)	1,211	1,148	1,020	1,118	1,165	1,165	1,094	1,127	1,148	1,148	1,148	1,148	1,136	1,136	1,136	1,136
SBJMA8P (0,0,1)	1,074	1,019	0,905	0,992	1,088	1,088	1,021	1,052	1,166	1,166	1,166	1,166	1,293	1,293	1,367	1,293
SBJMAN (0,0,1)	1,194	1,132	1,006	1,103	1,150	1,150	1,080	1,112	1,126	1,126	1,126	1,126	1,120	1,120	1,120	1,120
SBJMAP (0,0,1)	1,053	0,999	0,887	0,973	1,066	1,066	1,000	1,030	1,140	1,140	1,140	1,140	1,252	1,252	1,336	1,252
SBJN (1,0,0)	1,182	1,121	0,996	1,092	1,000	1,000	0,998	0,967	1,142	1,142	1,285	1,217	1,538	1,538	1,798	1,678
ALLmin	0,759	0,719	0,683	0,700	0,868	0,868	0,815	0,840	0,876	0,876	0,876	0,876	0,857	0,857	0,857	0,857

Tabelle A.25.: Multiplikativ verknüpfte Haupt- und Nebeneffekte der faktoriellen Variablen für den Datensatz `zip150` bei einer a priori durchgeführten automatisierten Verfahrensreduktion

Verfahren \ Quantil	U	R	L	I	U	R	L	I	U	R	L	I	U	R	L	I
	$\alpha_z = 0.5$				$\alpha_z = 0.8$				$\alpha_z = 0.9$				$\alpha_z = 0.95$			
ZIP (10,11,0)	1,000	0,950	0,853	0,927	1,000	1,000	**0,941**	0,968	**1,000**	**1,000**	**1,000**	**1,000**	**1,000**	**1,000**	**1,000**	**1,000**
NEGBIN (4,5,3)	1,000	0,950	0,853	0,927	1,000	1,000	**0,941**	0,968	**1,000**	**1,000**	**1,000**	**1,000**	**1,000**	**1,000**	**1,000**	**1,000**
POIS (4,3,5)	0,922	0,790	**0,786**	**0,761**	1,589	1,236	1,035	1,103	2,027	1,585	1,222	1,506	2,280	1,898	1,337	1,824
bCosts (3,3,5)	0,880	0,836	0,831	0,816	1,000	1,000	0,983	0,968	1,060	1,060	1,060	1,060	1,090	1,090	1,090	1,090
HURDLEP (4,7,0)	1,000	0,950	0,853	0,927	1,000	1,000	**0,941**	0,968	**1,000**	**1,000**	**1,000**	**1,000**	**1,000**	**1,000**	**1,000**	**1,000**
MeanN (4,3,1)	1,161	1,103	0,991	1,077	1,079	1,079	1,015	1,045	1,044	1,044	1,044	1,044	**1,000**	**1,000**	**1,000**	**1,000**
SB (3,4,1)	1,000	0,950	0,853	0,927	1,000	1,000	**0,941**	0,968	**1,000**	**1,000**	**1,000**	**1,000**	**1,000**	**1,000**	**1,000**	**1,000**
SesBoot (2,1,4)	1,000	0,950	0,853	0,927	1,077	1,077	1,013	1,042	1,173	1,173	1,244	1,173	1,306	1,306	1,403	1,306
LSN (3,1,2)	1,000	0,873	0,853	0,840	1,477	1,217	1,040	1,107	1,780	1,472	1,209	1,416	1,951	1,702	1,307	1,656
SBAP (3,3,0)	1,000	0,950	0,853	0,927	1,000	1,000	**0,941**	0,968	**1,000**	**1,000**	**1,000**	**1,000**	1,055	1,055	1,055	1,055
MCrost (1,0,4)	1,318	1,252	1,125	1,222	1,158	1,158	1,032	1,121	1,091	1,091	1,091	1,091	1,059	1,059	1,059	1,059
ShaleP (2,3,0)	1,000	0,950	0,853	0,927	1,000	1,000	**0,941**	0,968	**1,000**	**1,000**	**1,000**	**1,000**	1,057	1,057	1,057	1,057
Willemain (1,1,2)	1,000	0,950	0,853	0,927	1,076	1,076	1,012	1,042	1,090	1,090	1,040	1,090	1,095	1,095	1,009	1,095
BSMA4P (0,0,3)	2,388	2,268	2,037	2,214	1,907	1,907	1,719	1,847	1,715	1,715	1,626	1,715	1,604	1,604	1,500	1,604
bMAPEs (0,0,2)	1,652	1,569	1,409	1,531	1,330	1,330	1,183	1,287	1,230	1,230	1,153	1,230	1,172	1,172	1,085	1,172
Crost0.1N (0,0,2)	1,212	1,152	1,034	1,124	1,081	1,081	1,017	1,046	1,057	1,057	1,057	1,057	1,076	1,076	1,076	1,076
CrostP (1,1,0)	1,000	0,950	0,853	0,927	1,000	1,000	**0,941**	0,968	**1,000**	**1,000**	**1,000**	**1,000**	1,054	1,054	1,054	1,054
SesP (0,2,0)	1,000	0,950	0,853	0,927	1,000	1,000	**0,941**	0,968	**1,000**	**1,000**	**1,000**	**1,000**	1,057	1,057	1,057	1,057
ShaleMA4N (0,0,2)	1,239	1,177	1,057	1,149	1,253	1,253	1,179	1,213	1,224	1,224	1,224	1,224	1,189	1,189	1,189	1,189
bMAE (0,0,1)	1,140	1,082	0,972	1,056	1,109	1,109	1,043	1,074	1,117	1,117	1,117	1,117	1,153	1,153	1,153	1,153
BSMAN (0,0,1)	1,479	1,405	1,262	1,371	1,348	1,348	1,192	1,305	1,259	1,259	1,184	1,259	1,188	1,188	1,112	1,188
BSMAP (0,0,1)	1,293	1,228	1,103	1,198	1,202	1,202	1,131	1,164	1,184	1,184	1,184	1,184	1,202	1,202	1,202	1,202
CrostN (1,0,0)	1,179	1,120	1,006	1,093	1,000	1,000	1,005	0,968	1,136	1,136	1,302	1,214	1,517	1,517	1,799	1,660
LogSpace (0,0,1)	1,719	1,633	1,467	1,593	1,342	1,342	1,188	1,299	1,225	1,225	1,142	1,225	1,153	1,153	1,058	1,153
SBA0.1N (1,0,0)	1,160	1,102	0,990	1,075	1,000	1,000	1,000	0,968	1,112	1,112	1,265	1,187	1,451	1,451	1,719	1,583
SBA0.1P (0,0,1)	1,000	0,950	0,853	0,927	1,000	1,000	**0,941**	0,968	1,045	1,045	1,045	1,045	1,106	1,106	1,169	1,106
SBAN (1,0,0)	1,172	1,114	1,000	1,087	0,967	0,967	0,978	**0,936**	1,140	1,140	1,318	1,225	1,557	1,557	1,868	1,715
sDist (0,0,1)	1,000	0,950	0,853	0,927	1,038	1,038	0,977	1,005	1,056	1,056	1,056	1,056	1,064	1,064	1,064	1,064
Shale0.15N (0,0,1)	1,244	1,182	1,061	1,153	1,218	1,218	1,145	1,179	1,214	1,214	1,214	1,214	1,239	1,239	1,239	1,239
Shale0.1N (0,0,1)	1,207	1,146	1,030	1,118	1,172	1,172	1,103	1,135	1,159	1,159	1,159	1,159	1,173	1,173	1,173	1,173
Shale0.1P (0,0,1)	1,058	1,004	0,902	0,980	1,050	1,050	0,987	1,016	1,088	1,088	1,088	1,088	1,163	1,163	1,163	1,163
ShaleMA8N (0,0,1)	1,220	1,159	1,041	1,131	1,182	1,182	1,112	1,145	1,151	1,151	1,151	1,151	1,135	1,135	1,135	1,135
ShaleMA8P (0,0,1)	1,074	1,020	0,917	0,996	1,092	1,092	1,028	1,058	1,167	1,167	1,167	1,167	1,279	1,279	1,369	1,279
ShaleMAP (0,0,1)	1,054	1,001	0,899	0,977	1,069	1,069	1,005	1,035	1,138	1,138	1,138	1,138	1,239	1,239	1,322	1,239
ALLmin	0,769	0,730	0,656	0,713	0,871	0,871	0,820	0,844	0,872	0,872	0,872	0,872	0,851	0,851	0,851	0,851

Tabelle A.26.: Regressionsergebnisse (ohne faktorielle Variablen) für den Datensatz hup110 bei einer a priori durchgeführten automatisierten Verfahrensreduktion

	$ln(GK)$			
	$\alpha = 0.5$	$\alpha = 0.8$	$\alpha = 0.9$	$\alpha = 0.95$
Konstante	5,89***	5,77***	5,47***	5,06***
	(0,01)	(0,01)	(0,01)	(0,01)
per.zero	0,47***	0,36***	0,22***	0,12***
	(0,01)	(0,01)	(0,01)	(0,01)
pos.mean	0,40***	0,38***	0,38***	0,38***
	(0,001)	(0,001)	(0,001)	(0,001)
pos.cv	1,83***	1,81***	1,75***	1,70***
	(0,01)	(0,01)	(0,01)	(0,02)
⋮	⋮	⋮	⋮	⋮
Beobachtungen	105.600	105.600	105.600	105.600
R^2	0,83	0,83	0,78	0,73
Adjustiertes R^2	0,83	0,83	0,78	0,73
Std. Fehler der Residuen (df = 105465)	0,22	0,21	0,24	0,29
F Statistik (df = 134; 105465)	3.855,89***	3.731,95***	2.853,19***	2.148,74***
Hinweis:	*p<0.1; **p<0.05; ***p<0.01			

Tabelle A.27.: Regressionsergebnisse (ohne faktorielle Variablen) für den Datensatz hup150 bei einer a priori durchgeführten automatisierten Verfahrensreduktion

	$ln(GK)$			
	$\alpha = 0.5$	$\alpha = 0.8$	$\alpha = 0.9$	$\alpha = 0.95$
Konstante	5,89***	5,70***	5,38***	4,96***
	(0,01)	(0,01)	(0,01)	(0,01)
per.zero	0,34***	0,31***	0,22***	0,14***
	(0,01)	(0,01)	(0,01)	(0,01)
pos.mean	0,40***	0,38***	0,37***	0,37***
	(0,001)	(0,001)	(0,001)	(0,001)
pos.cv	1,91***	1,98***	1,98***	1,98***
	(0,01)	(0,01)	(0,01)	(0,02)
⋮	⋮	⋮	⋮	⋮
Beobachtungen	105.600	105.600	105.600	105.600
R^2	0,82	0,83	0,78	0,72
Adjustiertes R^2	0,82	0,83	0,78	0,72
Std. Fehler der Residuen (df = 105465)	0,23	0,21	0,24	0,29
F Statistik (df = 134; 105465)	3.666,26***	3.740,41***	2.848,62***	1.998,82***
Hinweis:	*p<0.1; **p<0.05; ***p<0.01			

Tabelle A.28.: Multiplikativ verknüpfte Haupt- und Nebeneffekte der faktoriellen Variablen für den Datensatz hup110 bei einer a priori durchgeführten automatisierten Verfahrensreduktion

Verfahren \ Quantil	U	R	L	I	U	R	L	I	U	R	L	I	U	R	L	I
	$\alpha_z = 0.5$				$\alpha_z = 0.8$				$\alpha_z = 0.9$				$\alpha_z = 0.95$			
hurdlep (12,13,1)	1,000	1,000	**0,921**	0,956	**1,000**	**1,000**	**1,000**	**1,000**	**1,000**	**1,000**	**1,000**	**1,000**	**1,000**	**1,000**	1,057	**1,000**
NEGBIN (5,10,3)	1,000	1,000	**0,921**	0,956	1,033	1,033	1,033	1,033	1,038	1,038	1,038	1,038	1,048	1,048	1,045	1,048
ZIP (7,9,1)	1,000	1,000	**0,921**	0,956	1,028	1,028	1,028	1,028	**1,000**	**1,000**	**1,000**	**1,000**	**1,000**	**1,000**	1,057	**1,000**
MeanN (6,0,2)	1,103	1,103	1,016	1,055	1,062	1,062	1,019	1,062	1,036	1,036	1,036	1,036	**1,000**	**1,000**	1,057	**1,000**
LSN (1,0,6)	1,052	1,003	0,969	0,953	1,507	1,247	1,093	1,206	1,856	1,553	1,216	1,539	2,053	1,812	1,503	1,797
SesBoot (3,2,2)	0,937	0,937	0,946	0,938	1,198	1,246	1,338	1,265	1,427	1,499	1,603	1,515	1,740	1,842	2,091	1,850
POIS (3,2,1)	1,000	0,953	0,979	**0,909**	1,754	1,312	1,066	1,244	2,327	1,809	1,218	1,769	2,627	2,178	1,594	2,131
SB (4,2,0)	1,000	1,000	**0,921**	0,956	**1,000**	**1,000**	**1,000**	**1,000**	**1,000**	**1,000**	**1,000**	**1,000**	1,044	1,044	1,104	1,044
Willemain (2,0,4)	1,000	1,000	**0,921**	0,956	1,088	1,088	1,030	1,088	1,108	1,108	1,009	1,108	1,125	1,125	1,044	1,066
SBAP (2,2,0)	1,000	1,000	**0,921**	0,956	**1,000**	**1,000**	**1,000**	**1,000**	1,040	1,040	1,040	1,040	1,072	1,072	1,134	1,072
BSMAN (0,0,3)	1,415	1,415	1,226	1,353	1,324	1,263	1,217	1,275	1,249	1,249	1,145	1,249	1,205	1,205	1,153	1,205
LogSpace (1,0,2)	1,290	1,290	1,105	1,233	1,137	1,137	1,064	1,137	1,085	1,085	1,018	1,085	1,065	1,065	1,059	1,065
MCrost (0,0,3)	1,188	1,188	1,035	1,135	1,092	1,092	1,040	1,092	1,049	1,049	1,049	1,049	**1,000**	**1,000**	1,057	**1,000**
SBJMA4P (0,0,3)	1,085	1,085	0,999	1,037	1,234	1,234	1,290	1,234	1,382	1,382	1,467	1,382	1,591	1,591	1,818	1,591
SBJMA8P (0,0,3)	1,061	1,061	0,977	1,015	1,127	1,127	1,127	1,127	1,204	1,204	1,204	1,204	1,336	1,336	1,413	1,336
SBJP (0,3,0)	1,000	1,000	**0,921**	0,956	**1,000**	**1,000**	**1,000**	**1,000**	1,042	1,042	1,042	1,042	1,075	1,075	1,137	1,075
BSMA4P (0,0,2)	2,277	2,277	1,980	2,177	1,902	1,820	1,768	1,902	1,732	1,732	1,589	1,732	1,631	1,631	1,549	1,631
BSMA8N (0,0,2)	1,537	1,537	1,339	1,469	1,430	1,356	1,306	1,372	1,343	1,279	1,215	1,285	1,283	1,283	1,208	1,218
BSMAP (0,0,2)	1,275	1,216	1,118	1,219	1,233	1,233	1,172	1,233	1,231	1,231	1,175	1,231	1,250	1,250	1,321	1,250
sDist (0,2,0)	1,000	1,000	**0,921**	0,956	**1,000**	**1,000**	**1,000**	**1,000**	1,039	1,039	1,039	1,039	1,053	1,053	1,113	1,053
SesP (1,1,0)	1,000	1,000	**0,921**	0,956	**1,000**	**1,000**	**1,000**	**1,000**	1,042	1,042	1,042	1,042	1,074	1,074	1,136	1,074
Crost0.15N (0,0,1)	1,202	1,202	1,050	1,150	1,113	1,113	1,113	1,113	1,118	1,118	1,118	1,118	1,172	1,172	1,239	1,172
Crost0.1N (0,0,1)	1,157	1,157	1,012	1,106	1,080	1,080	1,080	1,080	1,072	1,072	1,072	1,072	1,119	1,119	1,183	1,119
SBA0.15P (0,0,1)	1,000	1,000	**0,921**	0,956	1,059	1,059	1,059	1,059	1,108	1,108	1,108	1,108	1,187	1,187	1,255	1,187
SBA0.1P (0,1,0)	1,000	1,000	**0,921**	0,956	1,036	1,036	1,036	1,036	1,077	1,077	1,077	1,077	1,137	1,137	1,203	1,137
SBAN (1,0,0)	1,114	1,114	0,984	1,065	**1,000**	**1,000**	1,082	1,042	1,238	1,238	1,411	1,332	1,757	1,757	2,164	1,919
Ses0.15P (0,0,1)	1,145	1,145	1,055	1,095	1,149	1,149	1,149	1,149	1,176	1,176	1,176	1,176	1,222	1,222	1,293	1,222
SesN (0,1,0)	1,117	1,117	0,986	1,068	1,057	1,057	1,057	1,057	**1,000**	**1,000**	**1,000**	**1,000**	**1,000**	**1,000**	1,057	**1,000**
SBJ0.15N (0,0,1)	1,158	1,158	1,066	1,107	1,136	1,136	1,136	1,136	1,174	1,174	1,174	1,174	1,272	1,272	1,344	1,272
SBJ0.15P (0,0,1)	1,066	1,066	0,982	1,020	1,106	1,106	1,106	1,106	1,165	1,165	1,165	1,165	1,256	1,256	1,328	1,256
SBJ0.1P (0,0,1)	1,039	1,039	0,957	0,993	1,069	1,069	1,069	1,069	1,117	1,117	1,117	1,117	1,187	1,187	1,255	1,187
SBJMA4N (0,0,1)	1,136	1,136	1,046	1,086	1,208	1,208	1,208	1,208	1,206	1,206	1,206	1,206	1,203	1,203	1,272	1,203
ALLmin	0,821	0,787	0,756	0,785	0,887	0,887	0,887	0,887	0,896	0,896	0,896	0,896	0,871	0,871	0,921	0,871

Tabelle A.29.: Multiplikativ verknüpfte Haupt- und Nebeneffekte der faktoriellen Variablen für den Datensatz hup150 bei einer a priori durchgeführten automatisierten Verfahrensreduktion

Verfahren \ Quantil	U	R	L	I	U	R	L	I	U	R	L	I	U	R	L	I
	$\alpha_z = 0.5$				$\alpha_z = 0.8$				$\alpha_z = 0.9$				$\alpha_z = 0.95$			
HURDLEP (10,10,0)	1,000	1,000	0,919	0,954	**1,000**	**1,000**	**1,000**	**1,000**	1,000	1,000	1,000	1,000	**1,000**	**1,000**	1,067	**1,000**
NEGBIN (7,10,3)	1,000	1,000	0,919	0,954	**1,000**	**1,000**	**1,000**	**1,000**	1,000	1,000	1,000	1,000	**1,000**	**1,000**	1,008	**1,000**
ZIP (4,5,2)	1,000	1,000	0,919	0,954	**1,000**	**1,000**	**1,000**	**1,000**	1,000	1,000	1,000	1,000	**1,000**	**1,000**	1,067	**1,000**
bCosts (4,1,4)	0,964	0,964	**0,887**	0,920	1,044	1,044	1,044	1,044	1,082	1,082	1,082	1,082	1,093	1,093	1,106	1,093
MCrost (4,3,2)	1,170	1,170	1,020	1,116	1,077	1,077	1,024	1,077	1,035	1,035	1,035	1,035	**1,000**	**1,000**	1,067	**1,000**
SesBoot (4,2,2)	0,925	0,925	0,940	0,929	1,188	1,188	1,322	1,252	1,420	1,487	1,594	1,504	1,740	1,740	2,094	1,840
MeanN (3,2,1)	1,090	1,090	1,002	1,040	1,051	1,051	1,010	1,051	1,000	1,000	1,000	1,000	**1,000**	**1,000**	1,067	**1,000**
Willemain (2,1,3)	1,000	1,000	0,919	0,954	1,076	1,076	1,016	1,076	1,093	1,048	**0,994**	1,093	1,099	1,038	1,028	1,037
POIS (2,2,1)	1,000	0,948	0,971	0,911	1,707	1,296	1,061	1,224	2,307	1,773	1,195	1,737	2,590	2,129	1,564	2,091
SB (2,3,0)	1,000	1,000	0,919	0,954	**1,000**	**1,000**	**1,000**	**1,000**	1,000	1,000	1,000	1,000	**1,000**	**1,000**	1,067	**1,000**
SesP (3,2,0)	1,000	1,000	0,919	0,954	**1,000**	**1,000**	**1,000**	**1,000**	1,035	1,035	1,035	1,035	1,070	1,070	1,141	1,070
LogSpace (1,1,2)	1,267	1,267	1,086	1,209	1,116	1,116	1,045	1,116	1,065	1,065	1,003	1,065	1,043	1,043	1,045	1,043
ShaleMA4P (0,0,4)	1,083	1,083	0,995	1,033	1,241	1,241	1,241	1,241	1,393	1,393	1,473	1,393	1,609	1,609	1,838	1,609
BSMAN (0,0,3)	1,395	1,395	1,215	1,331	1,305	1,246	1,203	1,254	1,227	1,171	1,120	1,227	1,182	1,182	1,136	1,182
LSN (0,0,3)	1,053	0,991	0,968	0,952	1,471	1,226	1,084	1,187	1,803	1,521	1,196	1,510	1,999	1,766	1,500	1,756
SesN (0,2,1)	1,098	1,098	1,009	1,047	1,049	1,049	1,049	1,049	1,000	1,000	1,000	1,000	**1,000**	**1,000**	1,067	**1,000**
ShaleP (1,2,0)	1,000	1,000	0,919	0,954	**1,000**	**1,000**	**1,000**	**1,000**	1,036	1,036	1,036	1,036	1,071	1,071	1,142	1,071
bMAPEm (0,0,2)	1,330	1,330	1,154	1,269	1,195	1,195	1,119	1,195	1,147	1,147	1,073	1,147	1,128	1,128	1,117	1,128
BSMA4P (0,0,2)	2,271	2,271	1,980	2,166	1,891	1,810	1,757	1,891	1,723	1,638	1,571	1,723	1,619	1,535	1,539	1,619
BSMA8N (0,0,2)	1,528	1,463	1,337	1,458	1,412	1,343	1,296	1,355	1,325	1,252	1,194	1,264	1,261	1,189	1,193	1,191
BSMAP (0,0,2)	1,255	1,203	1,154	1,198	1,212	1,212	1,154	1,212	1,207	1,207	1,150	1,207	1,216	1,216	1,297	1,216
CrostP (1,1,0)	1,000	1,000	0,919	0,954	**1,000**	**1,000**	**1,000**	**1,000**	1,037	1,037	1,037	1,037	1,070	1,070	1,142	1,070
bMAE (0,0,1)	1,069	1,069	0,983	1,020	1,078	1,078	1,078	1,078	1,121	1,121	1,121	1,121	1,200	1,200	1,280	1,200
bMAPEs (0,0,1)	1,185	1,185	1,090	1,131	1,113	1,113	1,113	1,113	1,108	1,108	1,108	1,108	1,140	1,140	1,215	1,140
bMAQEB (0,0,1)	1,000	1,061	1,014	1,027	1,061	1,061	1,061	1,061	1,125	1,125	1,058	1,078	1,184	1,184	1,114	1,101
bMASE (0,0,1)	1,070	1,070	0,984	1,021	1,078	1,078	1,078	1,078	1,121	1,121	1,121	1,121	1,201	1,201	1,281	1,201
BSMA8P (0,0,1)	1,395	1,321	1,224	1,331	1,305	1,305	1,236	1,305	1,277	1,277	1,206	1,277	1,279	1,279	1,281	1,279
SBA0.15P (0,0,1)	1,000	1,000	0,919	0,954	1,055	1,055	1,055	1,055	1,111	1,111	1,111	1,111	1,186	1,186	1,265	1,186
sDist (0,1,0)	1,000	1,000	0,919	0,954	**1,000**	**1,000**	**1,000**	**1,000**	1,000	1,000	1,000	1,000	**1,000**	**1,000**	1,067	**1,000**
Ses0.15N (0,0,1)	1,252	1,252	1,096	1,195	1,163	1,163	1,163	1,163	1,125	1,125	1,125	1,125	1,109	1,109	1,183	1,109
Shale0.1N (0,0,1)	1,117	1,117	1,027	1,066	1,090	1,090	1,090	1,090	1,116	1,116	1,116	1,116	1,181	1,181	1,260	1,181
Shale0.1P (0,0,1)	1,000	1,000	0,919	0,954	1,066	1,066	1,066	1,066	1,112	1,112	1,112	1,112	1,182	1,182	1,260	1,182
bMAQEB (0,0,1)	1,000	1,061	1,014	1,027	1,061	1,061	1,061	1,061	1,125	1,125	1,058	1,078	1,184	1,184	1,114	1,101
	0,818	0,784	0,752	0,780	0,891	0,891	0,891	0,891	0,895	0,895	0,895	0,895	0,860	0,860	0,869	0,860

Tabelle A.30.: Regressionsergebnisse (ohne faktorielle Variablen) für den Datensatz FT bei einer a priori durchgeführten automatisierten Verfahrensreduktion

	$ln(GK)$			
	$\alpha = 0.5$	$\alpha = 0.8$	$\alpha = 0.9$	$\alpha = 0.95$
Konstante	7,75***	7,10***	6,69***	6,28***
	(0,06)	(0,05)	(0,05)	(0,05)
per.zero	−2,41***	−1,93***	−1,87***	−1,84***
	(0,02)	(0,02)	(0,02)	(0,02)
pos.mean	0,01***	0,01***	0,01***	0,01***
	(0,0001)	(0,0001)	(0,0001)	(0,0001)
pos.cv	0,94***	0,93***	0,92***	0,95***
	(0,01)	(0,01)	(0,01)	(0,01)
⋮	⋮	⋮	⋮	⋮
Beobachtungen	78.312	78.312	78.312	78.312
R^2	0,41	0,46	0,47	0,46
Adjustiertes R^2	0,41	0,46	0,46	0,45
Std. Fehler der Residuen (df = 78205)	1,45	1,23	1,22	1,26
F Statistik (df = 106; 78205)	521,58***	640,13***	642,83***	617,59***
Hinweis:	*p<0.1; **p<0.05; ***p<0.01			

Tabelle A.31.: Regressionsergebnisse (ohne faktorielle Variablen) für den Datensatz AT1 bei einer a priori durchgeführten automatisierten Verfahrensreduktion

	$ln(GK)$			
	$\alpha = 0.5$	$\alpha = 0.8$	$\alpha = 0.9$	$\alpha = 0.95$
Konstante	7,47***	6,39***	5,71***	5,20***
	(0,03)	(0,02)	(0,02)	(0,02)
per.zero	−3,48***	−2,55***	−2,10***	−1,85***
	(0,02)	(0,01)	(0,01)	(0,01)
pos.mean	0,26***	0,23***	0,22***	0,21***
	(0,002)	(0,001)	(0,001)	(0,001)
pos.cv	0,81***	0,74***	0,65***	0,51***
	(0,01)	(0,01)	(0,01)	(0,01)
⋮	⋮	⋮	⋮	⋮
Beobachtungen	210.056	210.056	210.056	210.056
R^2	0,43	0,40	0,40	0,39
Adjustiertes R^2	0,43	0,40	0,40	0,38
Std. Fehler der Residuen (df = 209965)	1,17	0,94	0,84	0,80
F Statistik (df = 90; 209965)	1.764,13***	1.574,09***	1.575,93***	1.461,95***
Hinweis:	*p<0.1; **p<0.05; ***p<0.01			

Tabelle A.32.: Regressionsergebnisse (ohne faktorielle Variablen) für den Datensatz AT2 bei einer a priori durchgeführten automatisierten Verfahrensreduktion

	$ln(GK)$			
	$\alpha = 0.5$	$\alpha = 0.8$	$\alpha = 0.9$	$\alpha = 0.95$
Konstante	4,73***	4,57***	4,41***	4,26***
	(0,02)	(0,02)	(0,02)	(0,02)
per.zero	−2,39***	−2,16***	−2,06***	−1,95***
	(0,01)	(0,01)	(0,02)	(0,02)
pos.mean	0,06***	0,06***	0,06***	0,06***
	(0,0002)	(0,0002)	(0,0002)	(0,0002)
pos.cv	0,96***	1,03***	1,04***	1,03***
	(0,01)	(0,01)	(0,01)	(0,01)
⋮	⋮	⋮	⋮	⋮
Beobachtungen	372.000	372.000	372.000	372.000
R^2	0,51	0,43	0,39	0,35
Adjustiertes R^2	0,51	0,43	0,39	0,35
Std. Fehler der Residuen (df = 371873)	0,92	1,01	1,10	1,17
F Statistik (df = 126; 371873)	3.015,05***	2.267,25***	1.870,68***	1.582,96***
Hinweis:	*p<0.1; **p<0.05; ***p<0.01			

Tabelle A.33.: Multiplikativ verknüpfte Haupt- und Nebeneffekte der faktoriellen Variablen für den Datensatz FT bei einer a priori durchgeführten automatisierten Verfahrensreduktion

Verfahren \ Quantil	U	R	L	I	U	R	L	I	U	R	L	I	U	R	L	I
	$\alpha_z = 0.5$				$\alpha_z = 0.8$				$\alpha_z = 0.9$				$\alpha_z = 0.95$			
CrostN (0,0,0)	1,000	1,000	0,785	1,000	1,000	1,000	1,000	1,000	1,000	1,000	1,000	1,000	1,000	1,000	1,000	1,000
SBJMAP (7,9,4)	0,558	0,558	0,438	0,558	0,746	0,746	0,746	0,746	0,812	0,812	0,812	0,812	0,838	0,838	0,838	0,838
SBJ0.1P (5,11,0)	0,696	0,696	0,546	0,696	0,845	0,845	0,845	0,845	1,000	1,000	1,000	1,000	1,000	1,000	1,000	1,000
Ses0.1P (4,10,0)	0,726	0,726	0,570	0,726	1,000	1,000	1,000	1,000	1,000	1,000	1,000	1,000	1,000	1,000	1,000	1,000
NEGBIN (4,3,5)	0,604	0,604	0,474	0,604	1,000	1,000	1,000	1,000	1,339	1,339	1,339	1,339	1,417	1,417	1,417	1,417
SB (3,2,7)	0,587	0,587	0,461	0,587	1,000	1,000	1,000	1,000	1,339	1,339	1,339	1,339	1,466	1,466	1,466	1,466
BSMAP (8,0,0)	0,675	0,675	0,529	0,675	0,795	0,795	0,795	0,795	0,847	0,847	0,847	0,847	0,854	0,854	0,854	0,854
POIS (2,1,5)	0,608	0,608	0,477	0,608	1,404	1,404	0,827	1,122	1,539	1,539	1,039	1,539	1,526	1,526	1,169	1,526
Willemain (1,4,3)	0,512	0,512	**0,402**	0,512	1,000	1,000	1,000	1,000	1,369	1,369	1,369	1,369	1,461	1,461	1,461	1,461
sDist (4,1,1)	0,623	0,623	0,489	0,623	1,000	1,000	1,000	1,000	1,328	1,328	1,328	1,328	1,395	1,395	1,395	1,395
ZIP (4,0,2)	1,000	1,000	0,785	1,000	1,000	1,000	1,000	1,000	1,000	1,000	1,000	1,000	1,000	1,000	1,000	1,000
SBJ0.15P (4,0,0)	0,643	0,643	0,505	0,643	0,811	0,811	0,811	0,811	1,000	1,000	1,000	1,000	1,000	1,000	1,000	1,000
SBJMA4P (0,0,4)	0,543	0,543	0,426	0,543	**0,666**	**0,666**	**0,666**	**0,666**	**0,764**	**0,764**	**0,764**	**0,764**	**0,827**	**0,827**	**0,827**	**0,827**
SBJP (0,4,0)	0,762	0,762	0,598	0,762	1,000	1,000	1,000	1,000	1,000	1,000	1,000	1,000	1,000	1,000	1,000	1,000
BSMAN (0,0,3)	0,797	0,797	0,626	0,797	1,357	1,357	1,357	1,357	1,374	1,374	1,374	1,374	1,278	1,278	1,278	1,278
HURDLEP (2,0,1)	0,833	0,833	0,654	0,833	1,000	1,000	1,000	1,000	1,000	1,000	1,000	1,000	1,000	1,000	1,000	1,000
MCrost (0,0,3)	1,510	1,510	1,185	1,510	1,758	1,758	1,758	1,758	1,722	1,722	1,722	1,722	1,571	1,571	1,571	1,571
SBJMA8P (0,1,2)	0,570	0,570	0,448	0,570	0,724	0,724	0,724	0,724	0,776	0,776	0,776	0,776	0,829	0,829	0,829	0,829
LogSpace (0,0,2)	1,275	1,275	1,001	1,275	1,541	1,541	1,541	1,541	1,631	1,631	1,631	1,631	1,606	1,606	1,606	1,606
LSN (0,0,2)	1,000	1,000	0,785	1,000	1,546	1,546	1,546	1,546	1,634	1,634	1,634	1,634	1,566	1,566	1,566	1,566
SesBoot (0,0,2)	1,000	1,000	0,785	1,000	1,251	1,251	1,251	1,251	1,266	1,266	1,266	1,266	1,000	1,000	1,000	1,000
BSMA8N (0,0,1)	0,809	0,809	0,635	0,809	1,481	1,481	1,481	1,481	1,492	1,492	1,492	1,492	1,382	1,382	1,382	1,382
SBA0.15N (0,1,0)	1,000	1,000	0,785	1,000	1,000	1,000	1,000	1,000	1,000	1,000	1,000	1,000	1,000	1,000	1,000	1,000
SBAN (0,0,1)	1,000	1,000	0,785	1,000	1,000	1,000	1,000	1,000	1,000	1,000	1,000	1,000	1,000	1,000	1,000	1,000
SesP (0,1,0)	0,792	0,792	0,622	0,792	1,000	1,000	1,000	1,000	1,000	1,000	1,000	1,000	1,000	1,000	1,000	1,000
ALLmin	0,201	0,201	0,157	0,201	0,343	0,343	0,343	0,343	0,328	0,328	0,328	0,328	0,292	0,292	0,292	0,292

Tabelle A.34.: Multiplikativ verknüpfte Haupt- und Nebeneffekte der faktoriellen Variablen für den Datensatz AT1 bei einer a priori durchgeführten automatisierten Verfahrensreduktion

Quantil / Verfahren	U	R	L	I	U	R	L	I	U	R	L	I	U	R	L	I
	$\alpha_z = 0.5$				$\alpha_z = 0.8$				$\alpha_z = 0.9$				$\alpha_z = 0.95$			
CrostN (0,0,1)	1,000	0,887	0,378	0,776	1,000	1,000	0,545	0,848	1,000	1,000	0,673	0,904	1,000	1,000	0,806	1,000
SBJMAP (16,13,1)	0,344	0,255	0,196	0,267	0,766	0,626	0,468	0,650	0,928	0,827	0,692	0,839	1,000	1,000	0,806	1,000
SBAN (6,10,3)	1,000	0,887	0,378	0,776	0,891	0,891	0,485	0,755	0,902	0,902	**0,607**	0,816	0,918	0,918	**0,740**	0,918
SBJ0.1P (5,8,0)	0,427	0,319	0,214	0,332	0,876	0,778	0,477	0,743	1,000	1,000	0,673	0,904	1,099	1,099	0,885	1,099
SBJMA8P (7,4,2)	0,378	0,271	0,209	0,293	0,744	0,633	0,504	0,631	0,858	0,858	0,668	0,776	1,000	1,000	0,806	1,000
POIS (3,3,5)	0,235	0,177	**0,130**	0,161	1,096	0,794	**0,394**	0,698	2,382	1,781	0,756	1,574	3,335	2,696	1,175	2,543
SB (4,0,6)	0,320	0,283	0,199	0,248	1,110	0,962	0,605	0,941	1,468	1,307	0,989	1,328	1,552	1,420	1,251	1,552
SBA0.15N (0,5,5)	0,912	0,809	0,345	0,708	1,000	1,000	0,545	0,848	1,000	1,000	0,673	0,904	1,000	1,000	0,806	1,000
SBJMA4P (2,0,6)	0,426	0,272	0,210	0,331	0,614	0,614	0,439	0,607	0,830	0,830	0,698	0,751	1,000	1,000	0,891	1,000
SBA0.1N (0,0,6)	1,000	0,887	0,378	0,776	1,000	1,000	0,545	0,848	1,000	1,000	0,673	0,904	1,000	1,000	0,806	1,000
SBJ0.15P (4,1,0)	0,416	0,308	0,215	0,323	0,810	0,736	0,509	0,687	1,000	1,000	0,673	0,904	1,069	1,069	0,861	1,069
TSB_1N (0,3,2)	1,000	0,887	0,378	0,776	1,000	1,000	0,545	0,848	0,938	0,938	0,631	0,848	1,000	1,000	0,806	1,000
Willemain (1,1,3)	0,290	0,257	0,212	0,258	1,110	0,988	0,735	0,941	1,611	1,611	1,256	1,457	1,769	1,769	1,425	1,769
BSMA4P (0,0,1)	0,642	0,570	0,372	0,595	1,000	1,000	0,806	0,848	1,186	1,186	1,022	1,073	1,264	1,264	1,125	1,264
BSMA8P (0,0,1)	0,466	0,351	0,284	0,362	0,852	0,770	0,582	0,723	1,000	0,898	0,810	0,904	1,095	1,095	0,882	1,095
BSMAP (0,0,1)	0,496	0,320	0,235	0,385	0,837	0,714	0,510	0,710	1,000	1,000	0,746	0,904	1,075	1,075	0,867	1,075
Crost0.1P (0,0,1)	0,522	0,463	0,278	0,406	1,090	1,090	0,594	0,924	1,215	1,215	0,904	1,099	1,267	1,267	1,021	1,267
HURDLEP (0,0,1)	0,360	0,319	0,240	0,279	1,000	1,000	0,670	0,848	1,337	1,337	0,900	1,209	1,668	1,668	1,151	1,528
SBA0.15P (0,0,1)	0,485	0,430	0,246	0,376	1,000	1,000	0,545	0,848	1,138	1,138	0,845	1,029	1,199	1,199	0,967	1,199
SBA0.1P (0,0,1)	0,481	0,426	0,262	0,373	1,000	1,000	0,545	0,848	1,183	1,183	0,797	1,070	1,239	1,239	0,999	1,239
SBJN (0,0,1)	1,000	0,887	0,378	0,776	1,000	1,000	0,545	0,848	1,000	1,000	0,673	0,904	1,000	1,000	0,806	1,000
ALLmin	0,125	0,096	0,099	0,121	0,285	0,234	0,192	0,281	0,363	0,318	0,244	0,361	0,395	0,395	0,318	0,395

Tabelle A.35.: Multiplikativ verknüpfte Haupt- und Nebeneffekte der faktoriellen Variablen für den Datensatz AT2 bei einer a priori durchgeführten automatisierten Verfahrensreduktion

Verfahren \ Quantil	U	R	L	I	U	R	L	I	U	R	L	I	U	R	L	I
	$\alpha_z = 0.5$				$\alpha_z = 0.8$				$\alpha_z = 0.9$				$\alpha_z = 0.95$			
CrostN (0,1,0)	**1,000**	**1,000**	**1,000**	**1,000**	1,000	1,000	1,177	1,108	1,000	1,000	1,280	1,160	1,000	1,000	1,382	1,214
BSMA4N (12,0,10)	**1,000**	**1,000**	**1,000**	**1,000**	1,000	1,000	0,973	1,108	0,775	0,775	0,780	0,791	**0,592**	**0,592**	0,603	0,612
RwN (8,0,5)	1,099	1,099	1,099	1,099	1,000	1,000	1,014	1,108	0,791	0,791	0,804	0,814	0,613	0,613	0,637	0,637
sDist (0,0,12)	4,342	4,342	4,342	4,342	3,446	3,446	3,626	3,818	2,617	2,617	2,839	3,034	1,936	1,936	2,105	2,028
BSMA8N (8,0,3)	**1,000**	**1,000**	**1,000**	**1,000**	1,000	1,000	1,017	1,108	0,758	0,758	0,787	0,792	0,597	0,597	0,631	0,626
BSMAN (7,1,0)	**1,000**	**1,000**	**1,000**	**1,000**	0,928	0,928	0,951	1,028	0,761	0,761	0,803	0,800	0,604	0,604	0,649	0,641
SBJ0.1N (0,8,0)	**1,000**	**1,000**	**1,000**	**1,000**	0,931	0,931	1,096	1,031	0,783	0,783	0,894	0,908	0,648	0,648	0,769	0,787
POIS (0,1,5)	**1,000**	**1,000**	1,168	1,108	0,924	0,924	1,088	1,024	0,802	0,802	0,809	0,778	0,657	0,657	0,608	0,624
Ses0.15N (2,4,0)	**1,000**	**1,000**	**1,000**	**1,000**	0,923	0,923	0,959	1,023	0,764	0,764	0,806	0,886	0,603	0,603	0,650	0,645
Ses0.1N (3,3,0)	**1,000**	**1,000**	**1,000**	**1,000**	0,934	0,934	0,964	1,034	0,770	0,770	0,815	0,808	0,606	0,606	0,651	0,645
CrostP (0,5,0)	**1,000**	**1,000**	1,101	**1,000**	1,000	1,000	1,177	1,108	0,792	0,792	1,014	0,919	0,670	0,670	0,789	0,731
NEGBIN (0,0,5)	19,285	19,285	19,285	19,285	11,502	11,502	11,202	11,347	7,670	7,670	7,508	7,584	5,036	5,036	4,931	4,985
SBAP (0,4,0)	**1,000**	**1,000**	1,102	**1,000**	1,000	1,000	1,177	1,108	0,805	0,805	1,031	0,933	0,675	0,675	0,806	0,820
Ses0.1P (0,4,0)	**1,000**	**1,000**	1,109	**1,000**	1,000	1,000	1,177	1,108	0,806	0,806	1,032	0,934	0,668	0,668	0,800	0,811
SBJ0.15N (0,4,0)	**1,000**	**1,000**	**1,000**	**1,000**	0,933	0,933	1,099	1,034	0,789	0,789	0,886	0,915	0,643	0,643	0,752	0,781
Willemain (4,0,0)	**1,000**	**1,000**	**1,000**	**1,000**	0,931	0,931	1,095	1,031	**0,757**	**0,757**	0,801	0,878	0,601	0,601	0,616	0,621
BSMAP (1,2,0)	**1,000**	**1,000**	**1,000**	**1,000**	**0,920**	**0,920**	1,083	1,019	0,778	0,778	0,892	0,903	0,642	0,642	0,732	0,702
Crost0.15N (2,1,0)	**1,000**	**1,000**	**1,000**	**1,000**	0,935	0,935	0,990	1,036	0,779	0,779	0,860	0,903	0,628	0,628	0,719	0,762
Crost0.1N (0,3,0)	**1,000**	**1,000**	**1,000**	**1,000**	0,934	0,934	0,996	1,035	0,778	0,778	0,873	0,902	0,643	0,643	0,745	0,781
Crost0.15P (0,2,0)	**1,000**	**1,000**	1,096	**1,000**	1,000	1,000	1,177	1,108	0,806	0,806	1,032	0,935	0,671	0,671	0,793	0,815
SesBoot (0,0,2)	**1,000**	**1,000**	1,168	1,108	0,924	0,924	1,088	1,024	0,802	0,802	0,809	0,778	0,657	0,657	0,608	0,624
SesN (0,2,0)	**1,000**	**1,000**	**1,000**	**1,000**	0,922	0,922	0,974	1,022	0,763	0,763	0,823	0,884	0,609	0,609	0,674	0,656
SBJMAN (1,1,0)	**1,000**	**1,000**	**1,000**	**1,000**	0,927	0,927	0,981	1,027	0,778	0,778	0,859	0,903	0,626	0,626	0,700	0,679
ZIP (0,1,1)	**1,000**	**1,000**	1,106	**1,000**	1,000	1,000	1,177	1,108	0,801	0,801	0,919	0,928	0,649	0,649	0,753	0,788
HURDLEP (0,0,1)	**1,000**	**1,000**	1,105	**1,000**	1,000	1,000	1,177	1,108	0,804	0,804	0,922	0,933	0,653	0,653	0,765	0,793
LSP (0,0,1)	**1,000**	**1,000**	**1,000**	**1,000**	1,000	1,000	1,177	1,108	0,804	0,804	1,029	0,932	0,674	0,674	0,784	0,819
SBA0.1N (0,0,1)	**1,000**	**1,000**	**1,000**	**1,000**	1,000	1,000	1,177	1,108	1,000	1,000	1,280	1,160	0,895	0,895	1,237	1,086
SBJ0.1P (0,1,0)	**1,000**	**1,000**	1,110	**1,000**	1,000	1,000	1,177	1,108	0,827	0,827	1,058	0,959	0,686	0,686	0,835	0,833
SBJN (0,0,1)	**1,000**	**1,000**	**1,000**	**1,000**	1,000	1,000	1,177	1,108	1,000	1,000	1,280	1,160	1,000	1,000	1,382	1,214
TSB_1N (0,0,1)	**1,000**	**1,000**	**1,000**	**1,000**	1,000	1,000	1,177	1,108	1,000	1,000	1,280	1,160	1,000	1,000	1,382	1,214
ALLmin	0,493	0,437	0,493	0,544	0,370	0,370	0,393	0,410	0,274	0,274	0,299	0,317	0,209	0,209	0,228	0,254

Literaturverzeichnis

Abraham, B. und Ledolter, J. (2005). *Statistical Methods for Forecasting.* Hoboken.

Akaike, H. (1974). A New Look at the Statistical Model Identification. *IEEE Transactions on Automatic Control*, 19(6): S. 716–723.

Allen, G. P. und Fildes, R. (2001). Econometric Forecasting. In: Armstrong, J. Scott (Hrsg.), *Principles of forecasting: A Handbook for Researchers and Practitioners*, S. 303–362. Norwell.

Andersen, E. B. (1980). *Discrete Statistical Models with Social Science Applications.* Amsterdam.

Armstrong, J. S. (2001a). Selecting Methods. In: Armstrong, J. S. (Hrsg.), *Principles of Forecasting: A Handbook for Researchers and Practitioners*, S. 363–386. Norwell.

Armstrong, J. S. (2001b). Evaluating Forecasting Methods. In: Armstrong, J. S. (Hrsg.), *Principles of Forecasting: A Handbook for Researchers and Practitioners*, S. 443–472. Norwell.

Armstrong, J. S. (2001c). Extrapolation of Time-Series and Cross-Sectional Data. In: Armstrong, J. S. (Hrsg.), *Principles of Forecasting: A Handbook for Researchers and Practitioners*, S. 217–243. Norwell.

Armstrong, J. S. (2001d). Introduction. In: Armstrong, J. S. (Hrsg.), *Principles of Forecasting: A Handbook for Researchers and Practitioners*, S. 1–12. Norwell.

Armstrong, J. S. und Collopy, F. (1992). Error Measures for Generalizing About Forecasting Methods: Empirical Comparisons. *International Journal of Forecasting*, 8(1): S. 69–80.

Auguie, B. und Antonov, A. (2015). Miscellaneous Functions for "Grid" Graphics – Reference Manual. URL: `https://github.com/baptiste/gridextra` (zuletzt aufgerufen: 29.06.2016).

Bamberg, G.; Baur, F. und Krapp, M. (2011). *Statistik.* München, 16. Aufl.

Barnett, V. (1999). *Comparative Statistical Inference.* Chichester, 3. Aufl.

Box, G. E. P.; Jenkins, G. M. und Reinsel, G. C. (2008). *Time Series Analysis: Forecasting and Control.* Hoboken, 4. Aufl.

Boylan, J. E. und Syntetos, A. A. (2008). Forecasting for Inventory Management of Service Parts. In: Murthy, D. N. P. und Kobbacy, K. A. H. (Hrsg.), *Complex System Maintenance Handbook*, S. 479–500. London.

Boylan, J. E.; Syntetos, A. A. und Karakostas, G. C. (2008). Classification for Forecasting and Stock Control: A Case Study. *Journal of the Operational Research Society*, 59(4): S. 473–481.

Brown, R. G. (1959). *Statistical Forecasting for Inventory Control*. New York.

Brown, R. G. (1963). *Smoothing, Forecasting and Predictions of Discrete Time Series*. Engelwood Cliffs.

Calaway, R.; Weston, S. und Tenenbaum, D. (2015). doParallel: Foreach Parallel Adaptor for the 'parallel' Package – Reference Manual in Zusammenarbeit mit Revolution Analytics. URL: `https://cran.r-project.org/web/packages/doParallel/index.html` (zuletzt aufgerufen: 29.06.2016).

Chatfield, C. (1988). Apples, Oranges and Mean Square Error. *International Journal of Forecasting*, 4(4): S. 515–518.

Chatfield, C. (1993). A Personal View of the M2-Competition. *International Journal of Forecasting*, 9(1): S. 23–24.

Chen, C. und Liu, L. M. (1993). Joint Estimation of Model Parameters and Outlier Effects in Time Series. *Journal of the American Statistical Association*, 88(421): S. 284–297.

Chernick, M. R. (2008). *Bootstrap Methods: A Guide for Practitioners and Researchers*. Hoboken, 2. Aufl.

Churchman, C. W.; Ackoff, R. L.; Arnoff, E. L.; Ferschl, F. und Schlecht, E. (1971). *Operations Research: Eine Einführung in die Unternehmungsforschung*. München.

Crone, S. F.; Nikolopoulos, K. und Hibon, M. (2005). Automatic Modelling and Forecasting with Artificial Neural Networks: A forecasting competition evaluation. *Final Report for the IIF/SAS Grant*.

Croston, J. D. (1972). Forecasting and Stock Control for Intermittent Demands. *Journal of the Operational Research Society*, 23(3): S. 289–303.

Davison, A. C. und Hinkley, D. V. (1997). *Bootstrap Methods and their Application*. Cambridge.

Devroye, L. (1986). *Non-uniform Random Variate Generation*. New York.

Diebold, F. X. (2008). *Elements of Forecasting*. Mason, 4. Aufl.

Eaves, A. H. C. und Kingsman, B. G. (2004). Forecasting for the Ordering and Stock-Holding of Spare Parts. *Journal of the Operational Research Society*, 55(4): S. 431–437.

Eddelbuettel, D. (2013). *Seamless R and C++ Integration with Rcpp*. New York.

Eddelbuettel, D. und François, R. (2011). Rcpp: Seamless R and C++ Integration. *Journal of Statistical Software*, 40(8): S. 1–18.

Eddelbuettel, D.; François, R.; Allaire, J. J.; Ushey, K.; Kou, Q.; Bates, D. und Chambers, J. (2015). Seamless R and C++ Integration – Reference Manual. URL: `http://www.rcpp.org` und `http://dirk.eddelbuettel.com/code/rcpp.html` (zuletzt aufgerufen: 29.06.2016).

Efron, B. (1979). Bootstrap Methods: Another Look at the Jackknife. *The Annals of Statistics*, 7(1): S. 1–26.

Feller, W. (1968). *An Introduction to Probability Theory and Its Applications*, Band 1. New York, 3. Aufl.

Fildes, R. (1992). The Evaluation of Extrapolative Forecasting Methods. *International Journal of Forecasting*, 8(1): S. 81–98.

Fildes, R. und Allen, P. G. (2011). *Forecasting: 5 volume set.* London.

Fildes, R. und Makridakis, S. G. (1995). The Impact of Empirical Accuracy Studies on Time Series Analysis and Forecasting. *International Statistical Review / Revue Internationale de Statistique*, 63(3): S. 289–308.

Forbes, C.; Evans, M.; Hastings, N. und Peacock, B. (2011). *Statistical Distributions.* Hoboken, 4. Aufl.

Fox, A. J. (1972). Outliers in Time Series. *Journal of the Royal Statistical Society. Series B (Methodological)*, 34(3): S. 350–363.

Gagolewski, M. und Tartanus, B. (2015). stringi: Character String Processing Facilities – Reference Manual. URL: `https://cran.r-project.org/web/packages/stringi/index.html` (zuletzt aufgerufen: 29.06.2016).

Gardner, E. S. (1985). Exponential Smoothing: The State of the Art. *Journal of Forecasting*, 4(1): S. 1–28.

Gardner, E. S. (2006). Exponential Smoothing: The state of the art – Part II. *International Journal of Forecasting*, 22(4): S. 637–666.

Gardner, E. S. und McKenzie, E. (1989). Seasonal Exponential Smoothing with Damped Trends. *Management Science*, 35(3): S. 372–376.

Gilks, W. R.; Richardson, S. und Spiegelhalter, D. J. (1996). *Markov Chain Monte Carlo in Practice.* London.

Goodwin, P. und Lawton, R. (1999). On the Asymmetry of the Symmetric MAPE. *International Journal of Forecasting*, 15(4): S. 405–408.

Green, K. und Tashman, L. (2009). Percentage Error: What Denominator? *Foresight: The International Journal of Applied Forecasting*, (12): S. 36–40.

Greene, W. H. (2012). *Econometric Analysis.* Boston, 7. Aufl.

Günther, H. O. und Tempelmeier, H. (2012). *Produktion und Logistik.* Berlin, Heidelberg.

Hartung, J.; Elpelt, B. und Klösener, K. H. (2009). *Statistik: Lehr- und Handbuch der angewandten Statistik – mit zahlreichen durchgerechneten Beispielen.* München, 15. Aufl.

Hibon, M. (1984). Naive, Moving Average, Exponential Smoothing and Regression Methods. In: Makridakis, S. G. (Hrsg.), *The Forecasting Accuracy of Major Time Series Methods*, S. 239–244. Hoboken.

Hilbe, J. M. (2011). *Negative Binomial Regression.* Cambridge, 2. Aufl.

Hlavac, M. (2015). stargazer: Well-Formatted Regression and Summary Statistics Tables – Reference Manual. URL: `http://cran.r-project.org/package=stargazer` (zuletzt aufgerufen: 29.06.2016).

Holt, C. C. (2004). Forecasting Seasonals and Trends by Exponentially Weighted Moving Averages. *International Journal of Forecasting*, 20(1): S. 5–10.

Hyndman, R. J. (2006). Another Look at Forecast-Accuracy Metrics for Intermittent Demand. *Foresight: The International Journal of Applied Forecasting*, 4(4): S. 43–46.

Hyndman, R. J. (2015). Forecasting Functions for Time Series and Linear Models – Reference Manual. URL: `https://cran.r-project.org/web/packages/forecast/forecast.pdf` (zuletzt aufgerufen: 29.06.2016).

Hyndman, R. J. und Khandakar, Y. (2008). Automatic Time Series Forecasting: The Forecast Package for R. *Journal of Statistical Software*, 26(3): S. 1–22.

Hyndman, R. J. und Koehler, A. B. (2006). Another Look at Measures of Forecast Accuracy. *International Journal of Forecasting*, 22(4): S. 679–688.

Hyndman, R. J.; Koehler, A. B.; Ord, K. J. und Snyder, R. D. (2008). *Forecasting with Exponential Smoothing: The State Space Approach.* Berlin.

Jackman, S. (2015). Classes and Methods for R Developed in the Political Science Computational Laboratory, Stanford University. URL: `http://pscl.stanford.edu/` (zuletzt aufgerufen: 29.06.2016).

Kahn, K. B. (1998). Benchmarking Sales Forecasting Performance Measures. *The Journal of Business Forecasting: Methods & Systems*, 17: S. 19–23.

Kedem, B. und Fokianos, K. (2002). *Regression Models for Time Series Analysis.* Hoboken, 2. Aufl.

Kilger, C. und Wagner, M. (2008). Demand Planing. In: Stadtler, Hartmut und Kilger, Christoph (Hrsg.), *Supply Chain Management and Advanced Planning: Concepts, Models, Software and Case Studies*, S. 133–160. Berlin, Heidelberg, 4. Aufl.

Knaus, J. (2015). snowfall: Easier Cluster Computing (Based on Snow) – Reference Manual. URL: `https://cran.r-project.org/web/packages/snowfall/index.html` (zuletzt aufgerufen: 29.06.2016).

Knaus, J.; Porzelius, C.; Binder, H. und Schwarzer, G. (2009). Easier Parallel Computing in R with snowfall and sfCluster. *The R Journal*, 1: S. 54–59.

Koning, A. J.; Franses, P. H.; Hibon, M. und Stekler, H. O. (2005). The M3 competition: Statistical tests of the results. *International Journal of Forecasting*, 21(3): S. 397–409.

Küsters, U. (1987). *Hierarchische Mittelwert- und Kovarianzstrukturmodelle mit nichtmetrischen endogenen Variablen.* Heidelberg.

Küsters, U. (2012). Evaluation, Kombination und Auswahl betriebswirtschaftlicher Prognoseverfahren. In: Mertens, P. und Rässler, S. (Hrsg.), *Prognoserechnung*, S. 423–467. Heidelberg.

Küsters, U. und Arminger, G. (1989). *Programmieren in GAUSS: Eine Einführung in das Programmieren statistischer und numerischer Algorithmen.* Stuttgart.

Küsters, U. und Bell, M. (2001). Zeitreihenanalyse und Prognoseverfahren: Ein methodischer Überblick über klassische Ansätze. In: Hippner, H.; Küsters, U.; Meyer, M. und Wilde, K. (Hrsg.), *Handbuch Data Mining im Marketing. Knowledge Discovery in Marketing Databases*, S. 255–297. Wiesbaden.

Küsters, U. und Speckenbach, J. (2011). Moderne Verfahren zur Prognose sporadischer Nachfragen (Tutorial).

Küsters, U. und Speckenbach, J. (2012). Prognose sporadischer Nachfragen. In: Mertens, P. und Rässler, S. (Hrsg.), *Prognoserechnung*, S. 75–108. Heidelberg.

Küsters, U.; Speckenbach, J. und Kokotchikova, E. (2012a). Moderne Verfahren zur Prognose sporadischer Nachfragen (Vortrag).

Küsters, U.; Thyson, J. und Büchel, C. (2012b). Monitoring von Prognoseverfahren. In: Mertens, P. und Rässler, S. (Hrsg.), *Prognoserechnung*, S. 383–422. Heidelberg.

Küsters, U.; Nieberle, E. und Speckenbach, J. (2015). Konkurrierende Prognoseverfahren in der Lagerhaltung. In: Claus, T.; Herrmann, F. und Manitz, M. (Hrsg.), *Produktionsplanung und -steuerung*, S. 153–178. Berlin, Heidelberg.

Levén, E. und Segerstedt, A. (2004). Inventory Control with a Modified Croston Procedure and Erlang Distribution. *International Journal of Production Economics*, 90(3): S. 361–367.

Maddala, G. S. (1983). *Limited-Dependent and Qualitative Variables in Econometrics.* Cambridge.

Makridakis, S. G. (1993). Accuracy Measures: Theoretical and Practical Concerns. *International Journal of Forecasting*, 9(4): S. 527–529.

Makridakis, S. G. und Hibon, M. (1991). Exponential Smoothing: The effect of Initial Values and Loss Functions on Post-Sample Forecasting Accuracy. *International Journal of Forecasting*, 7(3): S. 317–330.

Makridakis, S. G. und Hibon, M. (2000). The M3-Competition: Results, Conclusions and Implications. *The M3-Competition*, 16(4): S. 451–476.

Makridakis, S. G.; Andersen, A.; Carbone, R.; Fildes, R.; Hibon, M.; Lewandowski, R.; Newton, J.; Parzen, E. und Winkler, R. (1982). The Accuracy of Extrapolation (Time Series) Methods: Results of a Forecasting Competition. *Journal of Forecasting*, 1 (2): S. 111–153.

Makridakis, S. G.; Chatfield, C.; Hibon, M.; Lawrence, M.; Mills, T.; Ord, K. J. und Simmons, L. F. (1993). The M2-Competition: A Real-Time Judgmentally Based Forecasting Study. *International Journal of Forecasting*, 9(1): S. 5–22.

Makridakis, S. G.; Wheelwright, S. C. und Hyndman, R. J. (1998). *Forecasting: Methods and Applications.* Hoboken, 3. Aufl.

Manitz, M. (2015). Lagerhaltungspolitiken. In: Claus, T.; Herrmann, F. und Manitz, M. (Hrsg.), *Produktionsplanung und -steuerung*, S. 179–208. Berlin, Heidelberg.

Montgomery, D. C. (2013). *Introduction to Statistical Quality Control.* Hoboken, 7. Aufl.

Montgomery, D. C.; Johnson, L. A. und Gardiner, J. S. (1990). *Forecasting and time series analysis.* New York, 2. Aufl.

Montgomery, D. C.; Jennings, C. L. und Kulahci, M. (2008). *Introduction to Time Series Analysis and Forecasting.* Hoboken.

Muckstadt, J. A. und Sapra, A. (2010). *Principles of Inventory Management: When You Are Down to Four, Order More.* New York.

Nelder, J. A. und Mead, R. (1965). A Simplex Method for Function Minimization. *The Computer Journal*, 7(4): S. 308–313.

Newbold, P. und Bos, T. (1994). *Introductory Business & Economic Forecasting.* Cincinnati, 2. Aufl.

Nieberle, E. (2016). *Multivariate Modellierung, Prognose und Evaluation sporadischer Nachfragezeitreihen.* Lohmar.

Nikolopoulos, K.; Syntetos, A. A.; Boylan, J. E.; Petropoulos, F. und Assimakopoulos, V. (2011). An Aggregate-Disaggregate Intermittent Demand Approach (ADIDA) to Forecasting: An Empirical Proposition and Analysis. *Journal of the Operational Research Society*, 62(3): S. 544–554.

Ord, K. J. und Fildes, R. (2013). *Principles of Business Forecasting.* Mason.

Ord, K. J.; Koehler, A. B. und Snyder, R. D. (1997). Estimation and Prediction for a Class of Dynamic Nonlinear Statistical Models. *Journal of the American Statistical Association*, 92(440): S. 1621–1629.

R Development Core Team, (2013). *R: A Language and Environment for Statistical Computing.* R Foundation for Statistical Computing, Vienna, Austria. URL: `http://www.R-project.org` (zuletzt aufgerufen: 29.06.2016).

R Development Core Team, (2015). Package 'parallel'. URL: `https://stat.ethz.ch/R-manual/R-devel/library/parallel/doc/parallel.pdf` (zuletzt aufgerufen: 29.06.2016).

Rao, A. V. (1973). A Comment on: Forecasting and Stock Control for Intermittent Demands. *Journal of the Operational Research Society*, 24(4): S. 639–640.

Rigby, R. A. und Stasinopoulos, D. M. (2005). Generalized additive models for location, scale and shape (with discussion). *Applied Statistics*, 54: S. 507–554.

Ripley, B. D.; Venables, W. N.; Bates, D. M.; Hornik, K.; Gebhardt, A. und Firth, D. (2015). Support Functions and Datasets for Venables and Ripley's MASS – Reference Manual. URL: `http://www.stats.ox.ac.uk/pub/MASS4/` (zuletzt aufgerufen: 29.06.2016).

Rizzo, M. L. (2008). *Statistical Computing with R.* Boca Raton.

Schira, J. (2009). *Statistische Methoden der VWL und BWL: Theorie und Praxis.* München, 3. Aufl.

Schuhr, R. (2012). Einführung in die Prognose saisonaler Zeitreihen mithilfe exponentieller Glättungstechniken und Vergleich der Verfahren von Holt/Winters und Harrison. In: Mertens, P. und Rässler, S. (Hrsg.), *Prognoserechnung*, S. 47–73.

Schultz, C. R. (1987). Forecasting and Inventory Control for Sporadic Demand Under Periodic Review. *Journal of the Operational Research Society*, S. 453–458.

Shale, E. A.; Boylan, J. E. und Johnston, F. R. (2006). Forecasting for Intermittent Demand: The Estimation of an Unbiased Average. *Journal of the Operational Research Society*, 57(5): S. 588–592.

Simon, L. J. (1961). Fitting Negative Binomial Distributions by the Method of Maximum Likelihood. In: *Proceedings of the Casualty Actuarial Society, Arlington, Virginia*, Band 48, S. 45–53.

Smith, M. und Babai, Z. M. (2011). A Review of Bootstrapping for Spare Parts Forecasting. In: Altay, N. und Litteral, L. A. (Hrsg.), *Service Parts Management: Demand Forecasting and Inventory Control*, S. 125–141. London, New York.

Snyder, R. D. (1985). Recursive Estimation of Dynamic Linear Models. *Journal of the Royal Statistical Society. Series B (Methodological)*, S. 272–276.

Snyder, R. D. (2002). Forecasting Sales of Slow and Fast Moving Inventories. *European Journal of Operational Research*, 140(3): S. 684–699.

Snyder, R. D.; Beaumont, A. und Ord, K. J. (2012). Intermittent Demand Forecasting for Inventory Control: A Multi-Series Approach. *Monash Econometrics and Business Statistics Working Papers*, (15/12).

Stasinopoulos, D. M. und Rigby, A. B. (2015a). Distributions to be Used for GAMLSS Modelling. URL: `http://www.gamlss.org/` (zuletzt aufgerufen: 29.06.2016).

Stasinopoulos, D. M. und Rigby, B. (2015b). Functions for Fitting, Displaying and Checking GAMLSS Models – Reference Manual. URL: `https://cran.r-project.org/web/packages/gamlss/gamlss.pdf` (zuletzt aufgerufen: 29.06.2016).

Stasinopoulos, D. M. und Rigby, R. A. (2007). Generalized Additive Models for Location Scale and Shape (GAMLSS) in R. *Journal of Statistical Software*, 23(7): S. 1–46.

Syntetos, A. A. (2001). *Forecasting of Intermittent Demand.* Nicht veröffentlichte Dissertationsschrift (Business School, Buckinghamshire Chilterns University College, Brunel University).

Syntetos, A. A. und Boylan, J. E. (2001). On the Bias of Intermittent Demand Estimates. *International Journal of Production Economics*, 71(1): S. 457–466.

Syntetos, A. A. und Boylan, J. E. (2005). The Accuracy of Intermittent Demand Estimates. *International Journal of Forecasting*, 21(2): S. 303–314.

Syntetos, A. A. und Boylan, J. E. (2010). On the Variance of Intermittent Demand Estimates. *International Journal of Production Economics*, 128(2): S. 546–555.

Syntetos, A. A. und Boylan, J. E. (2011). Intermittent Demand: Estimation and Statistical Properties. In: Altay, N. und Litteral, L. A. (Hrsg.), *Service Parts Management – Demand Forecasting and Inventory Control*, S. 1–30. London.

Syntetos, A. A.; Boylan, J. E. und Croston, J. D. (2005). On the Categorization of Demand Patterns. *Journal of the Operational Research Society*, 56(5): S. 495–503.

Tashman, L. J. (2000). Out-of-sample Tests of Forecasting Accuracy: An Analysis and Review. *The M3- Competition*, 16(4): S. 437–450.

Tempelmeier, H. (2012). *Bestandsmanagement in Supply Chains.* Norderstedt, 4. Aufl.

Teunter, R. H. und Duncan, L. (2008). Forecasting Intermittent Demand: A Comparative Study. *The Journal of the Operational Research Society*, 60(3): S. 321–329.

Teunter, R. H. und Sani, B. (2009). Calculating Order-up-to Levels for Products with Intermittent Demand. *International Journal of Production Economics*, 118(1): S. 82–86.

Teunter, R. H.; Syntetos, A. A. und Babai, Z. M. (2011). Intermittent Demand: Linking Forecasting to Inventory Obsolescence. *European Journal of Operational Research*, 214(3): S. 606–615.

Tierney, L. (2016). A Byte Code Compiler for R. URL: `http://homepage.stat.uiowa.edu/~luke/R/compiler/compiler.pdf` (zuletzt aufgerufen: 29.06.2016).

Tierney, L.; Rossini, A. J.; Li, N. und Servcikova, H. (2015). snow: Simple Network of Workstations – Reference Manual. URL: `https://cran.r-project.org/web/packages/snow/index.html` (zuletzt aufgerufen: 29.06.2016).

Venables, W. N. und Ripley, B. D. (2002). *Modern Applied Statistics With S.* New York, 4. Aufl.

Vereecke, A. und Verstraeten, P. (1994). An Inventory Management Model for an Inventory Consisting of Lumpy Items, Slow Movers and Fast Movers. *International Journal of Production Economics*, 35(1–3): S. 379–389.

Vogt, O. (2006). *Prognosen in Produkthierarchien.* Lohmar, Köln.

Wei, W. S. W. (2006). *Time Series Analysis: Univariate and Multivariate Methods.* Boston, 2. Aufl.

Weston, S. und Calaway, R. (2015). Getting Started with doParallel and foreach. URL: `https://cran.r-project.org/web/packages/doParallel/vignettes/gettingstartedParallel.pdf` (zuletzt aufgerufen: 29.06.2016).

Wickham, H. (2015). stringr: Simple, Consistent Wrappers for Common String Operations – Reference Manual. URL: `https://cran.r-project.org/web/packages/stringr/index.html` (zuletzt aufgerufen: 29.06.2016).

Willemain, T. R. und Smart, C. N. (2001). System and method for forecasting intermittent demand – In den Vereinigten Staaten von Amerika erteiltes Patent mit der Nummer US 6205431 B1. URL: `http://www.google.de/patents/US6205431` (zuletzt aufgerufen: 29.06.2016).

Willemain, T. R.; Smart, C. N.; Shockor, J. H. und DeSautels, P. A. (1994). Forecasting Intermittent Demand in Manufacturing: A Comparative Evaluation of Croston's Method. *International Journal of Forecasting*, 10(4): S. 529–538.

Willemain, T. R.; Smart, C. N. und Schwarz, H. F. (2004). A new approach to forecasting intermittent demand for service parts inventories. *International Journal of Forecasting*, 20(3): S. 375–387.

Williams, T. M. (1984). Stock Control with Sporadic and Slow-Moving Demand. *The Journal of the Operational Research Society*, 35(10): S. 939–948.

Winkelmann, R. (2008). *Econometric Analysis of Count Data.* Berlin, 5. Aufl.

Winters, P. R. (1960). Forecasting Sales by Exponentially Weighted Moving Averages. *Management Science*, 6(3): S. 324–342.

Zeileis, A.; Kleiber, C. und Jackman, S. (2008). Regression Models for Count Data in R. *Journal of Statistical Software*, 27(8). URL: `http://www.jstatsoft.org/v27/i08/` (zuletzt aufgerufen: 29.06.2016).

QUANTITATIVE ÖKONOMIE

Herausgegeben von Prof. Dr. Eckart Bomsdorf, Köln, Prof. Dr. Wim Kösters, Bochum, Prof. Dr. Mark Trede, Münster, Prof. Dr. Ansgar Belke, Essen, und PD Dr. Markus Pütz, Wuppertal

Band 175
Konstantin Glombek
High-Dimensionality in Statistics and Portfolio Optimization
Lohmar – Köln 2012 • 148 S. • € 43,- (D) • ISBN 978-3-8441-0213-0

Band 176
Julius Schnieders
Analyzing and Modeling Multivariate Association – Statistical Measures and Pair-Copula Constructions
Lohmar – Köln 2013 • 228 S. • € 55,- (D) • ISBN 978-3-8441-0229-1

Band 177
Heike Bornewasser-Hermes
Ein Ansatz zur Absicherung berufsspezifischen Humankapitals am Kapitalmarkt unter Verwendung von Branchen- und Berufsindizes – Eine Analyse für ausgewählte Berufsgruppen
Lohmar – Köln 2013 • 180 S. • € 48,- (D) • ISBN 978-3-8441-0277-2

Band 178
Sandra Gabriela Ifrim
Portfoliooptimierung bei Ansteckungseffekten zwischen Banken – Ein copulatheoretischer Ansatz
Lohmar – Köln 2014 • 176 S. • € 48,- (D) • ISBN 978-3-8441-0303-8

Band 179
Ekaterina Nieberle
Multivariate Modellierung, Prognose und Evaluation sporadischer Nachfragezeitreihen
Lohmar – Köln 2016 • 384 S. • € 65,- (D) • ISBN 978-3-8441-0462-2

Band 180
Jan Speckenbach
Prognose sporadischer Nachfragen – Ein Verfahrensvergleich
Lohmar – Köln 2017 • 216 S. • € 58,- (D) • ISBN 978-3-8441-0496-7

JOSEF EUL VERLAG